JN303763

## 「現代社会を読む経営学」刊行にあたって

　未曾有の経済的危機のなかで「現代社会を読む経営学」（全15巻）は刊行されます。今般の危機が20世紀後半以降の世界の経済を圧倒した新自由主義的な経済・金融政策の破綻の結果であることは何人も否定できないでしょう。

　しかし，新自由主義的な経済・金融政策の破綻は，今般の経済危機以前にも科学的に予測されたことであり，今世紀以降の歴史的事実としてもエンロンやワールドコム，ライブドアや村上ファンドなどの事件（経済・企業犯罪）に象徴されるように，すでに社会・経済・企業・経営の分野では明白であったといえます。とりわけ，近年における労働・雇用分野における規制緩和は深刻な矛盾を顕在化させ，さまざまな格差を拡大し，ワーキング・プアに象徴される相対的・絶対的な貧困を社会現象化させています。今回の「恐慌」ともたとえられる経済危機は，直接的にはアメリカ発の金融危機が契機ではありますが，本質的には20世紀後半以降の資本主義のあり方の必然的な帰結であるといえます。

　しかし他方では，この間の矛盾の深刻化に対応して，企業と社会の関係の再検討，企業の社会的責任（CSR）論や企業倫理のブーム化，社会的起業家への関心，NPOや社会的企業の台頭，若者のユニオンへの再結集などという現象も生み出されています。とりわけ，今般の危機の中における非正規労働者を中心とした労働・社会運動の高揚には労働者・市民の連帯の力と意義を再認識させるものがあります。

　このような現代の企業，経営，労働を取り巻く状況は，経営学に新たな課題を数多く提起すると同時に，その解明の必要性・緊急性が強く認識されています。現実の変化を社会の進歩，民主主義の発展という視点から把握し，変革の課題と方途について英知を結集することが経営学研究に携わる者の焦眉の課題であるでしょう。

　しかも，今日，私たちが取り組まなければならない大きな課題は，現代社会の労働と生活の場において生起している企業・経営・労働・雇用・環境などをめぐる深刻な諸問題の本質をどのように理解し，どのように対処すべきかを，そこで働き生活し学ぶ多くの労働者，市民，学生が理解できる内容と表現で問いかけることであるといえます。従来の研究成果を批判的に再検討すると同時に，最新の研究成果を吸収し，斬新な問題提起を行いながら，しかも現代社会の広範な人々に説得力をもつ経営学の構築が強く求められています。「現代社会を読む経営学」の企画の趣旨，刊行の意義はここにあります。

「現代社会を読む経営学」編者一同

現代社会を読む経営学 14

# サステナビリティと経営学

共生社会を実現する環境経営

Adachi Tatsuo　Tokoro Nobuyuki
足立辰雄・所 伸之 編著

ミネルヴァ書房

# はしがき

　持続可能な社会に向けた世界的な潮流が強まる中で，環境保全と経済発展の両立をめざす環境経営という管理の手法が注目されている。20世紀末から21世紀初めにかけて成立した環境経営は，この10数年間に，低公害車や省エネルギー家電製品など環境を配慮した製品の開発，製造，販売や環境配慮型の金融商品，エコツーリズムなど広範な環境ビジネスを促しただけでなく，環境活動の実績を積極的に公表して環境格付の評価を受け，環境ブランドづくりに役立てるなど，目覚ましい進展を示している。

　その一方で，大手の製紙会社が，リサイクルされた古紙の混合比率につき実際よりも高い数値を表示し，あたかもリサイクルに貢献している「エコ」商品であるかのように消費者を欺いた再生紙偽装事件に見られるように，環境ビジネスは看板のみで内実は利潤を優先し環境への負荷（否定的影響）をもたらしている企業も少なくない。

　化石燃料の大量消費による温室効果ガスの増大や有害化学物質の排出による大気，水系，土壌の汚染，生物種の棲息環境の悪化による種の絶滅，森林資源の枯渇化など人類の生存基盤そのものを揺るがしている地球環境問題の原因の多くは，企業を中心とする収益本位の利己的な経済活動から生じている。環境への負荷の削減を配慮しない投機的な金融事業や技術の開発，商品の大量生産，大量販売，大量廃棄の経済原理を批判し克服できなかった20世紀の経営学の環境責任は大きい。

　18世紀の自然哲学者である三浦梅園（みうらばいえん）は，ものごとの本質（条理）を知る際に，主観に頼らず客観的に分析し総合的に把握する重要性を著書（『玄語』）の中で述べている。梅園はこの考えを「反観合一（はんかんごういつ）」と称した。この観点に立てば，自社の活動を収益本位から主観的に判断するのではなく，その事業活動のプロセスと結果が環境と社会に貢献したかどうか，その成果として公正な利益が生ま

れたかどうかを自己点検し，第三者機関の監査や格付も受け欠陥を認めれば修正する，となるであろう。本業を通じて環境への負荷を削減し自然の再生や回復事業に取り組むことも企業経営の目標や計画の中に具体化される。この環境配慮型の事業（環境経営）が産業全体に普及するなら，持続可能な社会への有力なステップになる。

　本書の目的は，地球環境問題と経済活動の因果関係を考察し企業経営の環境責任を明らかにすること，環境経営を本業で実践しているユニークな事業（中小企業，NPO，自治体など）を取り上げて持続可能な社会へのビジネスモデルを探求することにある。

　本書は以下の3部から構成されている。序章は，サステナビリティとは何か，環境を配慮した資本の運動原理について説明している。第Ⅰ部サステナビリティと地球環境では，地球温暖化の人的要因と対策（第1章），生物多様性が失われつつある実態（第2章），大気汚染問題の原因と国際的な対策（第3章）について紹介し，地球環境問題における経済活動の影響について考察している。第Ⅱ部サステナビリティと環境経営では，環境マネジメントシステムの制度の特徴（第4章），池内タオルのエコビジネス（第5章），日本自然エネルギー㈱の風力発電事業（第6章），星野リゾートの環境配慮型リゾート（第7章），徳島県上勝町の農業再生ビジネス（第8章）など，環境経営で成功した事例から環境経営の有効性を検証している。第Ⅲ部サステナビリティとNPO・自治体では，グリーンピースの環境保全活動（第9章），気候ネットワークの温暖化防止の活動（第10章），日本ウミガメ協議会のウミガメ保護の課題と展望（第11章），宮崎県綾町の照葉樹林保全の歴史（第12章），ホールアース自然学校の環境教育（第13章）を取り上げ，主に，環境NPOと自治体が取り組んで来た環境保全の実績から，専門的な立場からの生態系保護や共生への課題を考察している。終章では，優れた調整能力をもつ地球市民として環境問題を考え実践していく意義が述べられている。

　本書は，12名の専門分野が異なる研究者による共同執筆のため，若干の重複や個性的な叙述は避けられなかった。読者の忌憚のないご批判をいただければ，執筆者一同望外の喜びとするものである。

はしがき

　末尾ながら，ミネルヴァ書房社長杉田啓三氏には，出版事情の困難な折柄，本書の出版を快くお引き受け頂いたことに深く感謝申し上げる次第である。また，編集部の梶谷修氏には共同著作のもつ煩雑な編集実務の中で有益なご意見を頂いたこと，従業員の皆様には本書の出版業務進行にご協力下さったことに厚く御礼申し上げるものである。

2009年4月

足立辰雄<br>所　伸之

サステナビリティと経営学
——共生社会を実現する環境経営——

目　次

はしがき

序　章　サステナビリティと環境責任 ……………………………足立辰雄… *1*
　　　　──地球環境に責任をもつ経営をめざして──
　　1　サステナビリティとは何か ………………………………………… *1*
　　2　環境経営と資本の運動 ……………………………………………… *8*

## 第Ⅰ部　サステナビリティと地球環境

第**1**章　地球温暖化と経済活動 ……………………………田浦健朗… *17*
　　　　──脱温暖化社会・経済の構築に向けて──
　　1　経済発展と地球環境問題 …………………………………………… *17*
　　2　深刻化する地球温暖化 ……………………………………………… *18*
　　3　今後の気温上昇と2℃未満目標 …………………………………… *21*
　　4　世界の取り組み ……………………………………………………… *24*
　　5　国内の状況 …………………………………………………………… *27*
　　6　産業界の実態と課題 ………………………………………………… *28*
　　7　排出量取引制度・炭素税の導入は？ ……………………………… *31*
　　8　地域からの温暖化対策 ……………………………………………… *33*
　　9　持続可能な脱温暖化社会・経済に向けて ………………………… *34*

第**2**章　生物多様性の持続的利用 …………………………岩槻邦男… *38*
　　　　──生物多様性の危機と保全──
　　1　生物多様性の持続的利用とは ……………………………………… *38*
　　2　生物多様性とは ……………………………………………………… *41*
　　3　生物多様性の現状と未来 …………………………………………… *46*

第**3**章　大気汚染と国際共同 ………………………………芳澤輝泰… *55*
　　　　──欧米・東アジアにおける越境大気汚染と国際協調・国際条約──
　　1　大気汚染 ……………………………………………………………… *55*

## 目次

  **2** 欧米における大気汚染と酸性雨 …………………………… *57*

  **3** 東アジアにおける大気汚染とその影響 …………………… *66*

### 第Ⅱ部　サステナビリティと環境経営

### 第4章　環境経営の技法とシステム ……………………服部静枝… *73*
  ――有効なシステムづくりのために――

  **1** 環境経営とシステム ………………………………………… *73*

  **2** 環境マネジメントシステムに関する国際規格 …………… *76*

  **3** 環境マネジメントシステムに関する国内の規格 ………… *79*

  **4** 環境マネジメントシステムを有効なツールとするために ……… *84*

### 第5章　IKTの環境経営 ……………………………………足立辰雄… *89*
  ――風で織るタオル――

  **1** ISO 14001の取得とIKTブランドの誕生 ……………… *89*

  **2** IKTブランドによる世界市場の開拓 ……………………… *96*

  **3** IKTの環境経営の展望 ……………………………………… *99*

### 第6章　環境ベンチャー……………………………………所　伸之… *104*
  ――日本自然エネルギー㈱――

  **1** 自然エネルギーを取り巻く状況 …………………………… *104*

  **2** 事例研究：日本自然エネルギー㈱ ………………………… *109*

  **3** 自然エネルギーの普及とソーシャル・イノベーション ……… *113*

### 第7章　星野リゾート ………………………………………鶴田佳史… *120*
  ――リゾート運営の達人――

  **1** 星野リゾートの沿革 ………………………………………… *120*

  **2** リゾート運営の達人 ………………………………………… *121*

  **3** 星野リゾートの環境取り組み ……………………………… *125*

  **4** 環境サステナビリティと星野リゾート …………………… *131*

第8章　株式会社いろどりの葉っぱビジネス …………山田雅俊… *134*
　　　──過疎村農業の再生──
　　1　株式会社いろどりの概要と環境経営の視点 ………………… *134*
　　2　株式会社いろどりの葉っぱビジネスの特徴 ………………… *137*
　　3　環境経営としての葉っぱビジネス …………………………… *141*
　　4　社会と企業が利害を共有し自然環境を保全すること：
　　　　㈱いろどりの事例からの示唆 ………………………………… *143*

## 第Ⅲ部　サステナビリティとNPO・自治体

第9章　地球環境保全とグリーンピース ………………星川　淳… *149*
　　1　グリーンピースとは …………………………………………… *149*
　　2　グリーンピースの活動成果とその影響力 …………………… *152*
　　3　グリーンピースの特徴と日本社会での役割 ………………… *166*

第10章　温暖化防止と気候ネットワーク …………………田浦健朗… *172*
　　1　気候フォーラムから気候ネットワークの設立へ …………… *172*
　　2　組織体制の強化と活動の活性化 ……………………………… *176*
　　3　京都議定書の発効と停滞する国内対策 ……………………… *180*
　　4　地域のパートナーシップ活動の重要性 ……………………… *182*
　　5　2013年以降の合意と国内対策の推進に向けて ……………… *184*
　　6　気候ネットワークの成果と課題 ……………………………… *185*
　　7　環境 NGO の役割の今後と脱温暖化社会の構築

第11章　ウミガメ保護と日本ウミガメ協議会 …………松沢慶将… *191*
　　1　ウミガメという動物 …………………………………………… *191*
　　2　ウミガメ保護の歴史 …………………………………………… *194*
　　3　日本ウミガメ協議会 …………………………………………… *197*
　　4　ウミガメと取り巻く諸問題 …………………………………… *200*

5　今後の展望とウミガメ保護のその先に……………………205

第12章　照葉樹林と宮崎県綾町……………………上野　登…208
　　1　照葉樹林保護のはじまり……………………208
　　2　郷田町政の比較異性……………………210
　　3　綾の照葉樹林復元プロジェクトの誕生……………………215
　　4　「綾らしさ」の維持……………………218

第13章　環境教育とホールアース自然学校……………岡村龍輝…223
　　1　環境教育の必要性：持続可能な社会と環境教育の目的……223
　　2　環境教育の歴史とNPOの役割……………………225
　　3　NPOによる環境教育と組織間連携の実践例：
　　　　ホールアース自然学校……………………231
　　4　環境教育におけるNPOの役割と組織間連携……………237

終　章　持続可能な社会の実現に向けて……………所　伸之…241
　　1　迫り来る地球温暖化の危機……………………241
　　2　地球温暖化問題のもつ2つの側面……………………242
　　3　地球規模で考え，身の回りの小さなことから行動する………243
　　4　「持続可能な社会の実現に向けて」今，なすべきこと………246

索　引……249

# 序　章

# サステナビリティと環境責任
——地球環境に責任をもつ経営をめざして——

　地球環境問題は，主として人間による無制限の欲望と経済活動が引き起こしたものです。なかでも現代経済を主導した大企業の成長や競争で勝つための方法を開発し支援した経営戦略の環境責任は重大です。今日，自然環境へのダメージ（負荷）を削減し多様な生態系と共生しうる環境経営というマネジメントの手法が注目されています。環境経営とはどのようなものか，またその適切な活用によってサステナブル（持続可能）な社会を本当に築くことができるのかどうかを考えます。

## 1　サステナビリティとは何か

### 1　経済成長と環境負荷

　地球環境問題の焦眉の課題である気候変動と経済成長の関連を考えてみよう。最初に，京都議定書の基準年となる1990年から2006年までの温室効果ガス（GHG：Green House Gas，以下GHGと略する）の増加傾向と世界経済の成長との関連を分析する*。

　　* 温室効果ガスとは，大気圏にあり地表から放出された赤外線の一部を吸収して温室効果をもたらすガスで，二酸化炭素やメタン，オゾンなどをさす。

　地球温暖化は，大気中の二酸化炭素（$CO_2$）やメタン，亜酸化窒素など温室効果をもたらすガスが大量に排出されて蓄積し，大気中の温室効果ガスの濃度が高まって地表付近の気温が徐々に上昇することをいう。なかでも$CO_2$は排出量の大きさから人間活動に起因する温室効果ガスの中で最も影響が大きいとされている。

　国連の下部組織で地球温暖化研究のパイオニアである気候変動に関する政府間パネル（IPCC：Intergovernmental Panel on Climate Change）の研究（第四次報

告書）によれば，大気中の $CO_2$ の濃度は工業化以前の 280 ppm から 2005 年度には 379 ppm に増加しており，その結果，1906 年から 2005 年までの 100 年間の気温上昇は 0.74℃ であると報告している。10 年あたりの気温の上昇率（昇温率）では，過去 50 年間（1956〜2005 年）は 0.13℃ で過去 100 年間（0.07℃）の約 2 倍であり，温暖化は加速傾向にある。また，地球温暖化に影響を及ぼす効果は自然的要因（太陽の活動や火山の爆発など）よりも人為的要因（化石燃料の使用による $CO_2$ やメタン，一酸化二窒素などの排出）が 10 倍以上大きいことを証明した*。

* Contribution of Working Group I to the Fourth Assessment Report of the IPCC, *Climate Change 2007; The Physical Science Basis*（2007）pp.2-17, p.237.

GHG の排出が原因とされる地球温暖化を防止するために先進国間で取り決めた温室効果ガス削減への京都議定書目標の実績をみてみよう。国連気候変動枠組条約（United Nations Framework Convention on Climate Change）がまとめた GHG の排出実績（二酸化炭素換算）では，OECD に加盟する先進国の排出実績は 1990 年から 2006 年まで約 9.1% 増大させている。京都議定書の削減目標が平均して −5.2% であることから，先進国の GHG 削減対策は総じて前進していない*。

* OECD（Organization for Economic Co-operation and Development：経済協力開発機構）は，先進国によって構成され，経済成長，貿易，開発について協議する国際機関のことである。先進国の GHG 排出実績は http://unfccc.int/ghg_data/ghg_data_unfccc/items/4146.php（2008 年 8 月 20 日アクセス）を参照。

図序−1「温室効果ガス排出量の国別比較」（土地利用，土地利用変化および林業による二酸化炭素吸収効果を含む）は 1990 年から 2005 年度までの GHG 削減実績を国別に比較したものである。ここから，国連気候変動枠組条約加盟国は，GHG の削減で前進している国と後退している国に二極分化していることがわかる*。

* http://unfccc.int/ghg_data/ghg_data_unfccc/items/4146.php（2008 年 8 月 20 日アクセス）

体制転換等の経済的影響を受けた旧東欧諸国を除外すれば，フランス（−9.4

序　章　サステナビリティと環境責任

```
スウェーデン                                    110.6
トルコ                                          102.9
カナダ                                 54.8
スペイン                                53.8
ニュージーランド                  33.0
ポルトガル                        29.6
ギリシャ                       26.2
アイルランド                  24.3
リヒテンシュタイン         20.5
アメリカ                 14.0
オーストリア            12.5
アイスランド          9.8
オーストラリア        6.6
日本                 6.8
イタリア              4.1
スイス                1.5
ルクセンブルク        1.1
デンマーク           -1.1
オランダ             -2.0
EC                  -4.6
ベルギー             -5.0
フランス             -9.4
フィンランド        -10.8
モナコ              -13.1
スロベニア          -15.4
イギリス            -15.6
クロアチア          -17.6
ドイツ              -19.3
チェコ              -23.9
ノルウェー          -28.7
ロシア連邦          -29.3
ポーランド          -32.2
ハンガリー          -34.9
スロベニア          -35.7
ベラルーシ          -47.8
ブルガリア          -50.4
ウクライナ          -52.0
ルーマニア          -52.2
エストニア          -57.5
リトアニア          -60.2
ラトビア           -207.4
```

**図序-1**　温室効果ガス排出量の国別比較

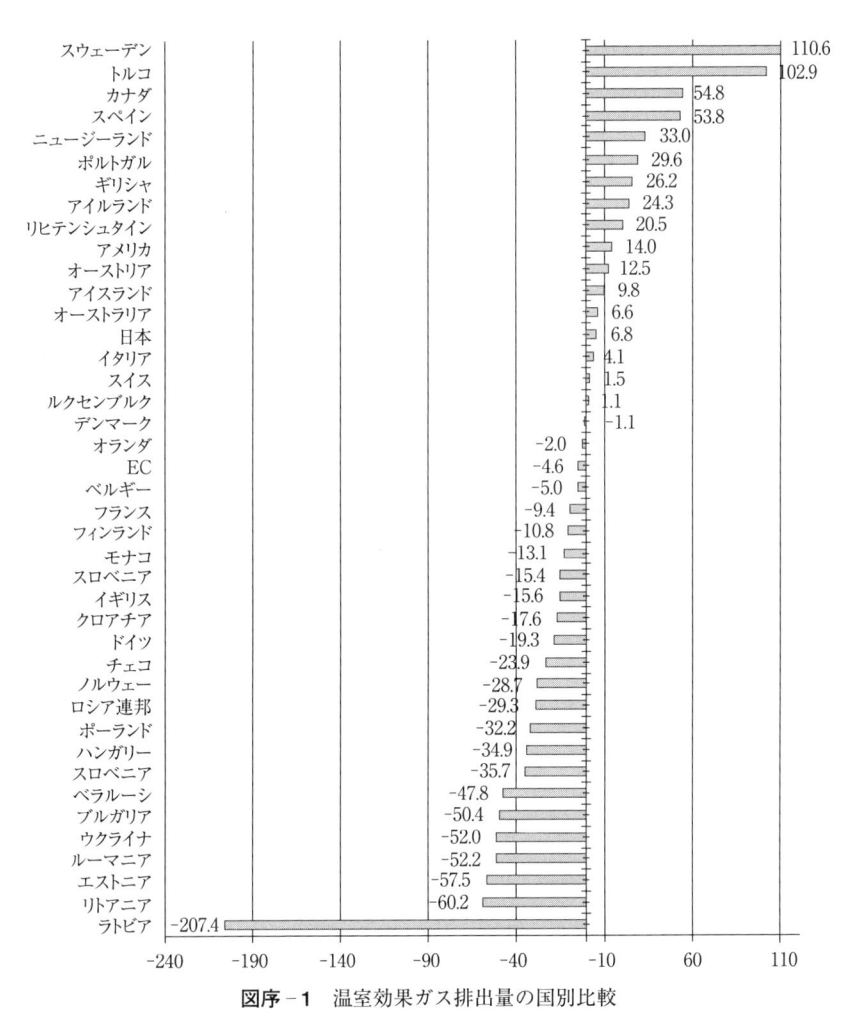

（注）1990年から2007年までのGHG排出量の実績には土地利用，土地利用変化および林業による二酸化炭素吸収効果がカウントされている。
（出所）http://unfccc.int/ghg_data/ghg_data_unfccc/items/4146.php（2008年8月20日アクセス）

%），イギリス（−15.6%），ドイツ（−19.3%）を筆頭に，EU諸国（−4.6%）が相当な削減実績を示している。それに反し，カナダ（54.8%），アメリカ（14.0%），オーストラリア（6.6%），日本（6.8%）の増加実績が際立っている。
　なかでもアメリカのブッシュ政権は京都議定書から離脱したとはいえ，2005

*3*

年度実績で世界の GHG 排出実績の 22% を占め世界トップクラスの環境責任をもっている。それにもかかわらず GHG 排出実績で 14% も増大させている。アメリカの GHG 排出実績の悪化はブッシュ政権の環境対策への怠慢が大きく影響しているが，京都議定書（1997 年）を採択した議長国日本の実績（6.8%）とともに，日・米の GHG 増加実績は EU 諸国の環境対策の優位を際立たせている。2007 年 6 月に日本政府が閣議決定した 21 世紀環境立国戦略は，気候変動問題で日本のリーダーシップを発揮する，2050 年までに $CO_2$ 排出量を半減して「日本モデル」を世界に向けて発信するという内容だが，上記の実績からすれば信憑性に欠ける。

図序-2 をみれば，京都議定書の基準年である 1990 年から 2007 年までの過去 18 年間に，上位 500 社の総収入は約 4.7 倍，利益は 8.9 倍，資産は約 20 倍という成長を達成している。世界の GDP（上位 60 カ国）は 21 兆 2331 億 6300 万ドル（1990 年）から 52 兆 1154 億 2200 万ドル（2007 年）へ，約 2.5 倍の成長を示しているので，世界最大企業 500 社の成長率は世界各国の平均成長率をはるかに凌駕している*。

＊　（財）国際貿易投資研究所「国際比較統計」（http：//www.iti.or.jp　2008 年 9 月 5 日アクセス）

とりわけ，世界企業 500 社に占める石油産業の競争上の地位は歴然としている。1990 年当時，石油産業は 9418 億 2500 万ドルの収入をあげ，世界の産業界（500 社）の総収入に占めるシェアは第 1 位（19%）である。同年，石油産業の総利益は 431 億 6700 万ドルで世界シェアは第 1 位（24.2%）である。17 年後の 2007 年時点の石油産業の総収入は 3 兆 2938 億 4600 万ドルで，51 業種の全体に占めるシェアは第 2 位（14%）である。ちなみに，総収入第 1 位の業種は銀行業で 3 兆 7937 億 1900 万ドルであった。だが，総利益では，石油産業は 2782 億 4000 万ドルで依然として第 1 位（17.4%）をキープしている。

2007 年に世界最大の利益を達成した企業のランキングでは，エクソンモービル（Exxon Mobil）が 1 位（406 億 1000 万ドル），ロイヤル・ダッチ・シェル（Royal Dutch Shell）が 2 位（313 億 3100 万ドル），BP（British Petroleum）が 4 位（208 億 4500 万ドル），シェブロン（Chevron）が 7 位（186 億 8800 万ドル），

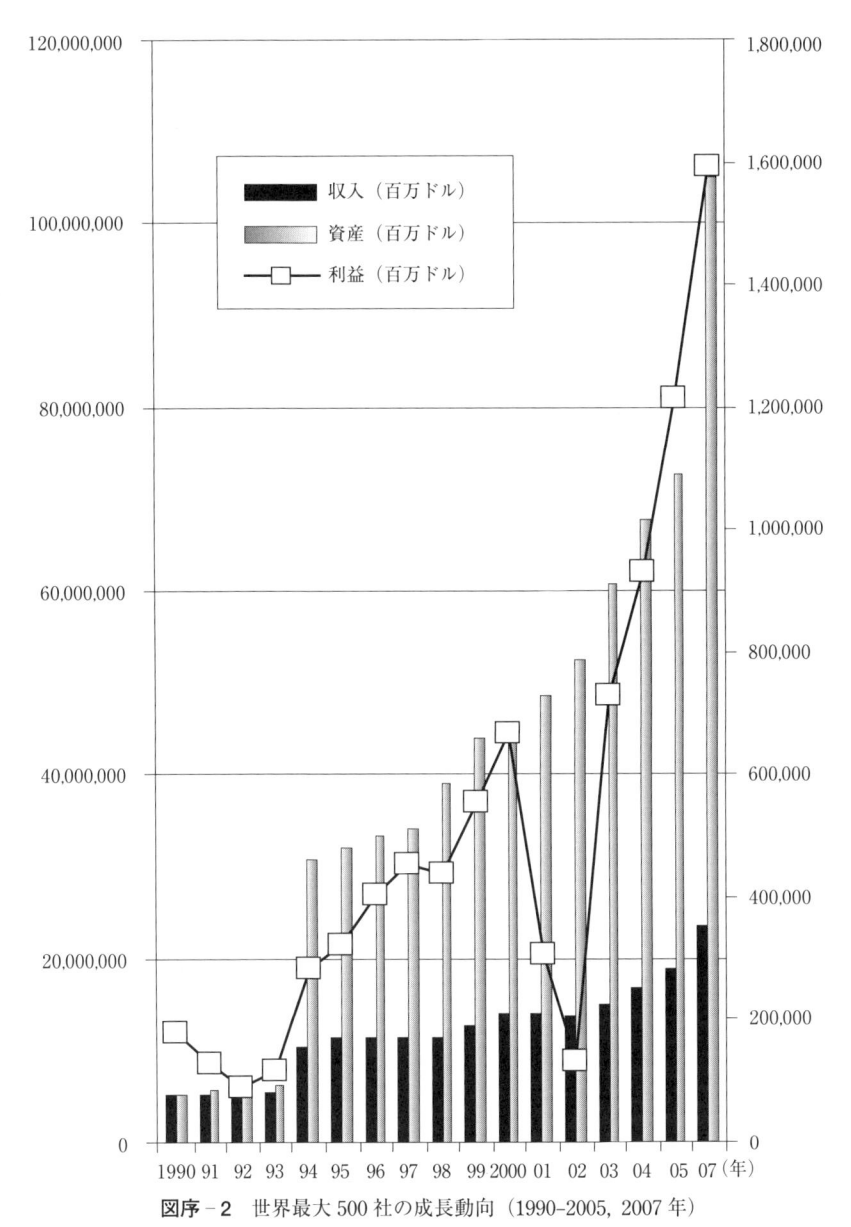

序　章　サステナビリティと環境責任

**図序-2　世界最大500社の成長動向（1990-2005, 2007年）**

(出所)　*FORTUNE*, 1991～2005年, 2007年度の世界最大企業500社のランキング統計から筆者が算出, 加工した。2006年度 (JULY 23, 2007) のデータは, 売上高のみ公表され資産と利益が不明であったため売上, 資産, 利益の指標の統一性を確保するためやむをえず2006年度のみ割愛してエクセル処理した。折れ線グラフは利益を表し右の軸の数値で示される。

ペトロナス（PETRONAS）が8位（181億1840万ドル）である。世界最大利益企業の上位8社のうち5社まで石油企業が占めている（*FORTUNE*, July 21, 2008, F-14）。

温室効果ガスの排出に最大の責任をもつ石油企業が世界の経済成長の主要な指標でランキングの上位に位置しており，皮肉にも石油産業が石油依存型の世界経済を牽引している。以上のデータから，京都議定書目標が首尾よく達成できない大きな原因が，化石燃料に依存しながら利己的な成長と競争上の優位を求める大企業の経営行動（戦略行動）にあることがわかる。

## 2　経営戦略の環境責任

会社の成長と競争優位をスピーディかつ効率的に追求した経営戦略（corporate strategy）は，第二次世界大戦後に成立し，特にアメリカ企業を中心に1970～80年代にかけて普及した*。

\*　経営戦略の成立時期と戦略概念の詳細は，足立辰雄（2002）『現代経営戦略論──環境と共生から見直す』八千代出版，30-33, 191-217頁，を参照されたい。

経営戦略の理論と手法の開発において，アンゾフ（H. Igor Ansoff）はパイオニア的役割を果たした。彼は，市場が飽和して製品が売れなくなったり利益率が下降している局面にあるとき，長期的な目標に基づいて外部環境に積極的に働きかけ，多角的な事業領域への成長行動（経営多角化）を推奨した。相当なリスクを覚悟して将来の製品と市場の組み合わせに関する成長方向（ベクトル）を決め，自社の資金や人員，技術などの資源を集中的に投下する戦略的意思決定を重視した。「意思決定の観点からすれば，企業経営上の全体的な問題は，企業の目標達成を最適度に可能にするような方法で，資源の転化のプロセスを方向づけることである。」「戦略的意思決定は，主として企業の内部問題よりもむしろ外部問題に関係のあるもので，具体的にいえば，その企業が生産しようとする製品ミックスと販売しようとする市場との選択に関するものである。」（H. Igor Ansoff〔1965〕*Corporate Strategy*, pp.10-11／広田寿亮訳〔1979〕『企業戦略論』産業能率大学出版，6-7頁）

数年先の企業の成長地点（中核となる事業領域や収入規模，利益率，市場的地

位など）を定めて，その目標達成への手段を科学的に探求すれば，数年後の企業実績を目標地点に近づけることができる。同時に，ライバル企業への対抗策も事前に準備すれば，競争優位に立つ可能性も高まる。この意思決定に経営トップが関与し専念するようになって，経営戦略の開発と実践が経営学の中核的地位を占めるようになった*。

* 業界内部の5つの競争要因に応じた競争戦略を唱え，国や産業集団の競争力を打ち出したポーター（M.E. Porter）の戦略論はグローバル化した経営への応用である。M.E. Porter（1980）*Competetive Strategy*／土岐坤他訳（1998）『競争の戦略』ダイヤモンド社。

20世紀後半に成立した経営戦略を実践した典型例は米国の統合多角化企業GEの成長の軌跡にみることができる。同社は，1981年から2000年までに売上高で約4.8倍，営業利益で約6.9倍，資産で約23.6倍の実績を示した。この成長を主導した第8代会長のウェルチ（John F. Welch）による周到な戦略は2段階に分けて実施されている。第1段階（1980年代前半）は，世界市場でナンバーワンになるという戦略から不要になった事業部門を整理，売却しその対価を有望な事業の買収の資金源にして，事業再構築（restructuring）戦略を実施した。第2段階（1980年代後半から1990年代）では，従業員1人あたりの労働能力を引き上げるために小集団活動やITを用いたネットワークを導入して，リエンジニアリング（renengineering）戦略を実施した。この間に，GEは，収益性の高い金融部門へ進出し，収入や利益に占める金融業の比率を高めて「世界で最も競争力のある企業」に成長，転化した。1980年代の従業員の大量の削減が「ニュートロン・ジャック」（建物だけを残して人を殺す中性子爆弾の意味）と非難される一方，他社事業の買収・合併（M&A）は年間100件近いペースで進められた。

アンゾフやポーターの戦略論，ウェルチの成長戦略においても，環境や生態系への負荷を削減する管理が正当に位置づけられ重視されることはほとんどなかった。優勝劣敗と利己的な拡大に特徴づけられる経営戦略は，生態系との共生や公正な成長に特徴づけられる持続可能な経営学と本来両立しないからである。20世紀型の経営戦略を批判的に見直し，環境，生態系の保全や共生の指標を優先するモラルある経営戦略として再生されねばならない。

### 3　サステナビリティとは何か

　サステナビリティ（sustainability：持続可能性）という言葉は，国連決議に基づいて組織された「環境と開発に関する世界委員会」が1987年にまとめた『我ら共有の未来』(*Our Common Future*) と題する報告書の中で初めて使用された。その報告書では，人口や食料，エネルギー，工業，種と生態系，都市，平和や開発の諸問題など環境，経済，社会の危機をとりあげ地球全体で進行している事態への共通の認識と有効な対策を提言している。1972年にローマクラブが公表した『成長の限界』(*The Limits of Growth*) の現代版といえる。『我ら共有の未来』では，温室効果ガスの大気中への蓄積で21世紀前半に地球の温暖化が起こり広範囲の気候変化により，生態系が脅かされ種の多様性にリスクをもたらし破局的な事態になるだろうと予言されていた (World Commission on Environment and Development〔1987〕*Our Common Future*, pp.147-167／環境と開発に関する世界委員会〔1987〕『地球の未来を守るために』福武書店，182-204頁）。

　この委員会報告で，持続可能性と持続的開発は次のように定義されている。「人類は，開発を持続可能なものとする能力を有する。持続的開発とは，将来の世代が自らの欲求を充足する能力を損なうことなく，今日の世代の欲求を満たすことである。」地球生態系の支える範囲で開発や成長を進め，現在と将来の世代に損失をもたらさないこと，が持続可能性の意味である。また，開発途上国に住む人たちの貧困と不公平をなくして共通の利益の最大化を図ることである。そのために，持続可能性に関わる諸問題の原因を究明し，世界的な法制度の充実や長期的な目標を優先した未来への投資を行うべきであるとしている。

## 2　環境経営と資本の運動

### 1　環境を配慮しない資本の運動

　現代の企業は，食料や衣服，住宅などに使用される原料やエネルギーを自然から調達して加工し商品という形にして貨幣を媒介に顧客に商品を販売する。その際，原材料費や人件費などの原価を回収するだけでなく，利潤をも獲得する。商品取引の最初の時期は脇役にすぎなかった貨幣は，あらゆる商品に置き

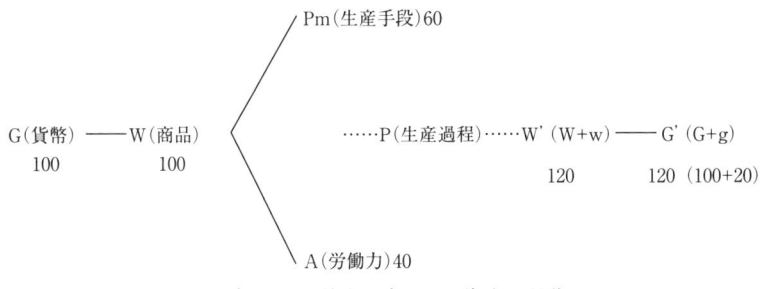

```
                    ┌── Pm(生産手段)60
                    │
G(貨幣) ── W(商品) ──┤         ……P(生産過程)……W'(W+w) ── G'(G+g)
  100       100     │                        120       120 (100+20)
                    │
                    └── A(労働力)40
```

**図序 – 3　環境を配慮しない資本の運動**

換えられ（交換機能），あらゆる商品の価値を測ることができ（価値尺度），長期間保存できる（蓄積機能）性質をもつことから，次第に富の象徴となり，商品取引の主役に成り上がった。18～19世紀に成立した産業革命と工業化，労働者階級の都市への集中を特徴とする資本主義は経済の規模を拡大しスピードを速めて大量の貨幣の獲得を追求した。この経済活動のスピードと規模の拡大が自然環境の再生能力の範囲に収まっている限りは自然環境と調和し均衡ある生活を享受できた。しかし，19世紀末から20世紀初めにかけて資本の集積・集中（企業合同運動）が進み，大企業（独占企業）が市場を支配するようになって，貨幣（富）の計画的な獲得をめざす管理の科学化（科学的管理）が進められるようになった*。

  \* アメリカ人テイラー（F.W. Taylor）は，機械技師としての立場から管理の研究を進めた。時間あたりの最大生産量（課業）を基準に賃率の差別化を図り，生産性（単位時間あたりの生産量）を高めることで原価が削減され利潤が拡大することを実証した。テイラーが計画を重視したことが伝統的なマネジメントを科学にしたといえる。

　**図序 – 3** は，資本主義社会の経済モデルである。実線部分は市場における商品の売買の過程を示し点線部分は事業所内の運動を示す。最初に元手となる資金（G；Geld）を使って市場から生産手段（Pm；Produktionsmittel：原材料，部品，エネルギー，機械や設備，工場用地など）と労働力（A；Arbeitskraft）を商品（W；Waren）として購入（調達）し，事業所内で組織的に配置して計画的な生産（P；Produktion）を行う。

　その結果，社会的な効用をもち増加した商品価値（W'；W+w）を獲得して市

場で販売し，増加した貨幣（G'；G+g）が得られる。このg（利益）の獲得が資本の主要な目的である。

　利潤の源泉が主に事業所内で雇用された労働者の賃金部分を超えて生みだされる価値か，経営者の独創的なアイディアで新規市場を開拓して得られる価値か，世界市場における自社の組織力や技術力を使って得られる価値か，市場における有利な価格設定（価格リーダーシップ）から得られる価値か，以上の複合的な要素の組み合わせによるのかはここでは問わない。製造された製品（商品）が残らず売れるわけではないが，単純化のためにすべてが売れるものと仮定する。

　元手（貨幣）が100，生産手段が60，労働力が40，増加した商品価値ないし販売された価値は120，利潤は20とする。事業活動の資金を供給する金融機関や投資家は，利潤の絶対額の拡大だけでなく，事業に投じた資金に対する利潤の比率（資本利益率や売上高利益率など）の拡大をも追求し，最も効率的に儲かる事業に資金を集中する。資本はこの運動（循環）を国内市場に留めず世界市場に拡大したり（経営の国際化），1つの事業領域だけでなく複数の事業に進出したり（経営の多角化），1回限りでなく絶えず回転させ無限に増殖させようとする。

　この運動では利益が生まれるプロセスで環境に対し，いかなる影響を与えたかという自己点検の基準やシステムは示されない。天然資源として有限な原料の調達やエネルギーの使用，温室効果ガスの排出と累積，産業廃棄物の焼却や埋め立て・投棄等による大気・土壌・河川の汚染，有害な化学物質の製造・消費による生態系への影響など環境の側面からみたプロセスは配慮されない。販売後の製品の消費段階，廃棄段階で発生する環境への影響も直接の関心事ではない*。

　　＊　この資本の運動モデルはマルクス（K. Marx）が『資本論』（*Das Kapital*）という著作の中で展開しているが，環境への配慮が資本に欠落しているという視角は筆者の独自の解釈による。足立辰雄（2006）『環境経営を学ぶ——その理論と管理システム』日科技連出版社，1-9頁，参照。

　この運動の規模を計画的に増加させ回転数を速めるほど利益は拡大するが，

それとともに自然の浄化能力（self purification）や自然の回復力（resilence）を超える環境負荷（environmental load：環境に及ぼす否定的影響）も増加する。この傾向は，19世紀末から20世紀初めにかけて成立した大企業の台頭と科学的管理法（生産性と利潤を拡大する管理の手法）の応用によって増幅される。このタイプの資本の運動のキーワードは，拝金主義，大量調達，大量生産，大量消費，大量廃棄，非循環型社会である*。

* ヘンリー・フォードは，1908年，大衆向けの低価格，同一規格のモデルT型車を発表した。現代の自動車文明と大量生産体制を開拓したこの車の組立使用時間は当初，1台あたり14時間であったが，部品の標準化や生産ラインの自動化，分業化の効果によって1時間33分にまで短縮した。その結果，年間製造台数は1万台（1908年）から100万台（1920年）まで拡大した（Charles E.Sorensen〔1956〕*My Forty Years with Ford*, p.137）。

## 2　環境を配慮した資本の運動

図序-4では，上段の環境配慮活動と下段の資本の運動が結合し調整されている。図序-3の運動と異なるのは，商品の原材料を調達する段階からリサイクルを前提した設計や再生可能なエネルギー，環境配慮型材料（エコマテリアル）を調達していること，またすべての段階で省エネルギーや包装の軽量化，廃棄物の削減が図られている点にある。特に，事業の中核を占める製品やサービスが環境配慮型製品（eco-product）の開発に特徴づけられ，社会全体の環境負荷削減に及ぼす影響は大きい*。

* 2007年度のソニーの$CO_2$排出量の内訳をみると，自社の事業所（主に生産工程）からの排出量が207万t，物流段階が112万t，製品使用段階（消費段階）が1934万tである。同社の$CO_2$総排出量2253万tの内，生産段階は9%，物流段階は5%，消費段階は86%である。工場や事業所の取組だけでなく製品使用時の省エネルギーや$CO_2$排出量を削減する環境配慮型製品の開発は製品のライフサイクル（寿命）からみると重要な役割を担う。例えば，ソニーの32型液晶テレビの2005年モデルの年間消費電力量は194 kWhであるが2008年モデルは86 kWhへ大幅に削減している（ソニー〔2008〕『CSR Report』12-15頁）。

商品を販売した後に回収されるG'（G+g）のg（利益）が環境配慮型製品（サービス）の販売から得られることから消費段階の環境負荷を削減するレベ

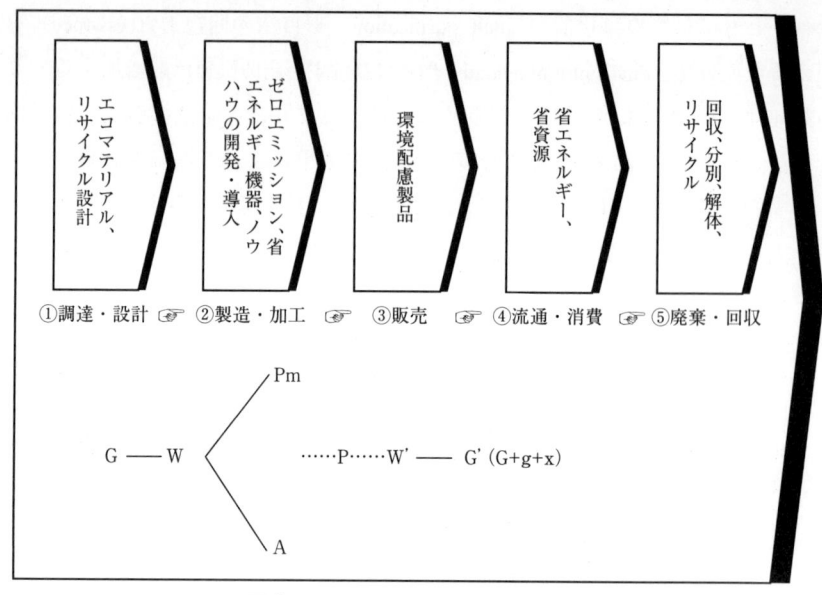

```
                              ┌─────┐
                    ┌─────┐   │回収、│
          ┌─────┐   │省エネ│   │分別、│
┌─────┐   │環境配│   │ルギー│   │解体、│
│ゼロエ│   │慮製品│   │、省資│   │リサイ│
│ミッシ│   │     │   │源    │   │クル  │
│ョン、│   │     │   │     │   │     │
┌─────┐│省エネ││     ││     ││     │
│エコマ││ルギー││     ││     ││     │
│テリア││機器、││     ││     ││     │
│ル、リ││ノウハ││     ││     ││     │
│サイク││ウの開││     ││     ││     │
│ル設計││発・導││     ││     ││     │
│     ││入    ││     ││     ││     │
└─────┘└─────┘└─────┘└─────┘└─────┘
```

①調達・設計 ☞ ②製造・加工 ☞ ③販売 ☞ ④流通・消費 ☞ ⑤廃棄・回収

$$G \text{—} W \begin{matrix} \nearrow Pm \\ \cdots P \cdots W' \text{—} G'(G+g+x) \\ \searrow A \end{matrix}$$

**図序-4** 環境を配慮した資本の運動

ルに応じて社会的に公正な利益の性質を次第に帯びてくる。この g に x（リサイクル事業による利益）が加わる。x は廃棄・回収・リサイクルによる一部費用負担と原材料節約による費用削減を相殺し付加された利益である。この x は当初は赤字であるが、回収率が上がり環境配慮製品に組み込まれる原材料節約の割合が上昇するにつれて次第に黒字に転化する。また、自社だけでなく他の事業所からの廃棄物を回収する独自のリサイクル事業も x の黒字化に貢献するであろう\*。環境経営のキーワードは、サステナビリティ、適量生産、適量消費、リサイクル、循環である。

 \* リコーの 2007 年度の環境経営報告書によれば、年間あたりの環境投資額は約 6 億円、環境費用は約 180 億円であった。コスト総額は 186 億円である。他方、環境活動による経済効果（リサイクル品売却額、特許などの研究開発効果、汚染によるリスクの回避など）は約 395 億円である。この差額は約 209 億円で大幅な黒字である。なかでもリサイクル品売却額は 240 億円に達し、経済効果の約 61% を占める（『リコー環境経営報告書 2008』2008 年, 60 頁）。

### ③ 環境経営の展望

　持続可能な社会に向けた環境経営の成功の条件は以下の点にある。

　第一に，長期的な経営ビジョンの作成に際し，環境配慮の事業（本業）を中核に据え，独創的なビジネスを開拓する。環境や人を第一義に考えた事業を展開し，その活動実績を公表して環境責任を明示する。

　第二に，環境配慮型利益をどのように実現すべきか，その方法を模索することである。調達段階から廃棄段階に至る個々のプロセスの活動も重要であるが，当事業が製品のライフサイクルにおいて重要な環境負荷を与えている領域を明らかにし，その解決法の中に新しいビジネス分野を探求し，発見する。事業所で使用される化石エネルギーに替わる新エネルギー技術の開発や導入，$CO_2$排出削減のノウハウの開発，環境配慮型材料（eco material）の開発は自社にとって当面の費用負担になるが将来の有力な知的財産（技術革新）への先行投資とみなし公正な利益への手段と位置づける。

　第三に，市場に提供する製品系列の中の環境配慮製品（省エネルギーでリサイクル可能な材料からなりエコマークなど第三者認証を得た製品）の割合を100％に近づけることである。本業における環境配慮製品の拡大は環境ブランド（環境に関する情報，コミュニケーション，イメージ，活動評価で得られる消費者や企業関係者の信頼度）を引き上げる。公開される自社製品の情報の信憑性を高めるために第三者機関の認証制度を利用してもよい。会社の製品やサービスを良くみせようと，重要な環境情報を故意に隠し偽ったりすることを許さない予防システムを確立し，環境リスクが発生したときの経営責任の所在と範囲を明確にする。

　第四に，最高経営責任者の直属組織に，環境活動の計画立案と実行に責任をもつ役員を配置し，環境計画と経営計画の調整を行い，環境配慮型指標を経営指標に優先してウェイトづけしコントロールすることである。欺瞞的な環境経営は環境指標よりも経営指標が優位に立っている。

　第五に，個別企業の環境対策の意義と限界を認識し，マクロなレベルからの行政指導や社会的規制を尊重して協力する。法的規制を忌避せず，社会的規制の強化が新しい技術開発への契機となる可能性に挑戦すべきであろう。「法的

規制を悪いものとみなすべきではない」(Richard Welford〔1996〕*Corporate Environmental Management*, p.12)，また，同業者やライバルとの技術協力など横断的な連携も図っていく。

（足立辰雄）

# 第Ⅰ部

サステナビリティと地球環境

# 第1章

# 地球温暖化と経済活動
――脱温暖化社会・経済の構築に向けて――

　地球温暖化の進行に伴って日常の生活の中で「地球温暖化」という語を見聞きする機会が多くなってきました。この地球温暖化問題はどのような現象で，私たちの社会や経済にどのような影響を及ぼすのでしょうか。地球温暖化の原因は私たちの生活や経済活動とどのように関係するのでしょうか。また私たちはこの問題を解決することが可能なのでしょうか。国際交渉の動向，外国と国内の対策の現状・課題，持続可能社会に向けた今後の展望もあわせて説明します。

## 1　経済発展と地球環境問題

### 1　化石資源依存型の生活と社会

　毎日の生活を振り返ってみると，電気やガスなどを使用しない日はほとんどないといえる。職場や学校でも同様で，外出や旅行の際にはガソリンを使用する自動車，あるいは電気で動く電車を利用している。そして身の回りには石油を原料とするプラスチック製品があふれている。毎日食する米や野菜を作り運ぶにも多くのエネルギーが使われている。製造する時に大量のエネルギーを使用する電化製品や衣服などを必要に応じて購入する。まさにわれわれの生活・社会はエネルギーを大量に消費し，そのほとんどが化石燃料に依存している。現在，豊かさの指標である国内総生産（GDP）の拡大や便利さの象徴である自動車や電気製品は，化石資源なしでは成り立たないものである。

### 2　持続不可能なこれまでの経済発展

　このような社会をわれわれは経済発展と定義づけ，めざしてきた。産業革命をきっかけとして，地中に埋まっている化石資源を掘り出し，それを利用でき

るエネルギーに転換してより大きな力を使用し，多くのものを生産して消費することで経済が拡大してきた。特に最近は，社会経済移行国の市場経済化や発展途上国の経済開発で，多くの国の多くの人々が化石燃料の恩恵に授かり自動車や電化製品を所有するようになってきた。またこれらを生産することにも関わり，人口の増加とも連動して経済の規模を拡大している。資源や環境が無限であればこの方法による経済発展を永遠に続けることができるが，そうでないことは誰もがわかっていることである。しかしながら，現在は，資源と環境が有限であることが前提の経済・社会とはなっていないのが現実であって，これが「持続可能でない」ということは自明の理である。

　この持続可能でない発展のために，大量の化石燃料を使用し二酸化炭素（$CO_2$）を排出することで，深刻な地球温暖化問題を起こしている。化石資源の枯渇と地球規模の環境問題が，これまでの経済発展の手段と概念，現在と将来の社会・経済のあり方を根底から変えなければならない状況となっている。

## 2　深刻化する地球温暖化

### 1　IPCC 第四次評価報告書

　2007年に「**気候変動に関する政府間パネル（IPCC）**」は第四次評価報告書を発表した。この報告書の「地球温暖化は起こっていると断定，人類活動が原因であるとほぼ断定」との記載に注目が集まった。世界の科学者の総意として踏み込んだ内容であることで，国際社会が真剣に温暖化対策に取り組んでいくことを後押しするきっかけともなった。

　地球温暖化問題は人類にとって極めて深刻な問題であることは，科学的な知見から警告されている。地球規模という人類にとっては大きなスケールで，過去から未来にわたる長いスパンの研究であり，不確実性や解明できていない点

---

**IPCC（気候変動に関する政府間パネル）**：1988年に国連環境計画（UNEP）と世界気象機関（WMO）により設置された機関で，各国の専門家が集まり気候変動に関する知見の収集と整理を行い報告する。これまで第一次（1990年），第二次（1995年），第三次（2001年），第四次（2007年）の報告書を出し，2007年にはノーベル平和賞を受賞した。

もあるが，多数の科学者が最新の知見を集約しながら，不確実性を除く努力を続けている。その成果としての第四次評価報告書であり，温暖化対策を進める上で，基本的な理解として依拠すべきものである。

### 2 急激な気温上昇と顕在化する影響

世界の地表付近の平均気温は，1906～2005年の間に0.74℃，工業化前（1850年頃）からは0.76℃上昇したことが観測されている。観測史上最も高温であった年の1位～12位は1990年以降に集中している。20世紀後半は，100年間の上昇度合いの倍の速度で気温が上昇している。この気温上昇は人類が経験したことのない速度である。また長期的にも，北半球の気温は過去1300年で最も温暖であった可能性が高いとされている。

温暖化による影響・被害も各地で観察されている。世界各地で氷河や氷帽が融けていて，特に北極の氷の溶解は顕著であり，2007年の夏の氷が観測史上最小になったことが観測され，2008年の夏も同程度の減少があった。海水温の上昇による熱膨張，陸地の氷河・氷帽や南極の氷床が融けることによる海面上昇も起こっていて，100年間で17 cm平均水位が上昇した。

熱波や集中豪雨，強力な熱帯性低気圧の頻度も増している。2003年の夏のヨーロッパの熱波は多くの被害をもたらした。2005年に米国ニューオリンズに上陸したハリケーン「カトリーナ」，2008年にビルマ（ミャンマー）を襲ったサイクロン「ナルギス」によっても空前の被害がでた。これらの現象は，すべて温暖化が原因とは特定できないが，温暖化に伴い，このような現象が増加することが警告されている。

日本国内では100年間で約1℃強，平均気温が上昇している。これは世界的な上昇速度よりも大きく，1980年代後半から高温状態が続き現在まで継続している。すでに観測されていることだけでも，降水量の変化，冬季の積雪の減少，植物の開花時期の変化，熱帯性の昆虫や動植物の北上などがある。現実の問題として，米の品質の低下，果樹への影響，大型クラゲの異常繁殖など農業や漁業にも悪影響が表れている。さらに，海面の上昇による被害，集中豪雨による急激な増水による被害，サンゴ礁の白化，熱中症患者数の増加なども起

こっている。

### 3  現在起こっている温暖化は人類の活動が原因

　地球の地表付近の平均気温の変化は，太陽活動の変化や火山の爆発など自然の原因でも起こり，工業化以前の気温の変化は自然起源のものであった。ところが，現在の気温上昇は自然の原因のみでは説明がつかない。実際の気温の変化とシミュレーションによる変化を比較することで，自然と人為の要因を考慮すれば実際の気温上昇と一致するという結果になり，IPCCの第四次評価報告書で気温上昇は人為起源であるとほぼ断定された。また20世紀後半の化石燃料の使用の増加をみても，温室効果ガスの濃度の上昇は人類の活動が起こしていることがわかる（図1-1）。

　温室効果ガスには様々な種類があるが，京都議定書で削減の対象となっているガスは全部で6種類である。その内で最も影響を与えているのが，$CO_2$ で，化石燃料を燃やすと排出される。これはわれわれの生活，経済，社会を支えるために大量に使用されている。またセメントを生産する際には化学反応で $CO_2$ が排出される。その他，削減対象となっている温室効果ガスは，メタン（$CH_4$），一酸化二窒素（$N_2O$），代替フロン類（PFC, HFC, $SF_6$）である。これらのガスもわれわれの日常生活と密接につながっている。$CH_4$ は，家畜，水田から，$N_2O$ は，ガソリンの燃焼や農業から排出され，代替フロン類は，エアコンや冷蔵庫

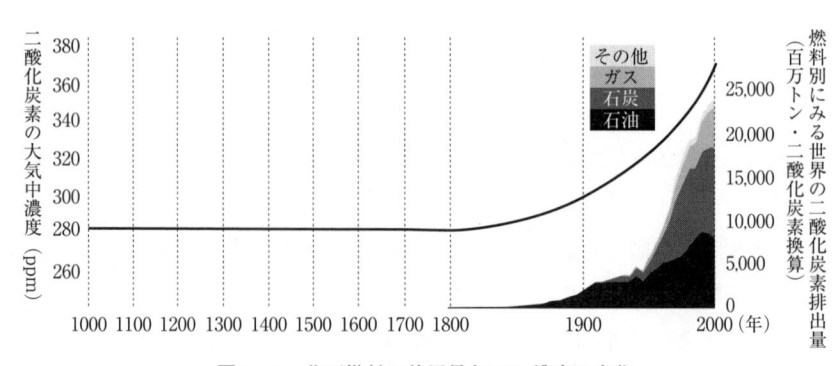

**図1-1　化石燃料の使用量と $CO_2$ 濃度の変化**

（資料）オークリッジ国立研究所，IPCC「第三次評価報告書」2001より作成。
（出所）全国地球温暖化防止活動推進センター・ファクトシートより。

暖化のピークを 2℃ 未満の気温上昇に抑え，それ以降は可能な限り急速に下げるべきである」（気候行動ネットワーク（CAN）ポジションペーパー〔2003〕「危険な気候変動を防止するために」）と提言している。これ以降，NGO の主張の中心には 2℃ 未満の目標があり，その後の研究の成果なども踏まえてヨーロッパの国々で，2℃ 未満の目標が計画に組み込まれてきている。日本国内でも，2℃ 未満に抑えなければならないという目標も共有されつつある。

### 3　大幅削減の経路

この 2℃ 未満に抑えるためには世界全体の炭素の大気中への放出量を一定以下に抑えなければならない。IPCC の第四次評価報告書では，大気中の温室効果ガスの濃度を 450 ppm に抑えれば，50% の確率で 2℃ 未満に保つことができるとされている。この 450 ppm を達成するためには，世界全体で 2020 年までには排出のピークを迎え，2050 年には 1990 年比で 50% 以上削減し，先進国は，2020 年 30% 削減，2050 年には 80% 以上削減する経路が描かれる（図1-2）。

温室効果ガス排出量
基準年＝100%

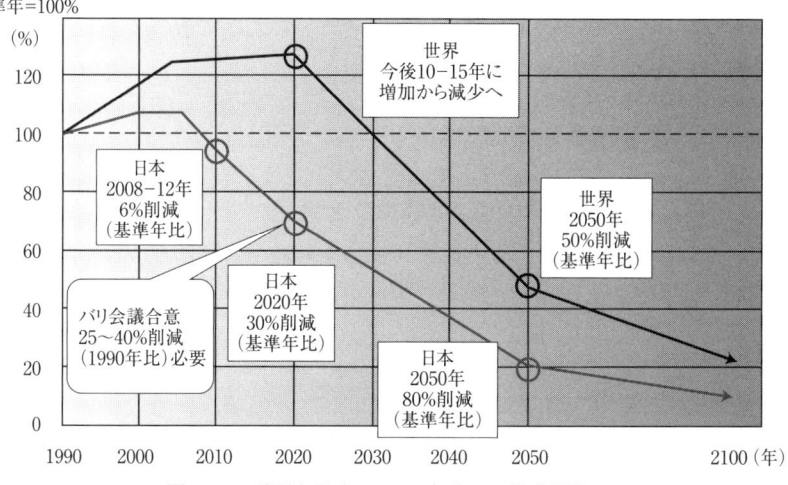

図 1-2　世界と日本の 2050 年までの排出経路

（出所）　気候ネットワーク作成。

の冷媒，スプレー，半導体の洗浄などで使用されている。われわれの日常生活を支えている製品や活動が温室効果ガスを排出し，地球温暖化を起こしている。

## 3 今後の気温上昇と2℃未満目標

### 1 今後の気温上昇のリスク

　IPCCによれば2100年頃までに最大で6.4℃，最低でも1.1℃世界の平均気温が上昇すると予想されている。この数値は，経済重視か環境重視か，グローバル化か地域化かという2つの軸で分けられた4つのシナリオとさらに細分化されたシナリオごとに気温の上昇が予測されているものである。人類が環境重視の方向を選択すれば，1.1～2.9℃程度に抑えることができる。しかし化石燃料に依存し続ければ2.4～6.4℃もの上昇になる。将来の気温上昇の度合いとスピードは，人類が今どのような社会・経済を選択するかにかかっている。

　わずか100年で4℃を超える上昇は地球環境がもとに戻れない「不可逆的な変化」を起こす可能性があると警告されている。気温上昇の予測に不確実性もあるため，何度の上昇で不可逆的な変化が起こるかは科学者の間でも合意はできていない。しかしながら，グリーンランドの氷が急速に溶けて大幅な海面上昇が起こる，シベリアの永久凍土が溶けることによってそのメタンが放出され温暖化が加速される，などの不可逆的な変化を避けることが，人類にとっての最大の課題であり，より安全な方向を選択することが求められている。

### 2 世界の共通目標になりつつある2℃未満

　危険な気候変動とそれによる影響・被害を回避するにはどの程度の気温の上昇に抑える必要があるのだろうか。工業化前と比べて2℃以上の上昇があると，悪影響と被害の増大は避けられないということも警告されている。**気候行動ネットワーク（CAN）**は，2002年に発表したポジションペーパーで，「地球温

---

CAN（気候行動ネットワーク）：地球温暖化問題に取り組んでいる環境NGOの世界的なネットワーク組織で，350以上の団体が参加している。国際交渉でのロビー活動や政策提言，キャンペーン活動などで連携している。

この経路を達成するためには，できるだけ早く削減を開始し，社会や経済，産業構造が変化・順応できる時間を多く設けることが賢明な選択である。削減が遅れれば遅れるほど，将来世代への負担が大きくなり変化・順応の余裕はなくなってしまう。まだ実用化されていない革新的な技術をあてにして，削減を先送りにするという選択肢はないはずである。もちろん継続的な技術開発にも取り組みながら，より安全で確実な方法を選択することが未来世代への責務である。

### 4 スターン・レビューの発表

2006年10月に，「スターン・レビュー（気候変動の経済学）」が発表された。これは，イギリス政府が，世界銀行元チーフ・エコノミストのニコラス・スターンに依頼をして，まとめられた経済学的分析の報告書である。この報告書では，気候変動は極めて深刻な地球規模の問題であり今すぐ対応が必要であることを警告している。また気候変動を無視すれば経済発展が阻害され，大規模な混乱のリスクは2度の世界大戦や大恐慌のリスクに匹敵するとある。経済的な損失は，GDPの5〜20％にあたると試算されている。逆に，温室効果ガスを500〜550 ppmに安定化させるためには，2050年までに年間GDPの1％のコストが必要であることも記載されていて，温暖化対策のためのコストよりも温暖化対策を行わない場合のコストの方がはるかに大きいことが指摘されている。

早急な対策を奨励し，「大気中の温室効果ガスの安定化は実現可能であり，経済成長の継続と矛盾しない。また経済成長の好機であり，悪影響の低減はきわめて価値のあるもの」（AIMチーム・国立環境研究所訳〔2007〕『気候変動の経済学 Executive Summary』環境省など）とも述べている。スターン・レビューの内容は衝撃的であったが，世界全体で方向性を共有し，適切な政策をとることが世界経済にとっても望ましいし，可能であるとされていて，今後の可能性も示唆しているものである。

## 4　世界の取り組み

### 1　気候変動枠組条約と京都議定書

　1992年に国連の場で「気候変動枠組条約（UNFCCC）」が採択され，これまでの温暖化防止の国際的な基盤となってきている。この条約は1994年に発効し，翌年から条約の締約国会議（COP）が開催されている。この条約には，「気候系に対して危険な人為的干渉を及ぼすこととならない水準において大気中の温室効果ガスの濃度を安定化させることを究極的な目的とする」と記されている。「予防原則」と「共通だが差異ある責任」という考え方，そして先進国の責務や途上国への支援などが盛り込まれていて，温暖化防止のための基盤と位置づけられる条約である。

　1997年12月に京都で開催された**気候変動枠組条約第3回締約国会議（COP3）**で，京都議定書が採択された。この議定書は，先進国と経済移行国に削減の数値目標を課している。6種類の温室効果ガスが対象で，1990年を基準（原則）*として2008年から2012年の第一約束期間に，日本は－6％，EUは－8％，ロシアは±0％と各国ごとに異なる削減数値目標が設定されている。削減のための補完的な制度として森林吸収源や京都メカニズムが含まれている。京都メカニズムには，排出量取引（ET），共同実施（JI），クリーン開発メカニズム（CDM）の3つがある。

　＊　代替フロン類は1995年を基準年として選択できる。

### 2　京都議定書の意義

　京都議定書は，各国の利害の対立する厳しい交渉と消滅の危機を乗り越え，2005年2月に発効し，温暖化防止に関する重要な世界の約束事となった。アメリカが批准をせず，「不平等・不完全」などとの批判もあびながら，2008年

---

**気候変動枠組条約第3回締約国会議（COP 3）**：気候変動枠組条約に基づく3回目の会議で，京都で開催されたことから「温暖化防止京都会議」とも称される。COPは11〜12月に毎年開催されている。

現在，182 カ国（EC を含む）もの国が批准している。これは，京都議定書が多数の市民によって支持され，その必要性が大きいことを意味している。

京都議定書の削減目標は小さいながらも，エネルギーの使用の増大傾向を安定化・削減に転換していくという最初の重要な第一歩である。IPCC の第四次評価報告書にも「気候変動枠組条約と京都議定書の注目すべき功績は，気候問題へのグローバルな対応の構築，多くの国家政策の促進，国際的な炭素市場の創設，及び将来の緩和策の基礎となりうる新しい制度メカニズムの構築である」（環境省〔2007〕「IPCC 第 4 次評価報告書第 3 作業部会報告書概要（公式版）」）と記載され，その意義と重要性が評価されている。京都議定書での方向づけがあるからこそ，国や自治体，産業界が脱温暖化への方向転換を模索しはじめたことにつながってきている。

### 3  第二約束期間の合意に向けて

京都議定書の第一約束期間は 2012 年までであり，その後の合意に向けた交渉が続けられている。現在は，2009 年末の **COP 15/CMP 5**（コペンハーゲン会議）で合意をするという予定で進められている。先進国は第一約束期間よりも高い目標で合意し，新興国の削減目標義務化や途上国の削減方向へ向かう合意が求められている。京都議定書採択のときと同等かそれ以上の重みをもつ交渉であるといってよい。各国の経済状況に課題がある中で先進国間での利害対立もあり，先進国と途上国の間の対立も大きく，合意は容易ではない。しかしながら，国際社会がこの合意を実現することで，21 世紀以降の持続可能な社会への展望が拓けてくる。

### 4  先導する EU の温暖化対策

EU は早くから対策の促進，**燃料転換，自然（再生可能）エネルギー**の促進，

---

**COP 15/CMP 5**：京都議定書の発効後に，毎年 COP とあわせて京都議定書締約国会合が開催されている。この会議の英語は「Meeting of the Parties」でその略語 MOP が使用されていたが，バリ会議から COPMOP を略して CMP が使用されている。COP 15/CMP 5 は，気候変動枠組条約第 15 回締約国会議と京都議定書第 5 回締約国会合のこと。

産業構造の転換等を進めている。EU全体でも中長期目標をたて、排出量取引制度の導入や自然エネルギーの促進を行ってきている。EUのキャップ＆トレード型排出量取引制度は、域内の一定規模以上の事業所にキャップ（排出上限）をかけて、目標達成（不達成）の過不足分を売買できる制度である。EU域内の一定規模以上の事業所に排出枠がかけられている。$CO_2$の取引市場があり、各事業所は市場を通じて売買することになる。EUの排出量取引制度は2005年から開始し、2008年からは第二ステージに入っている。この制度にアメリカやカナダ、オーストラリアなども連携する方向であり、世界的な制度になろうとしている。

　EUにおける自然エネルギーの推進も温暖化対策の柱となっている。風力発電やバイオマスの利用などを増加させ、$CO_2$排出削減とエネルギーの自立化に取り組んでいる。

　自然エネルギーの普及のためにこれまでに効果をあげている政策として、自然エネルギー固定価格買取制度（FIT: Feed in Tariff）がある。これは自然エネルギーで発電された電気は電力会社が優遇して買い取ることが義務づけられている制度である。特にドイツは、この法律の導入により、風力発電の設備容量を急増させ、太陽光発電も2005年に日本を超えて世界一となった。適切な政策の導入によって自然エネルギーを増設し、$CO_2$削減の効果も上げていて、自然エネルギーを新しい産業と位置づけ、雇用の創出や地域の活性化にもつなげている。化石燃料の高騰や資源枯渇への懸念から今後も自然エネルギーへの依存はますます大きくなることは間違いなく、温暖化対策と経済を両立させる上でも重要なものである。

---

**燃料転換**：火力発電所の燃料を石炭から天然ガスに転換することで約40%の$CO_2$排出削減が可能となる。イギリスなどでは、この方法による削減を進めている。これにより電力排出係数が改善し、電気を使用するすべての消費時での排出量が削減されることになる。
**自然エネルギー**：環境負荷の小さい再生可能エネルギー（Renewable energy）のこと、国内では風や太陽光・熱、水など自然のもっている力を利用することから、自然エネルギーという語が使われる。

## 5　国内の状況

### 1　増え続ける国内の温室効果ガスと対策の課題

　2006年度の日本の温室効果ガスの排出量は13億4200万トン（**二酸化炭素換算**）であった。これは，京都議定書の基準年から比べると6.2％の増加であり，議定書の目標であるマイナス6％から大きな開きがある。これは，これまでの温暖化対策が適切でなかったことが大きな要因である。最も大きな要因として石炭火力発電所の増加があり，経済界の自主的な取り組みに依存してきたことや，経済的措置がまったく導入されなかったことで削減ができてこなかったといえる。

　日本政府は，京都議定書の採択を受けて，1998年に**地球温暖化対策推進大綱（大綱）**を策定し，地球温暖化対策推進法を施行した。これらが国全体の温暖化対策の基盤となってきた。しかしながら，実効性に乏しいもので，これまで温室効果ガスの排出削減につながってこなかった。大綱は京都議定書の発効に伴い「京都議定書目標達成計画」（目達計画）に移行し，地球温暖化対策推進法も改正された。しかし，この大綱・目達計画は課題が多く，対策を進める基盤とはなっていない。政府による「チームマイナス6％」や「クールビズ」など人々への一般的な意識づけは進んできたが，エネルギー政策の転換や効果的な政策導入ができてこなかった。逆に，自動車の総走行量を増やし$CO_2$の排出増につながるような道路建設が温暖化対策と位置づけられて予算が使われてきたことも増加の原因となっている。

---

**二酸化炭素換算（炭素換算）**：二酸化炭素の量を表す時に2つの方法がある。これは$CO_2$のC（分子量12）のみを表す場合と$CO_2$全体（分子量44）で表す方法である。この数値を使用して，換算することができる。例えば，日本の2006年度の温室効果ガスの排出量が13億4200万トン（二酸化炭素換算）の場合，$1,342,000,000 \times 12/44 = 366,000,000$で，約3億6600万トン（炭素換算）となる。
**地球温暖化対策推進大綱**：1998年6月に決定された日本政府の温暖化対策の計画。2002年に改定され，京都議定書の発効に伴って「京都議定書目標達成計画」に移行した。

### 2　京都メカニズムへの依存

　目達計画では，マイナス6％の内，1.6％は京都メカニズムで補うと計画されている。この数値は，6％から森林吸収源（3.8％）とその他の対策による削減を足し合わせた分を差し引いた数値であり，計画そのものが数値合わせになっている。排出量が現状のまま推移すれば，これよりも大きな不足が生じ，京都メカニズムで補う部分が大きくなってしまう*。

　＊　気候ネットワークの報告では，毎年1億5000万トン不足する可能性があると試算されている。

　国内の対策が進まず，削減量が不足すれば，京都メカニズムで埋め合わせしなければならず，多額の金額を税金で調達してこなければならないことが予想される。「もし排出量が2005年レベルにとどまった場合，5年間で実に6兆円にのぼる」（小杉昌幸・歌川学〔2008〕「温暖化対策予算の費用対効果」『日経エコロジー』2008年5月）との試算もある。逆に，排出枠取得の費用を国内の省エネに投資をすることで大きな削減が達成でき，省エネ産業の内需拡大，国際競争力の強化にもつながる。京都メカニズムに依存するのではなく，国内の対策を強化することが先決であるといえる。

## 6　産業界の実態と課題

### 1　大きな排出割合を占める産業部門

　産業・エネルギー転換部門の排出は非常に大きく，約200の事業所で国内の排出の約半分を占めている。国内における排出別の部門は，エネルギー転換，産業，業務，家庭，交通である。この部門分けには2種類の分類方法があり，エネルギー転換部門の電力等を消費側に配分する前の**「直接排出」**と配分後の**「間接排出」**で排出の割合が異なる。

　直接排出の部門ごとのグラフ（図1-3）をみると次のような割合になる。電

**直接排出と間接排出**：エネルギー転換部門の排出をそのままで表しているのが直接排出で電力会社の排出割合が極めて大きくなる。エネルギー使用者に割り振って表しているのが間接排出である。間接排出の場合，発電所の排出量の増減が明らかにならないという課題がある。

第1章　地球温暖化と経済活動

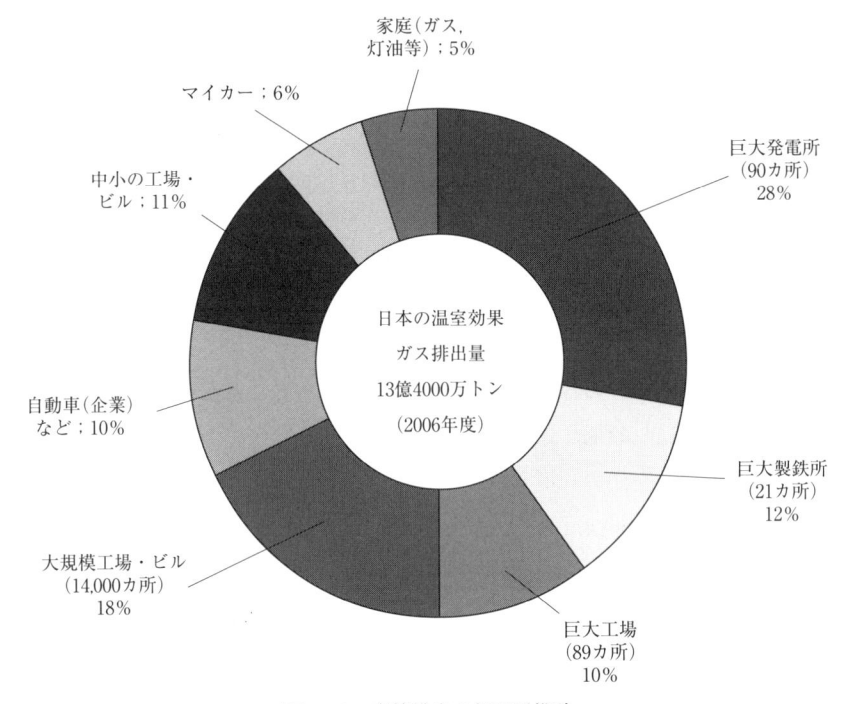

家庭（ガス，灯油等）：5％
マイカー：6％
中小の工場・ビル：11％
自動車（企業）など：10％
大規模工場・ビル（14,000カ所）18％
巨大工場（89カ所）10％
巨大製鉄所（21カ所）12％
巨大発電所（90カ所）28％

日本の温室効果ガス排出量
13億4000万トン
（2006年度）

図1-3　直接排出の部門別推計

(注)　気候ネットワーク推計。

力や鉄鋼業等の約200の事業所で，国内排出の約半分を占めていることがわかる。また約1万4000の事業所・ビルからの排出が18％で，それらを合わせると約70％を占めている。その他，中小の工場やビルからの排出量は11％，企業関係の交通部門から10％，家庭の自動車から6％の排出となっている。直接排出での家庭部門は約5％で，これは1億2800万人，約5000万世帯からの排出であって，少数の巨大排出事業所からの排出がいかに大きいかがわかる。

大きな排出割合を占める産業界の対策の中心となっているのが，「経団連環境自主行動計画」である。この計画の温暖化に関する部分では，エネルギー転換部門と産業部門の第一約束期間の$CO_2$排出量を1990年以下に抑える努力目標を掲げ，電力・鉄鋼・石油などの35業界が参加している。しかしながら，目標を自主的に設定すること，総量・効率・エネルギー使用・$CO_2$排出量の4

つの指標を選択できることや，罰則・協定等のないもので，総量の削減を担保できる制度ではないという課題がある。

### 2　日本の産業界は絞った雑巾か？

「産業界の省エネは世界一で，これ以上の削減は困難である」という主張もある。しかし，気候ネットワークの調査では，日本におけるGDPあたりの$CO_2$排出量が欧米と比べて小さいのは，家庭部門・交通部門の効率がよいからで，産業部門は総じて効率がよいとはいえないことがわかった。図1-4から，欧米に比べて効率がよいのは家庭部門・交通部門であることがわかる。欧米と比較すると，家庭は一般的には暖房が節約型であり，燃費のよい車・軽自動車の割合が多く，公共交通の利用も多い。製造部門の効率は米国・EUと同程度か低くなっている（図1-4）。

1970年代の石油ショックを機に産業界の省エネが進んだが，その後は停滞し，現在は，いくつかの産業では外国と比較して効率が悪い業種もある。また，国内の同業種の事業所を比較しても，生産量あたりの$CO_2$排出量の効率にばらつきがある。低い効率の事業所を改善していけば産業部門で大幅な削減が可

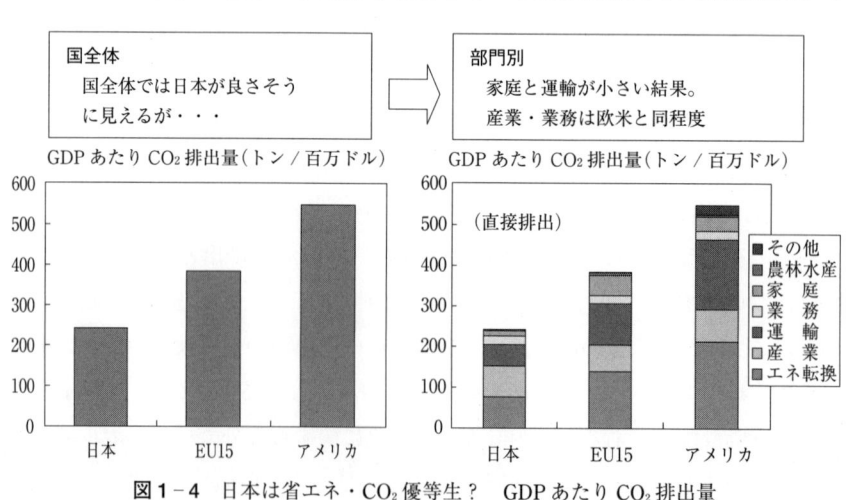

図1-4　日本は省エネ・$CO_2$優等生？　GDPあたり$CO_2$排出量

(注)　2004年，$CO_2$排出量＝日本・EU・アメリカが気候変動枠組条約に提出した温室効果ガス排出目録，GDP＝Energy balances of OECD Countries 2003-2004。
(出所)　気候ネットワーク作成。

能であり，絞りきった雑巾であるとはいえない。

## 7 排出量取引制度・炭素税の導入は？

### 1 排出量取引制度

　温暖化対策の経済的手法として，キャップ＆トレード型排出量取引制度が注目を集めている。この制度は，目標を確実に，また最小の費用で達成できると経済学的に分析されている。京都議定書の国際排出量取引制度は，削減義務のある国同士の取引制度であるが，EUで導入されている制度はEU域内の大規模な排出事業者を対象としている制度である。

　キャップ＆トレード型排出量取引制度にはいくつかの論点がある。1つはどの段階にキャップをつけるかという点であり，上流（輸入・精製）か下流（発電・工場）の方法がある。これによって対象事業所の数やカバーできる割合が異なってくる。

　もう1つの論点はキャップの設定方法である。「グランドファザリング」「ベンチマーク」という無償で排出枠が割りあてられる方法と，「オークション（競売）」という有償の割当方法がある。「グランドファザリング」はこれまでの排出量に基づいてキャップを設定する方式であるが，先に対策を講じてきた事業所とそうでない事業所に不公平感が残る。また緩やかなキャップになる傾向にある。ベンチマーク方式は業種ごとに平均的な生産原単位を基準として配分を行う方法である。オークション方式は排出枠を購入するもので，有償で得た収入を省エネ設備の導入や地域の対策に活用することができるという利点がある。

### 2 炭素税

　温暖化対策におけるもう1つの経済的手法に，炭素税（温暖化対策税）がある。炭素税は炭素の排出に税金をかけて排出を抑制するもので，化石燃料の価格が上昇することでその使用が控えられる。また分野横断的にあらゆる部門に削減効果があることも特徴である。炭素税の税収の使途も重要で，社会福祉や

消費税の減税に充てて「税制中立」として，一般消費者に大きな負担とならないような工夫もできる。すでにヨーロッパの国でこのような税制が導入されていて，その効果も検証されている。例えば，イギリスの気候変動税がGDPの押し上げ，雇用増加と温室効果ガスの削減をもたらしたことが検証されている。（諸富徹・浅野耕太・森晶寿〔2008〕『環境経済学講義』有斐閣ブックス）

炭素税の論点の1つにどの段階で課税するかというポイントがあり，上流（石油精製段階）・下流（販売，消費段階）双方にメリットとデメリットがある。上流に課税すれば対象者が限定され徴収のコストが少ない，しかし消費者への意識づけができにくい。下流への課税であれば，消費者がコストの意識をもち削減の意識ももちやすい。しかしながら，課税の対象者が多いことから徴収コストが大きくなるという課題もある。

一般消費者にとって課税の種類が増えることは経済的な負担が増えることになるが，税収の使途次第で大きな負担にならない制度設計も可能である。また省エネなど，排出量を減らす動機づけにつながり，削減する人や企業が報われる制度でもある。

### 3 国内の導入に向けて

国内でも，排出量取引制度と炭素税の導入の検討はされてきた。しかし経済界は一貫して導入に反対をしてきた。キャップ＆トレード型の排出量取引制度に対しては，特にキャップを設定されることに強く反対し，自主的な取り組みを続けることを主張し続けている。EUが実施し，アメリカやカナダ，オーストラリアなども連携の方向に向かっている中で，このままでは世界の潮流から取り残されることが懸念される。

気候ネットワークは，大規模事業者にはキャップ＆トレード型排出量取引制度の対象とし，対象外の部門には炭素税を導入して，削減の動機づけをすることを提案している。また，排出量取引制度のオークションの収入と炭素税の収入をあわせて中小企業の省エネ支援，家庭における負担の低減を行い，さらに住宅の省エネ基準の規制などの政策もあわせた制度を提案している。この提案が市民参加による議論を経て，経済的措置の早急な導入につながることが期待

される。

## 8 地域からの温暖化対策

### 1 課題の多い地域の温暖化対策

　地域レベルの温暖化対策も，国レベルで効果的な政策や仕組みがないという条件の中で，一部を除いては進展していない状況である。特に自治体の環境部局の範囲内に留まる取り組みが大きな障害となっている。地球温暖化の原因を考えると，エネルギー政策や都市政策と関連づける必要があるが，行政の縦割りが障害となって，温暖化対策がエネルギーや都市政策，交通政策と分離されたままである。エネルギーの燃料転換や移動の際に $CO_2$ の排出を抑えるようなまちづくりは環境部局だけでは対応ができない。省エネを進める上でもエネルギー供給企業の協力が得られないことも障害となっている。

### 2 地域の先進事例

　このような状況の中でも，工業化や都市化の条件が整っていなかった地域で温暖化対策を地域の活性化につなげて取り組んでいる例が現れてきた。

　①自然エネルギー100％をめざすまち

　地域の資源を活用して，自然エネルギー100％をめざすまちも現れている。岩手県葛巻町は「ワインとミルクとクリーンエネルギーのまち」というテーマを全面に出し，大型風車の設置，バイオマスプラントの設置で，町内で消費する電力の185％が自然エネルギーで発電されている。高知県梼原町は，四万十川の上流，四国カルストにある町で，政策の方針に「環境・教育・健康」を掲げている。1999年に風車を建設し，その収益を環境保全活動や太陽光発電の設置補助にあてていて，自然エネルギー100％をめざしている。

　②人権と環境を柱とするまちづくり

　滋賀県野洲市は，1995年から「人権」と「環境」を基本理念としてまちづくりを進めてきた。環境の取り組みを進める中で，1999年から2年を費やして地域新エネルギービジョンを市民参加で策定し，そのビジョンの実現に向け

た取り組みを行ってきている。その中の「すまいる市」プロジェクトでは「すまいる」という地域通貨（割引券として使用できる）が利用されて「地域協働発電所（太陽光発電）」が設置されている。そして，地域内の参加店のネットワーク化や販売増につながっている。これは，地域経済の活性化につながる先進的な温暖化対策である。

## 9　持続可能な脱温暖化社会・経済に向けて

### 1　めざすべき方向性

われわれ人類がめざすべき方向性とその手段もある程度みえてきていると考えられる。気候変動枠組条約と京都議定書を基盤とする国際的合意，各国での温暖化対策の強化と産業構造・都市構造の転換，地域の資源を活用する持続可能な地域づくり，ライフスタイルの変革などが脱温暖化社会への道筋である。まさにそのための政治的な決断と市民の合意が問われている状況である。

化石燃料への依存から脱却するためには，炭素の価格化が最優先課題であり，先述の経済的政策を導入する必要がある。これが，$CO_2$の排出を抑制する効果をもつのみでなく，省エネや自然エネルギーへの投資を増加させる効果がある。さらには環境産業を活性化させることにもつながる。

食材や木材はもとより，エネルギーも地産地消をめざすべきである。化石燃料の大半を外国からの輸入に依存することの経済的・社会的コストは非常に大きい。地域にある太陽の光と熱，風，水，森林など自然エネルギーを利用すれば，その資源代はかからない。早急にエネルギー政策の方向転換をはかり，自然エネルギーの促進に取り組む必要がある。

### 2　社会・経済変革のための基盤構築

脱温暖化社会に向けて，大量にエネルギーを消費する産業構造や常に拡大することが前提の経済活動・ライフスタイルは限界があり，その変革が最も重要である。生活様式も不必要な利便性や物質的な豊かさから脱却しなければならない。人々の価値観と関連するが，物質的な豊かさを見直し，エネルギーを大

量に使用しないで,豊かな暮らしができるような社会・経済構造への転換が求められている。これは,人や物が速く遠くまで移動し,金融商品の取引が莫大な額となるグローバル経済も必然的に変化していく。

これらの変革を進めるための合意形成と運用ができるかどうかは「環境ガバナンス」にかかっている。そして,ガバナンスを支えるのがソーシャルキャピタル(社会関係資本)である。環境ガバナンスは,異なる主体が協議,合意しながら決定し協調して行動していくために必要な機能といえる。「持続可能な発展のためには重層的な環境ガバナンスが必要」(植田和弘〔2007〕「環境政策の欠陥と環境ガバナンスの構造変化」『環境ガバナンス論』京都大学学術出版会)とされていて,地球規模の温暖化問題を解決するためには,国際レベル,国レベル,地域レベルでも上記のような機能を有する環境ガバナンスが重視されるべきである。

ソーシャルキャピタルは,社会における信頼関係,ネットワークのことで,定量的な評価が難しく経済発展のための要素として評価・検討されてきていなかった。しかし,民主主義が機能し,公共政策が導入される上で,重要な要素であることが指摘されている。「社会関係資本は,我々が持続可能な発展を目指す上で依拠しなければならない最も根源的な社会基盤だといえる」(諸富徹〔2003〕『環境』岩波書店)とあり,直接的な削減として現れるものではないが,環境ガバナンスを機能させることと関係し,温暖化対策に大きな役割を果たすものであると考えられる。

また,社会における政治的意思決定において市民参加,情報公開は不可欠な要素であり,温暖化防止,持続可能な社会への転換のためにも重要なことである。

[3] 国際的な公平,将来世代との公平をめざして

世界全体で,めざすべき方向性が共有されることなく,また適切な変革ができなければ,化石燃料の枯渇に瀕して争奪戦が激化し,気候変動に伴う悪影響による経済的損失の増大で,食糧の高騰や飢餓のリスクが増大し,安全保障までも脅かされることが予想される。このような状況を避けるためにも,社会・

## ▶▶ Column ◀◀

### 食生活から温暖化防止

　私たちが豊かになり，食生活が大きく変化しました。外国からの食糧があふれ，肉類を多く食べるようになりました。この裏側には，外国での環境破壊や，エネルギー使用の増加があることを忘れてはいけません。日本向けの野菜や果物，水産物などを生産するために，貴重な資源が破壊されることがあります。遠くから運んでくるために大量の燃料が使用されます。これは，「フードマイレージ」という語で表現されています。2004年の日本のフードマイレージは9002億トン・kmで，その次に大きいアメリカや韓国の3倍もあります（山本良一〔2008〕『エコアクションが地球を救う・第2版』丸善）。

　日本の食糧自給率が40%を切ったことが大きなニュースにもなりましたが，これは野菜や水産物，肉類の輸入も増加していることに加え，特に自給率を下げているのが，家畜の飼料や加工食品の原料の大半を輸入しているためです。

　特に肉牛は，穀物を飼料として育ちますから，1 kgの牛肉を得るのに11 kgの穀物が必要ともいわれています。IPCCの議長であるラジェンドラ・パチャウリ氏は「週に1度は，肉類を控える日にして，温室効果ガスの排出を減らしましょう」と提案しています。（2008年9月7日，AFP紙他）

　できるだけ近くでとれた食材，旬の食材を選ぶこと，肉食を控えることは温暖化防止効果もありますし，一般的には健康にもよいとされています。また，穀物が適切に配分されれば，飢餓の抑制にもつながります。さらには地産地消が進む要因ともなり，地域経済にとってもよい循環がうまれることになります。

　地球温暖化問題の解決のための国際合意や国の法律，経済的政策など大きな枠組みが重要なことは本章で伝えていますが，一番身近な「食」を変えることも，温暖化対策の重要な活動の1つです。個人レベルではすぐにでも実施できます。そして，その数が増え，大多数の人の食生活が変わることによって農業や水産業，社会・経済の仕組みにまで影響を及ぼし，持続可能な社会・経済に近づけることになるでしょう。

経済の変革から持続可能な社会を構築していく必要がある。

　脱温暖化社会・持続可能な社会は，世界的な協調と地域の自立を両立させ，1人あたりの温室効果ガス排出量を平等にし，将来世代が現代世代と公平な機会を持ちえる社会である。このような究極的な目的をもって国際社会が協力し

ながら，早急な転換を図っていかなければならない。地球温暖化問題は，人類にとっては困難な課題だが，経済も社会も生活も安定化し，より豊かで公平で平和で希望のもてる脱温暖化社会・持続可能な社会を構築する大きなチャンスでもある。

[推薦図書]

気候ネットワーク（2009）『新版　よくわかる地球温暖化問題』中央法規
　　地球温暖化の仕組みから国際交渉，国内対策まで網羅していて，用語解説や文献・資料の紹介もあり，入門的な学習のみでなく，調査・研究や実践活動に役立つ書籍である。
一方井誠治（2008）『低炭素化時代の日本の選択』岩波書店
　　日本企業の温暖化対策の現状と課題について調査・分析されていて，低炭素化時代における環境と経済・社会の関係，企業のあり方などが詳しく解説されている。
和田武（2008）『飛躍するドイツの再生可能エネルギー』世界思想社
　　再生可能エネルギーを急速に増加させ温暖化対策をすすめているドイツの最新動向が現地の調査を基に詳しく記載されている。

[設　問]

1．各国・地域における排出量取引制度導入の現状と制度のあり方，課題について調べましょう。
2．脱温暖化社会・持続可能な社会での産業構造はどのようなもので，主要産業は何でしょうか。

（田浦健朗）

# 第2章

# 生物多様性の持続的利用
——生物多様性の危機と保全——

　経営学の学習中に生物多様性という用語が出てくることに当惑する人があるかもしれません。しかし，生物多様性の持続的利用は，人類の生存に関わる大事として直面する課題であり，現在ではこの問題を無視した経営学はあり得ません。生物多様性はなぜそれほどに重い課題なのか，現在人類が直面する問題点はどこにあるのか。21世紀人類に課されたこの深刻な課題を通覧し，生物多様性の持続的利用についてのさらなる学習への入り口とします。

## 1　生物多様性の持続的利用とは

### 1　用語の定義

　生物多様性の持続的利用という表現が定着したのは，1992年にリオデジャネイロで開かれた国連環境開発会議（いわゆる環境サミット）で**生物多様性条約**が採択されて以来である。環境保全を目途とする IUCN や UNEP などが1980年につくった世界保全戦略で sustainable development（最初「持続的な開発」と訳されたが，後に「持続可能な開発」とされ，また「持続可能な発展」といわれることもある）という用語が使われた。この用語が，日本の提案でつくられた国連の「環境と開発に関する世界委員会」（World Commission on Environment

---

**生物多様性条約**：リオデジャネイロで1992年に開催された国連環境開発会議で，気候変動枠組条約と一緒に採択された国際条約。日本は1994年に批准して成立に貢献し，190カ国・地域が加盟しているが，アメリカ合衆国は未だに加盟していない。
**IUCN**：国際自然保護連盟。国もNGOもメンバーになれる特異な組織で，地球環境問題に関して積極的な発言をする。絶滅の危機に瀕する生物種のレッドデータブックを刊行するなど，環境問題について指導的な役割を果たしてきた。
**UNEP**：国連環境計画。1972年のストックホルムの人間環境会議で採択された人間環境宣言，環境国際行動計画を実行するために国連に設けられた機関。オゾン層保護，気候変動，有害廃棄物，海洋環境保全，土壌の劣化阻止，森林問題等を扱ってきた。

and Development，略して WCED という）の 1987 年のレポート「地球の未来を守るために」以後広く使われるようになった。このレポートの原題は"Our Common Future"であるが，委員会の座長を務めた当時のブルントラント・ノルウェー首相の名を取って，ブルントラント報告ともいわれる。ここでいう development を，生物多様性条約では use という語に置きかえて定義した表現をこの章の表題に使った。

　生物多様性条約は，そもそも，生物多様性の保全を第一義に考えられたものではなくて，**遺伝子資源**としての生物多様性をどのように持続的に活用するかについて，国際的な約束をもうけようとしたものだった。だから，日本でも，対応したのは当時の環境庁ではなくて，通産省だった。ところが，条約としての検討が進むにつれて，保全に重きを置く点が浮上し，さらに南北問題も大きな争点として顕現した。

### 2　用語の意味

　生物多様性条約には大まかにいって 3 つの目的が併記されている。それぞれ，①生物多様性のもたらす恩恵を，現在われわれが享受しているのと同じように，孫子の世代も利用できるように，持続的に活用する，②生物多様性のもたらす恩恵をすべての人類が衡平に享受できるように図る，③生物多様性の保全に国際的な協力を構築する，である。

　日本は，92 年のリオのサミットの場でこの条約に署名し，94 年には批准をしてこの条約の成立に率先して協力した。先進国として，批准はカナダと並んで最先端を切っていた。資源小国の日本としては，生物多様性に富んでいる開発途上国などとの良好な関係を強化し，将来の資源の確保に前向きの姿勢をとる必要があったからである。

　条約となると，国にとってどれだけ有利であるかがその国の対応を決める根拠になる。生物多様性条約の場合，資源の利用が過大になっており，資源小国

---

**遺伝子資源（遺伝資源）**：人の生活に，多様な生き物は不可欠であるが，生き物を資源と見る場合，それぞれの種に特有の遺伝子が意味をもつ。現に有用に活用されている遺伝子だけでなく，現在は活用されていないが将来活用される可能性のある潜在遺伝子資源も重要とされる。

の日本としては，将来に向けての資源の確保には積極的でなければならない。もし，保全が目的の条約だったら，当時の日本が前向きに取り組んだかどうかはわからない。しかし，条約に前向きに取り組む姿勢を整えるために，その頃まではなかなか取り上げてもらえなかった**種の保存法**も挙党一致で成立するという状況が生じることになった。ただし，この条約がすぐに資源の確保に目に見えた効果を示さなかったことから，その後条約に向けた国の姿勢に盛り上がりはみられなかった。逆に，環境庁が環境省に格上げされ，環境に対する関心が高まるという背景もあって，**生物多様性国家戦略**を軸に，生物多様性保全に向けての取り組みには一定の展開がみられた。種の保存法に続いて，自然再生法，カルタヘナ条約関連法，外来生物法なども成立した。さらに，生物多様性年となる 2010 年の **COP 10** の名古屋への招聘に関連して生物多様性基本法も成立する状況が生み出された。

　生物多様性条約には 2008 年末現在 190 カ国が加盟しているが，アメリカ合衆国は，この条約をまだ批准していない。リオでは署名しなかったものの，その直後に成立したクリントン政府は，ゴア副大統領の活躍などがあって署名にはこぎつけた。しかし，議会の抵抗にあって，まだ批准には至っていない。自国で開発した資源の利用法について知的財産として権利を主張し，無条件の富の衡平な配分には応じられないというのである。いったんは参加していた気候変動枠組条約の**京都議定書**から脱退したのと同じ姿勢である。もっとも，自国の利益に固執するこの合衆国政府のかたくなな姿勢はともかくとして，生物多

---

**種の保存法**：リオデジャネイロで環境サミットが開催された 1992 年に成立した法律で，絶滅危惧種を出さないように必要な対策を講じることになっている。アセスが義務づけられたり，危惧種の保全が図られたりするが，まだ対応が生温いという批判もある。
**生物多様性国家戦略**：生物多様性条約加盟国はそれぞれ独自の国家戦略をつくって戦略的に取り組むことになっている。日本では，1995 年に最初の戦略が策定され，2002 年に新戦略が，2007 年に第三次戦略がつくられて，国としての戦略が明記されている。
**COP 10**：国際条約の加盟国会議を Conference of the Parties（COP）という。京都議定書をつくった京都会議は気候変動枠組条約の COP 3 だった。生物多様性条約の COP は隔年に開かれるが，その COP 10 が日本で初めて，名古屋で 2010 年に開催される。
**京都議定書**：気候変動枠組条約の第 3 回加盟国会議（COP 3）で採択された議定書で，$CO_2$ の排出削減枠について合意を得た。ただし，先進国だけが義務を負うことになっており，これを不満とするアメリカは後に脱退した。開発途上国も含めた約束づくりが期待される。

様性条約の執行に資する科学的役割については，この国の研究者の貢献がはなはだ大きいことは無視できない。

## 2　生物多様性とは

### 1　生物多様性の3つのレベル

　生物多様性という言葉はなかなか人々の理解に結びつかない。2008年の洞爺湖G8ではこの問題も議題の1つにあげられたが，結局有用な議論がされないままに終わってしまったし，メディアもそれが議論を沸騰させなかった問題点を取り上げるほど勉強してはいなかった。

　生物多様性とは，一言でいえば，地球上に生きている生き物は，人を含めて，みかけは極めて多様な姿をとっているが，すべてが一体となって1つの生を生きているということである。生物多様性条約でも，生物多様性という実態を，3つのレベルで理解しようとする。すなわち，①遺伝子多様性，②種の多様性，③**生態系**の多様性，である。

　遺伝子多様性とは遺伝子レベルでみる生物多様性である。遺伝子といえば核酸であるが，核酸は五炭糖の長い鎖に4つの塩基が配列したものである。鎖の長さが自由だから，塩基は4種類だけれども，核酸には無数の型がつくられ得る。実際，核酸の種類の数は無限かもしれない。だから，理論上は，無限の数の生き物がつくられ得ることになる。このように，多様な種が生み出される根拠となる遺伝子の多様性は，それだけでも資源とのかかわりを匂わせてくれる。事実，地球上に多様な種が生活しているのは，種を形づくる遺伝子が多様な構造を示しているからである。

　種の多様性とは，遺伝子によって導かれる生物種は様々であることを意味する。地球上で現に認知されている種数は150万とか180万とかいわれるが，実際には1000万を超え，数千万か，高い確率で億を超える数であるというのが

---

**生態系**：生物は個体でも種でも単独で生活することはできず，必ず他の個体，他の種と相互に直接的な関係性を分かち合って生きている。集団構造をもち，強固な関係性でつながりあっている1群の種や個体の集まりを生態系をつくっているという。

生物多様性の研究に関わる研究者の本音である．もちろん，この種多様性は，バラバラに多様であるというのではなくて，30数億年前に地球上に姿を現した際には単一の型であったものが，今ではこれだけ多様な数の種に分化したのである．1つの型から分化した多様性だから，分化の順序によって階層性が刻まれる．全体が1つの系統につながれた多様性を示すのである．

　生態系の多様性は生物が生きている場所によって生態系を形成するが，その系がまた多様な姿を示すことをいう．多様な種のそれぞれは，個別に生きているのではなくて，それぞれの生活場所で特定の系を形成しながら生きている．ここでは，多様な構成をもった生態系がいいというのではなくて，砂漠のように多様度の低い生態系も，そこで安定した生を営んでいるのである．

　多様性というのはその言葉のとおり多様であることに意味がある．だから，3つのレベルですべてが語れるというのではなく，生物の示す現象には，かたちの多様性に，多様な細胞，多様な組織，多様な器官などを数え上げることができるし，機能の多様性も指摘することができ，また群落や景観の多様性なども取り上げることができる．ただし，これらの多様性はすべてバラバラに多様なのではなくて，種の多様性が1つの系統に収斂するように，必ず普遍的な原理に従った多様性であることを見逃してはならない．

## 2　生物多様性を知る

　種多様性について，現に科学が認知しているのは150万〜180万種だが，実際には地球上には億を超える数の生物種が生きていると推定されていると紹介した．科学のもっている知見とはそれほど不確実なのか．このことは，しっかり認識されないといけないことである．20世紀の開発は，科学技術の進歩によって飛躍的な発展をもたらした．しかし，一方では，21世紀に引き継いだ最大の課題が環境問題であるように，人間環境に絶大な影響を及ぼした．自然保護論者のうちには，科学技術が悪者だから，人はすべからく原始時代の生活に戻るべきであるといったりした人もあった．実際は，科学技術によって，安全で豊かな生活がもたらされた側面もあり，問題をすり替えずに，間違いは科学技術そのものではなくて，その使い方だったことに目を向けるべきである．

開発を優先した人たちのうちには，科学技術を適用して何をやってもいいと考えていたのではないかと思われるような行為もあった．しかし，実際には，科学が知っていることはごく限られた範囲のことであり，その範囲で行為するなら，リスクを考え，安全性を確保するために慎重でなければならない面がある．しかし，当面のもうけに目がくらんだ人たちによってしばしば科学技術は間違って使われてきた．

科学がいかに不完全であるか，生物多様性については種数の例示だけでも明らかである．さらに，ヒトゲノムが解読された時，これでやっと人の科学的研究ができるようになった，と語られたことを覚えている人がいるだろうか．その線でいえば，2008年半ばで，全ゲノムが解読されている生物種の数は1000種そこそこである．生物の種が150万種認知されているといっても，そのほとんどはやっと名前が付けられているだけで，科学研究の対象になっているのはわずかに1000種を数えるにすぎないというのである．もし1億種生きているとすれば，そのうちの0.0001%の種がやっと科学的な解析の対象になるように準備されたという計算になる．

もちろん，生物学者がさぼっているというのではない．生物多様性がもたらしている既存の情報から何が確実にいえるか，それを科学的に確認するために，例えば生物多様性情報のネットワーキングを進める機構（地球規模生物多様性情報機構〔**GBIF**〕）も2001年に発足し，国際的な協力によって，情報の集成に努力が重ねられている．それにしても情報量が膨大だから，ここに集積された情報をもとに，有効な政策提言ができるまでにはまだ少し時間を必要とする．しかし，一方では生物多様性に及ぶ危機の現状は緊急の対応を必要とする．

### 3 絶滅危惧種の調査

生物多様性の危機を診断するためのモデルとして，絶滅危惧種を指標とする調査は早くから進められてきた．国際的には1960年代から始められていたが，

---

**GBIF**：Global Biodiversity Information Facility（地球規模生物多様性情報機構）．生物多様性に関する電子化された情報を地球規模でネットワークし，生物多様性のインフォーマティクスを展開することをめざす国際的な機構．

日本で本格的な調査が始まったのは 1980 年代に入ってからだった。しかし，維管束植物についての調査が，国内各地で活動しているノンプロのナチュラリストの協力を得て精度の高い報告に結びついたことをはじめ，環境庁（当時）も絶滅危惧種の調査に積極的に取り組み，レッドリスト，**レッドデータブック**が，国レベルでも，地域レベルでも刊行されてきた。

　生物多様性関連情報のうちでも，絶滅危惧種に関する情報の集成については，IUCN を核とする国際的な評価基準についての研究も進み，客観化の進んだデータの集成と評価が可能になっている。もちろん，基盤的なデータの構築が最大の課題であるが，日本の維管束植物などについては，たくさんのナチュラリストの長年にわたる観察データなどの提供も受け，精度の高いレッドリストが編集され，生物多様性に及んでいる危機が明確に指摘されてきた。2007 年に公表されたモニタリングの結果では，少なくとも維管束植物のデータからは，種の保存法の施行以来 15 年ほどの間に，市民の間に絶滅危惧種に関する問題意識が高まったことを背景に，生物多様性に対する人の営為の現状はまだまだ深刻なものがあるものの，対応さえ整えられれば一定の改善が図られるという希望もみえてきたことが読み取れる。調査の精度を高め，現実を正しく評価することが大切であるが，さらに生物多様性の持続性を確保するために何が必要かの技術の確立が必要である。

## 4　生物多様性と人

　生物多様性を持続的に利用するのは人である。動物としては，哺乳動物霊長類の一種であるヒトが，他の全生物を持続的に「利用」するとはどういうことか。

　生物多様性は地球の自然を形づくる大切な要素である。ところで，自然の反対語は人為・人工である。自然保護という言葉があるが，自然を保護するためには，自然を圧迫する要素を減らす必要があり，現実には自然に最も大きい営

---

**レッドデータブック**：絶滅の危機に瀕する生物種を紹介する書。詳細な記述や，ランクづけ，図や写真などを伴う。レッドブックと省略形でいうこともある。詳細な情報提供は伴わない絶滅危惧種の一覧表をレッドデータリスト，またはレッドリストという。→第 11 章 195 頁「レッドリスト」も参照。

為を与えるのは人為・人工であることは明らかである。自然を理想的に保護しようとするなら，人為・人工をできるだけ減らせばいいわけで，望ましいのは人為・人工が皆無になることだろう。早道は，人を抹殺することだろうか。しかし，どれだけ過激な自然保護論者も，自然を保護するために人類を抹殺すべし，とはいわない。生物多様性条約でも，人が持続的に利用するために生物多様性を保全しようというのである。

　ヒトはもともと生物多様性の1つの要素である。われわれのもっている遺伝子（＝DNA）も，もとをたずねれば30数億年前に地球上に姿を現した生き物（それは単一の姿を示していたと推定される）の核酸にまでさかのぼることになる。生き物の進化の歴史のうちで，DNAの塩基配列は少しずつ変異を生じ，それが積み重なって多様な生物に分化してきた。今われわれがもっているDNAが，例えば数億年前のあるとき，われわれのDNAになる方向に進化しないで，魚になる方向に進化していたなら，君は今夜のわたしの夕飯のおかずの刺身になっていたかもしれない。それくらい，地球上に生きている多様な生き物たちはしたしい親類関係をもち合っており，お互いに不可分離の関係をもって生きているのである。生物多様性とは，そのような一体感のある存在であることを知れば，人を抹殺することが生物多様性の生の持続性を維持することにならないことは明らかである。

　それなら，好ましい自然保護とは何か。人が自然を保護するという守りの姿勢ではなく，自己もまた生物多様性の構成要素の1つであることを認識しながら，生物多様性の生を維持し，人の生を豊かにする道を求めることである。現在人が生物多様性から享受している恩恵を，孫子の世代も同じように享受できるように，生物多様性の持続的利用を図るというのはそういうことである。そのためには，生物多様性を人の外側の存在と見，利用をする対象と考えるのではなく，人もまたその要素の1つであるという前提で，人と自然の共生の道を創り出すことを意とするべきである。

---

**DNA**：生物体を構成する核酸の1つで，自分自身を同型複写する能力をもっており，親の形質を正しく子に伝達する。五炭糖の長い鎖に4種の塩基が配列し，生物の種ごとに異なった構造をもつ高分子である。すべての生物種の細胞に含まれる。

### 5　生物多様性の持続的利用

　20世紀において生物多様性に甚だしい営為を及ぼし，レッドリストに典型的にみられるような生物多様性の危機をもたらしたのは，科学技術の運用を誤った開発による部分が大きい。目前の収益だけを考える効率主義の罪ともいえる。それに対して，生物多様性の持続的利用という理念が提唱された。しかし，持続的に利用するためにどうしたらいいかという方法が開発されたわけではない。

　1992年に生物多様性条約が提起され，日本などが主導して，94年には発効することになったが，これを契機に，日本でも生物多様性の問題を見直す動きが少しずつ高まってきた。生物多様性国家戦略の策定により，国を挙げてどのように取り組めば生物多様性の持続的利用が可能になるかが考察されてもいる。国家戦略は95年の策定に続いて，5年ごとの見直しを提起されており，2002年に新戦略が，07年には第三次戦略が策定された。生物多様性に関わる施策は，単独の省庁の努力で完結するものではなく，多省庁の協働を必要とするものであるが，国家戦略はバージョンが上がるごとに内容も充実してき，日本の生物多様性に関する施策が，予算面では厳しいままではあるものの，考え方としてはずいぶん進んできたように思われる。これが政策担当者にも広く浸透し，経済界，学界の人たちをはじめ，市民にも広く理解され，日本の生物多様性が，さらには地球の生物多様性の持続性が保たれるように，正しい行動が構築されることを期待したい。

　20世紀の科学技術とその運用のあり方を批判的に取り上げることはやさしい。大切なのは，前車の轍を踏まないように，今生物多様性の持続性を維持するために，私たちが何を考え，どのように行動するかを経営の方法として考察することである。

## 3　生物多様性の現状と未来

### 1　生物多様性の実利的効用

　生物多様性から享受している恩恵とは何か。すべてを列挙することは不可能

であるが，人の生活は生物多様性の存在なしには一刻も成り立たない。

①利用する生物種の多様性

　毎日口にする食べ物を考えてみよう。3度の食事で，1日に何種の生物を食するか，一度考えてみてほしい。主食，副食，調味料，飲み物，デザートなど様々である。間食の材料にも多様な生物種が登場する。ついでに，それらの生き物が飼料にしている生き物も数え上げてみよう。直接的，間接的に，人が口にする生物種は相当の数に上る。衣料はどうだろう。絹，羊毛，綿，麻などはともかく，人工繊維は石油を原材料にしているというなら，石油も化石時代の生き物の遺物である。住まいにも生物材料は少なくない。とりわけ木造建築の日本家屋は生物材料で作っているようなものである。家具類や屋内の装飾品も生き物抜きには考えられない。生活に不可欠の構造物，器具等の材料の他に，趣味，娯楽に関する材料，ペットや園芸植物，など，数え上げればきりがない。もっと基本的には，目に見えてはいないが，われわれの体内に共生する様々の微生物がいるし，われわれが絶え間なく呼吸を続けているのは，植物が光合成によって酸素を放出してくれているからこそのことである（図2-1）。

　われわれが，日ごとに直接接触する生き物の種数は膨大な数に達することだろう。そのそれぞれの生き物たちは，また，彼らの生活を営んでおり，われわれだけでなく，また別の生き物たちと様々な関係性を演じている。このようなつながりをたどっていくと，地球上の生き物はすべて，直接的間接的な関係性を共有しており，地球上の生き物はすべてが1つの輪につながれていることを知る。

②遺伝子資源としての生き物たち

　地球上に150万～180万認知されており，ひょっとすると億を超えるほど数多く生きていると推定される生物の多様な種のうちで，われわれの生活に直接有用であるとされるものだけでも膨大な数に達する。このように，直接有用性をもつものと，その予備軍ともいうべき近縁種を有用遺伝子資源ということがある。現に活用されている生き物たちである。これまで，資源として活用できるのは，現に利用している種と，それに近縁で，交配などによって新しい品種の作出に利用できる種に限られていた。20世紀中葉までの生物学の技術で有

**図 2-1** 生き物のつながり（原図）

用遺伝子資源とされるものは，現に活用されているものと，その近縁種に限られていたのである。だから，世界に誇る農水省の遺伝子バンクでも，それらの有用遺伝子資源の確保を目的としていた。

　20 世紀末に向けての生物科学の技術の進歩は目を見張るものがあった。とりわけ，細胞融合，遺伝子組み換え，組織培養などを軸とする技術の革新は，**バイオテクノロジー**という言葉を生み出しさえした。これまで，交配や倍数化などを育種の基本としていた技術が，バイオテクノロジーを用いて飛躍的に発展することが期待され，実際に部分的には実現することになった。こうなると，これまで利用されていた生物だけでなく，役に立たないとされていた種の遺伝子も有効に活用される可能性が認められることになった。これまで有用遺伝子資源とされていた種だけでなく，極端な言い方をすれば，地球上に生きるすべての生物種が潜在的には遺伝子資源であると認識されるようになった。すべて

---

**バイオテクノロジー**：生物学の技術のうち，遺伝子組み換え，細胞融合，組織培養など，20 世紀中葉になってから整ってきた新技術を応用した技術をいう。バイオは生命であるし，テクノロジーは技術であるが，古典的な生命技術は含めない。

の野生種は潜在遺伝子資源であるというのである。

③潜在遺伝子資源の保全

これまで何の役にも立たないと思われていた生き物たちが，ひょっとすると未来の人類にとって大切な資源になるかもしれないというのである。しかも，それらの生き物についての研究が十分進んでいるとはいえない。科学は 150 万〜180 万種を認知しているというが，これは実際に地球上に生きている種の 1 ％程度かもしれないという。しかも，人の営為によって，絶滅に追いやられている種は相当の数に達していると推定される。未来の人類の資源を支える可能性をもつ潜在遺伝子資源の生き物が，名前も付けられないままに，どこかでひっそりと絶滅しているかもしれないのである。

潜在遺伝子資源と認識されるようになった野生生物についての基礎的研究の推進が求められる。どのような生き物がどこに生きており，その生き物はどのように有用な遺伝子をもっており，その遺伝子はどのように活用されるべきか，緊急に期待される研究は広範囲に及ぶ。このように，生物多様性の持続的利用という課題は，遺伝子資源としての生き物の探索と開発という明確な問題意識をもととするものである。さらに，活用するすべを解明する前に絶滅してしまうようなことがないように，潜在遺伝子資源である野生生物の保全の技術の確立もまた緊急の課題である（2007 年の日本国際賞の部門の 1 つは，共生の科学と技術という領域で，イギリスの Peter Ashton 教授に贈られた。教授は熱帯林の生態学研究の先覚で，破壊が進む熱帯林の保全の技術を確立するための基礎的研究に大きな貢献を行ったことが顕彰された）。

## 2　生物多様性と相互の関係性

前項で，生物多様性の実利的な面に触れた。人の生存にとって不可欠の生物多様性を活用するのと並行して保全し，生物多様性の持続的利用を考えなければ，人類に未来はない。その意味では，生物多様性の保全は人類の生存をかけた課題であるといえる。

さらに，生物多様性は人の生存を支える資源という側面だけで考えていいかという問題が提起される。前節で触れたように，ヒトもまた生物多様性を構成

する種の一員である。生物多様性を構成する膨大な数の生物種のうち，どれ1つとして個々別々に独立の生を営んでいるものはない。お互いに，他の種と相互依存の関係性をもち合わないと生きていけない存在であることはすでに述べた。地球上に生きるすべての生物種は，お互いの間につながりをもちあって生きている。

　系統的なつながり　　現に地球上に生きている生き物は，今日の生命維持の上で相互に生態的なつながりの輪をもっているというだけでない。相互の関係性はもっと強い連帯でつながれているのである。地球上に生命が出現したのは30数億年前と推定されている。その時，生物多様性は認められなかった。生き物はたった1つの型で地球上に現れたのである。ただし，生き物が生き物として生き続けたのは，出現した瞬間から，生物は多様化の道を歩み始めたからだった。多様化は生物の生き様にとってもっとも基本的な条件の1つだったのである。

　30数億年の時間をかけて，生物は進化と呼ばれる多様化の道を歩んでき，その結果が地球上に億を超えるかと推定されるほど多様な生物種を生み出した。ここでは，生物進化の科学について詳述することはできないが，進化そのものについてはさらに別の機会に学習してほしい。いずれにしても，たった1つの型から出発した地球上の生き物は，甚だしい多様性をつくり出し，その多様な生き物たちが相互に依存しあう関係性を作り上げているのである（図2-2）。

　わかりやすいように，たとえ話をしよう。人は両親からの精子と卵細胞が合体した受精卵から育ってくる。個体のはじまりは受精卵で，単細胞体である。その細胞が卵割をはじめ，胚に発生し，やがて成長して胎児になり，出生し，赤ん坊から成長し続けて，成体になる。人の成体は60兆の細胞から成り立っている。細胞には，神経細胞もあれば筋肉細胞も皮膚細胞もある。あるとき，君の頬の筋肉細胞が足の裏の皮膚細胞と共同して何かの事業を演出することがあるだろうか。そういうことはまずないだろうが，君は頬の筋肉細胞も足の裏の皮膚細胞もあってはじめて君という個体が成り立っていることを知っている。足の裏の皮膚細胞などどうでもいい，とは決していわない。

　地球の反対側のアルゼンチンの森林の土壌内で生きる糸状菌は自分に関係な

の野生種は潜在遺伝子資源であるというのである。

③潜在遺伝子資源の保全

これまで何の役にも立たないと思われていた生き物たちが，ひょっとすると未来の人類にとって大切な資源になるかもしれないというのである。しかも，それらの生き物についての研究が十分進んでいるとはいえない。科学は150万〜180万種を認知しているというが，これは実際に地球上に生きている種の1％程度かもしれないという。しかも，人の営為によって，絶滅に追いやられている種は相当の数に達していると推定される。未来の人類の資源を支える可能性をもつ潜在遺伝子資源の生き物が，名前も付けられないままに，どこかでひっそりと絶滅しているかもしれないのである。

潜在遺伝子資源と認識されるようになった野生生物についての基礎的研究の推進が求められる。どのような生き物がどこに生きており，その生き物はどのように有用な遺伝子をもっており，その遺伝子はどのように活用されるべきか，緊急に期待される研究は広範囲に及ぶ。このように，生物多様性の持続的利用という課題は，遺伝子資源としての生き物の探索と開発という明確な問題意識をもととするものである。さらに，活用するすべを解明する前に絶滅してしまうようなことがないように，潜在遺伝子資源である野生生物の保全の技術の確立もまた緊急の課題である（2007年の日本国際賞の部門の1つは，共生の科学と技術という領域で，イギリスのPeter Ashton教授に贈られた。教授は熱帯林の生態学研究の先覚で，破壊が進む熱帯林の保全の技術を確立するための基礎的研究に大きな貢献を行ったことが顕彰された）。

2  生物多様性と相互の関係性

前項で，生物多様性の実利的な面に触れた。人の生存にとって不可欠の生物多様性を活用するのと並行して保全し，生物多様性の持続的利用を考えなければ，人類に未来はない。その意味では，生物多様性の保全は人類の生存をかけた課題であるといえる。

さらに，生物多様性は人の生存を支える資源という側面だけで考えていいかという問題が提起される。前節で触れたように，ヒトもまた生物多様性を構成

する種の一員である。生物多様性を構成する膨大な数の生物種のうち，どれ1つとして個々別々に独立の生を営んでいるものはない。お互いに，他の種と相互依存の関係性をもち合わないと生きていけない存在であることはすでに述べた。地球上に生きるすべての生物種は，お互いの間につながりをもちあって生きている。

　系統的なつながり　　現に地球上に生きている生き物は，今日の生命維持の上で相互に生態的なつながりの輪をもっているというだけでない。相互の関係性はもっと強い連帯でつながれているのである。地球上に生命が出現したのは30数億年前と推定されている。その時，生物多様性は認められなかった。生き物はたった1つの型で地球上に現れたのである。ただし，生き物が生き物として生き続けたのは，出現した瞬間から，生物は多様化の道を歩み始めたからだった。多様化は生物の生き様にとってもっとも基本的な条件の1つだったのである。

　30数億年の時間をかけて，生物は進化と呼ばれる多様化の道を歩んでき，その結果が地球上に億を超えるかと推定されるほど多様な生物種を生み出した。ここでは，生物進化の科学について詳述することはできないが，進化そのものについてはさらに別の機会に学習してほしい。いずれにしても，たった1つの型から出発した地球上の生き物は，甚だしい多様性をつくり出し，その多様な生き物たちが相互に依存しあう関係性を作り上げているのである（図2-2）。

　わかりやすいように，たとえ話をしよう。人は両親からの精子と卵細胞が合体した受精卵から育ってくる。個体のはじまりは受精卵で，単細胞体である。その細胞が卵割をはじめ，胚に発生し，やがて成長して胎児になり，出生し，赤ん坊から成長し続けて，成体になる。人の成体は60兆の細胞から成り立っている。細胞には，神経細胞もあれば筋肉細胞も皮膚細胞もある。あるとき，君の頰の筋肉細胞が足の裏の皮膚細胞と共同して何かの事業を演出することがあるだろうか。そういうことはまずないだろうが，君は頰の筋肉細胞も足の裏の皮膚細胞もあってはじめて君という個体が成り立っていることを知っている。足の裏の皮膚細胞などどうでもいい，とは決していわない。

　地球の反対側のアルゼンチンの森林の土壌内で生きる糸状菌は自分に関係な

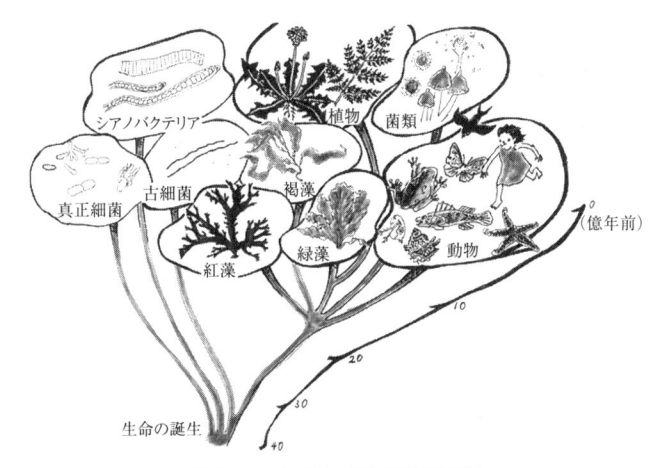

図2-2　生き物の間の系統関係

(出所)　Proceedings of the Japan Academy, Series B, 82:273 (2006). (日本語に修正)

い生き物だというだろうか。その名も知らぬ糸状菌も，30数億年前には君と同じ先祖となる単元性の生き物だった。しかも，この糸状菌の果たしている役割は，地球の自然を維持する大切な要素となっているものであり，間接的には君の生と不可分離の関係性をもっている。

　地球上に生きている生き物はすべてが1つの関係性でつながれている。親戚関係を描き出す家系に似たこの関係性を系統的なつながりと表現する。地球上に生きている生き物はすべてが1つの**系統**につながれているのである。もちろん，系統的な関係性には縁の近さ，遠さがあり，類人猿は人と近縁であるが，魚になればずいぶん縁が遠くなり，植物や，さらに細菌類などになると，遥かに遠い類縁関係が認められるだけである。しかし，遠近を別にすれば，すべての生き物は相互に系統関係で結びあわされているということも知る必要がある。

**系統**：生命は遺伝子を通じて親から子へと伝達される。伝達の過程でごく低い割合の変異が生じ，それをバネにして生物は進化する。遺伝子でつながれる先祖から子孫への一連のつながりを系統と呼ぶ。地球上のすべての生物は1つの系統でつながれる。

▶▶ **Column** ◀◀

**生物多様性と地球温暖化**

　2007年のノーベル平和賞はIPCC（気候変動に関する政府間パネル）とアル・ゴア元アメリカ副大統領に贈賞されました。IPCCというのはずいぶん難しい組織のように聞こえますが，世界中の地球物理学者，情報科学者，気候変動問題を扱う行政担当者などが集まって，地球温暖化がどのような原因によって起こるのかを科学的に立証しようとする組織です。2007年の第四次報告で，地球温暖化が人の営為によって排出される二酸化炭素の影響によるものであることを，90%の確率で断定できるとしました。この調査研究の成果は，二酸化炭素の排出規制に強い理論的根拠を与えることになりました。ノーベル平和賞委員会は，温暖化を放置すれば地球環境に深刻な問題を生じ，やがて紛争を招くことになると考え，温暖化を防止する理論的根拠を与えることは，平和の維持につながると判断し，IPCCを平和賞受賞者に選びました。同時に，この問題に警告を発してきたアル・ゴア氏も選ばれましたので，メディアに露出することが多く，地球温暖化が広く問題意識を呼ぶことになったのは，ノーベル賞の戦略的な成功だったといえます。

　しかし，地球温暖化によって困るのは誰で，それはどのような影響によってでしょうか？　温暖化の問題が騒がれるほどには，問題点が正しく認識されているようには思われません。最も恐ろしいことは，急速な温暖化は生物多様性に壊滅的な影響を与えるということです。多様な生物は多様な生き方をし，全体で平衡状態にある生態系をつくっています。そこへ，温度だけ高くしますと，温度に応じて移動する種，できないで絶滅する種などが出ることになります。安定していた生態系が崩壊し，生物多様性は持続性を失います。このことを科学的に実証することはまだできていませんが，岩槻邦男・堂本暁子編『温暖化と生物多様性』（2008年，築地書館）はこの問題を考えるヒントを与えてくれます。

3　生命系の生

　第2項の説明で理解してもらえると思うが，生物多様性はバラバラに多様な生き物の姿があることを表現することが目的ではなくて，生物多様性という1つのまとまりがあることを示している。億を超える数に多様化している生き物たちは，その系統関係を追っていくと，たった1つの型から多様化してでき上がった姿であることを知る。しかも，億を超えるほどに多様化している生き物

たちは，バラバラに個々独立の生を生きているように思われがちであるが，実際には相互に不可分離の関係性をもちあっている。

　生き物は細胞の姿をとると最低限生きていることを演出することができる。しかし，動植物など，多くの生物は多細胞体の姿で生きている。分化した多様な細胞が1つの個体をつくって生きる方が安定した生を演出できるからである。しかし，人の場合を想起したように，1個の受精卵から60兆を超える細胞に育っても，1個体としてまとまった生を生きているのが実態である。

　同じように，地球に生きる多様な生き物たちも，個々の種，個々の個体としての生を維持しながら，実際には生物多様性全体としてはじめて1つのまとまった生を生きている。個体より上のレベルで，**生命系**を構成し，生命系の生を生きているのである。人は生命系の1つの要素として生きている。だから，人という種を構成する1個体である君も，実は生命系の生の1要素として生きている側面をもっているのである。

　ヒトは知的な生物として進化して来，生物多様性を，生命系を議論し，自分自身を含めた生物多様性を客体であるかのように語るようになってきた。自分を客観化して眺めるように，自分が1要素である生命系の生を客観的に論じることができるようになったのである。生物多様性の持続的利用は，実は自分の外側にある遺伝子資源を持続的に利用することを目途とするものであるが，同時に自分自身の生を生命系の1要素として論じようとしていることなのである。持続性が必要最低限の要求であることは，自分の生命を絶って有効利用しようといわないことと同義である。自然保護といいながら，自然を護るのは自分自身のためであり，だから人為・人工が自然の反対語だからといって人為・人工をゼロにするために人類の抹殺を論じようとしないのと同じことである。ただし，生物多様性については，その実態の正確な理解がないために，自分の問題として論じることに前向きでないだけである。

---

**生命系**：生物多様性は1つの型から多様化した30数億年の進化の歴史的背景を背負っており，現に億を超えるかもしれないほど多様な種に分化しながら，相互に不可分離の関係性をもちあっている。個体以上のレベルの生命の単位を生命系と呼ぶ。

第Ⅰ部　サステナビリティと地球環境

>[推薦図書]

**岩槻邦男（1999）『生命系：生物多様性の新しい考え』岩波書店**
　　生物多様性を人が利用する客体とみるにとどまらず，自分が生物多様性の生の1要素であることを認識する。

**岩槻邦男（2002）『多様性からみた生物学』裳華房**
　　地球上に生きている生物は，どのように進化し，現在みるような多様な姿になっているかを概観する。

**鷲谷いづみ・矢原徹一（1998）『保全生態学入門：遺伝子から景観まで』文一総合出版**
　　生物多様性がつくる生態系を知り，それを人の営為による圧迫から保全するための科学的方法を考える。

>[設　問]

1．生物多様性が壊滅すればなぜ困るのか。とりわけ，自分にとってどのような問題が生じるか説明してください。
2．生物多様性の持続的利用のために，政治，経済界が考えなければならない最も基本的な課題は何でしょうか。

（岩槻邦男）

# 第3章

# 大気汚染と国際共同
──欧米・東アジアにおける越境大気汚染と国際協調・国際条約──

　近年，われわれの経済活動に起因する環境汚染は地球規模のものとなり，世界全体で協力して取り組まねばならない課題となってきています。では，経済発展と環境保全の両立，および国家間における複雑な利害関係の中で，各国は環境問題に対してどのような対策をとり，近隣諸国とどのように共同歩調をとってきているのでしょうか。本章では，環境問題の中でも特に大気汚染に焦点をあて，その現状や汚染防止のために行っている各国の取り組みについて概観していきます。

## 1　大気汚染

### 1　大気汚染の原因と汚染物質

　大気汚染は，火山活動や森林火災などを発生源とする自然起源的なものもあるが，その多くはわれわれ人間の日々の生活や企業の生産活動を起因とする人為的なものである。なかでも，自動車の排気ガスと工場からの排煙は，光化学スモッグ，酸性雨，オゾン層の破壊，および地球温暖化などを引き起こす二大原因となっている。

　大気を汚す主な汚染物質は，二酸化窒素，二酸化硫黄，一酸化炭素，浮遊粒子状物質，光化学オキシダント，およびダイオキシンなどである。

　二酸化窒素（$NO_2$）は，工場などで化石燃料が燃焼されるときに排出される一酸化窒素（NO）が，空気中で酸化することによって生じる。この二酸化窒素は，光化学スモッグや酸性雨を発生させる主な原因物質にもなっている。

　二酸化硫黄（$SO_2$）は，石炭や石油が燃焼する際，それらの化石燃料に含まれる硫黄成分が酸化されて生じる汚染物質である。化石燃料を大量に使用する発電所や製鉄所，および硫黄分を多く含む銅やニッケルの精錬所などで特に排

出量が多い。同物質は強い刺激臭があり，また大気中の停滞時間と移動距離が長いため広範囲にわたって大気を汚染する。酸性雨の原因でもあり，森林，農作物，および家畜等にも悪影響を及ぼす。なお，四大公害病の1つである四日市ぜんそくは，この二酸化硫黄が主な発生原因であった。

　一酸化炭素（CO）は，石油などに含まれる炭素が不完全燃焼することにより発生する無色無臭の汚染物質である。自動車の排ガスが主な発生源であり，人間が一定量以上を吸い込むと中毒を起こし死に至る極めて毒性の高い物質である。

　**浮遊粒子状物質（SPM）**は，大気中に浮遊する直径が10ミクロン以下の粒子状の汚染物質である。この浮遊粒子状物質には，火山灰など自然界に起因するものと，自動車の排気ガス（特にディーゼル車）や工場の煤煙をはじめとした人為的なものとがあり，他の汚染物質と比較して大気中での寿命が長いことが特徴である。また，人間が同物質を吸い込むと気管支喘息や肺ガンを発症させる危険性が高まる。

　光化学オキシダント（$O_x$）は，工場や自動車から排出された窒素酸化物（$NO_x$）や発揮性の有機化合物，および炭化水素類が，太陽光線に含まれる紫外線と光化学反応を起こすことによって発生する。大気中における光化学オキシダントの濃度が高くなると光化学スモッグが発生する。光化学スモッグは，人体の粘膜や呼吸器官に作用して健康障害を引き起こすだけでなく農作物へも悪影響を及ぼしている。

　ダイオキシンは，ポリ塩化ジベンゾ－パラ－ジオキシン（PCDD）という極めて毒性が高く分解されにくい有機化合物の略称であり，本来自然界には存在しない化学物質である。主な発生源は，ゴミ消却施設やディーゼルエンジン車の排気ガスなどである。塩素を含んだ物質が低温で燃焼することにより発生し，人体に発ガン（特に肺ガン）や気管支喘息，および神経障害といった危害を加える。また，ダイオキシンは人体の各器官の働きを調整するホルモン作用を乱

---

**浮遊粒子状物質（SPM）**：浮遊粒子状物質の内，粒径が2.5ミクロン以下のものを微小粒子状物質という。

し，生殖異常などの障害をもたらす内分泌攪乱化学物質（環境ホルモン）の1つでもある（丹下博文編〔2003〕『地球環境辞典』中央経済社；若松伸司・篠崎光夫〔2001〕『広域大気汚染』裳華房，7-12頁）。

以上，われわれは自らの経済活動によって毒性のある化学物質を発生させ，その汚染物質は大気汚染をもたらし，われわれの健康や生命を直接・間接的に脅かしているのである。

2　汚染物質の長距離移動

地上には工場の煤煙や車の往来等が一切ないにもかかわらず，その上空の大気が汚染されるといった現象が見受けられることがある。こうした事態は，汚染物質が気流に乗って発生地点から他の場所へ移動することにより引き起こされる。例えば，わが国では首都圏を発生源とする汚染物質が，気象条件しだいで近隣の山梨県や長野県などへも運ばれたりする。

また，この汚染物質の移動距離は，大陸や海を越え数千 km に達するものもあり，この内，国境を越える汚染物質の移動を一般に越境大気汚染という。この越境大気汚染の詳細については後述するが，越境汚染の被害が特に顕著な地域は，北欧（スウェーデン等），北米（カナダ等），および東アジアなどである。

越境大気汚染の被害国は，いくら自国で汚染物質の排出規制等を行っても，他国の排出する汚染物質によって酸性雨などの被害を被ることとなり，大気汚染の解決にあたっては国際的な協力が必要不可欠なものとなってきている。そこで，次節以降では各国の大気汚染の歴史的経緯や被害の状況，および越境汚染に対する国際的な取り組み等について概観していきたい。

## 2　欧米における大気汚染と酸性雨

1　北欧諸国

世界で最も早い時期から環境問題に取り組んできたのは，スカンジナビア三国を中心とする北欧諸国であった。北欧諸国が環境問題に特に熱心であったのは，1940年代以降，これらの国々における自然環境や建造物に対する酸性雨

被害が，先進工業国であるイギリスや大陸ヨーロッパを上回る勢いで拡大していったことにある。

　北欧最大の工業国であるスウェーデンでは，40年代以降，森林が枯れたり湖沼や河川に生息する水生生物が大量死するなどの現象が顕著となってきたため，その原因究明に力が注がれてきた。その結果，これらの現象は大気汚染物質を原因とする酸性雨が，土壌や湖沼を酸性化することによってもたらされることが次第に明らかにされてきた。しかしながら，自国の経済活動で排出される二酸化硫黄や窒素酸化物の量で，なぜこれだけの酸性雨被害が発生するのかについては容易に解明できずにいた。そこで，土壌学者の**スバンテ・オーデン**などが中心となり酸性雨に含まれる汚染物質の調査をさらに進めていった結果，67年までに，①スウェーデンやノルウェーに酸性雨被害を与えている二酸化硫黄の約90％，二酸化窒素の約80％が，イギリス，ドイツ，ポーランド，およびフランスなどの工業地帯で排出されたものであること，②これらの汚染物質は，偏西風などによって北欧諸国へ運ばれていること，③60年代以降，大気汚染対策としてイギリスや西ドイツなどで実施された高煙突化政策が，北欧への越境大気汚染を一層加速させたこと，といったことが明らかになった（川名英之〔2005〕『世界の環境問題〔第1巻〕　ドイツと北欧』緑風出版，74-150頁；三浦永光編〔2004〕『国際関係の中の環境問題』有信堂，180-182頁；石弘之〔1992〕『酸性雨』岩波新書，43-56頁）。

　ノルウェーでは，古くは1910年代から酸性雨を原因とする（当時は原因不明）サケの大量死などが見受けられたが，酸性雨の被害が極めて顕著となったのはスウェーデンと同様1940年代に入ってからであった。特に南部の湖沼では，40年代から80年代にかけて半分以上の魚種が絶滅へと追い込まれた。また，86年に国内1005の湖沼を対象に実施された政府調査では，魚類が死滅してしまっている湖沼が52％にも上った。現在，水生生物が存在しない湖沼の合計面積は約1万3000 km$^2$であり，魚の数が減少傾向にある湖沼も含めると，

---

**スバンテ・オーデン**（Svante Odén, 1924-1986）：酸性雨被害をもたらす汚染物質が国外から越境してくるメカニズムを明らかにしたオーデンは，その後，酸性雨解明の父と呼ばれるようになった。

その合計面積は3万km²を優に超えてしまっている。80年代の調査では，こうした酸性雨被害をもたらしている二酸化硫黄（年間約20万トン）などの汚染物質の内，国内を発生源とするものは20％以下であり，その大半はイギリス，ドイツ，ポーランドなどの工業地帯や，ソ連（現ロシア）の精錬所などから飛来してきたものであることが確認された（川名〔2005〕152-163頁；三浦〔2004〕178-179頁；石〔1992〕59-60頁）。

スカンジナビア半島のもう1つの国であるフィンランドでは，スウェーデンやノルウェーほどの大気汚染や酸性雨被害は起きていない。これは，フィンランドがイギリスや中央ヨーロッパから幾分距離があるため，これらの国々から飛来する汚染物質の量が上記両国より少ないことが理由である。それでも，同国における大気汚染物質の3分の2は国外から越境してきたものであり，1970年代以降，汚染物質による湖沼や河川の酸性化，および魚類の減少等が顕著となってきた（川名〔2005〕364-366頁）。

以上，北欧諸国は地理的に風下の位置にあるため，中央ヨーロッパなどから飛来する汚染物質によって，これまで一方的に大気汚染や酸性雨の被害を受けてきたのである。

2  西欧諸国

西ヨーロッパの国々は先進工業国が多く，各国が大気汚染や酸性雨被害に悩まされ続けてきた歴史をもつ。ここでは，世界で最も早くから大気汚染と酸性雨被害に見舞われたイギリスと，**酸性雨**による森林の枯死が著しいドイツの状況について紹介していきたい。

さて，世界で初めて産業革命を成し遂げたイギリスは，それ以降，大気汚染と酸性雨に恒常的に苦しめられてきた。これは，工場でのエネルギー源として石炭が大量に使用され始めたことが原因である。マンチェスター，バーミンガ

---

**酸性雨**：18世紀から19世紀にかけてイギリスに酸性雨をもたらした主たる原因物質は，二酸化硫黄よりもむしろ塩酸であったといわれている。実際，当時のソーダ（石けんやガラスの原料）生産は，1791年に発明されたルブラン法に基づき行われており，その際，生成過程で塩酸を大量に発生させていた。

ム，シェフィールドなどの工業都市が形成されていく一方で，工場からの煤煙に含まれる二酸化硫黄や浮遊粒子状物質，および塩酸などによって大気は劇的に汚染されていくこととなった。さらに，首都ロンドンにおける**スモッグ**は年々発生日数を増加させていき，しばしば多くの人々の命をも奪う事態へと発展した。1873年のスモッグで約700名が亡くなった後，ロンドンでは定期的に大規模なスモッグが発生してきたが，なかでも有名なのが1952年12月に発生したスモッグである。このスモッグでは，数週間の内に約4000名もの市民が気管支炎や心臓発作などで命を落とし，史上最大のスモッグ事件として世界中に知られることとなった。この事件の後，政府は大気汚染調査委員会を設けるなど，その対策に力を入れ始めることになる。しかし，この時点では，まだ**排煙脱硫装置**がなかったこともあり，実際にとられた対策は煙突を高くして工場近隣の二酸化硫黄濃度を薄めるといった程度のものであった。また，この高煙突化対策は，前項でふれたように二酸化硫黄や二酸化窒素などの汚染物質を風下の北欧諸国へ越境させ，これらの国々に酸性雨などの被害をもたらすことにもつながることとなった（石〔1992〕29-37頁）。

　ヨーロッパ最大の工業国であるドイツ（旧西ドイツ）でも，主なエネルギー源として石炭が使用され続けてきた。これは，同国に豊富な石炭があったためで，ルール工業地帯を形成するエッセン，ドルトムント，およびデュッセルドルフなどの工業都市は，いずれも炭田を基礎に発達してきた経緯をもつ。しかし，多量の石炭を使用するにもかかわらず，排煙脱硫装置の開発と普及がわが国と比較してもかなりの遅れをとったことなどにより，二酸化硫黄や二酸化窒素などの汚染物質は大気中に大量に放出され続けることとなった。

　こうしたことから，60年代には公害問題が発生し始め，1970年代から80年代にかけては酸性雨による森林被害が一気に表面化してきた。なかでもシュバ

---

**スモッグ**：スモッグという用語は，スモーク（煙）とフォグ（霧）の合成語であり，1905年にイギリスの公衆衛生会議で初めて使用された。

**排煙脱硫装置**：燃焼排ガスから硫黄分を除去する装置であり，乾式法と湿式法の2種類がある。前者は硫黄分の吸収剤として活性炭を用い，後者は吸収剤として水酸化ナトリウム，アンモニア水，および希硫酸などを用いる。わが国では1970年から排煙脱硫装置の設置が始まり，98年には脱硫装置設置数は約2300基に上っている。

ルツバルト（黒い森）における樹木の枯死は世界的な注目を集めたが，その他，ハルツ山脈，フィヒテル山地，バイエルンの森，およびバイエルン・アルプスなど，全国の森林のいずれもが大なり小なり酸性雨の被害を受けてきている。実際，全国の森林に占める枯死もしくは衰弱している森林の割合は，1983年では34％，91年には64％にも達した。なお，イギリスと同様，西ドイツで発せられる汚染物質は北欧諸国の空をも汚染してきたが，一方で同国は隣接する東欧諸国などから越境してくる汚染物質の影響を受けてもきた。例えば，フィヒテル山地やバイエルンの森における森林被害は，国内で排出された汚染物質よりもむしろチェコからの汚染物質によってもたらされたとされている（川名〔2005〕213-215頁；朝日新聞「地球環境」取材班〔1990〕『地球環境最前線』朝日新聞社，67-69頁）。

3  東欧諸国

　東欧諸国で大気汚染が特に深刻といわれてきたのが，旧東ドイツ（現ドイツ），ポーランド，および旧チェコスロバキア（現チェコとスロバキア）である。
　東西冷戦時，東欧諸国で最も工業化が進んでいた旧東ドイツでは，多くの工場や発電所等において自国で産出された**褐炭**が主要なエネルギー源として用いられていた。この褐炭は，燃焼時に多量の煤煙と臭気を発する極めて質の悪い石炭であり，各工場からは二酸化硫黄が大量に排出されることとなった。また，統一以前の東ドイツでは，経済的事情などから排煙脱硫装置を設置している工場は皆無に等しく，このことも大気中の二酸化硫黄濃度を高める要因となった。これらの結果，同国南部に位置するドレスデン，カール・マルクス・シュタット，ライプチヒ，およびビターフェルトなどの工業都市では喘息や気管支炎が蔓延し，エルツ山地やチューリンゲンの森などでは酸性雨による森林の枯死が目立ち始めることとなった。なかでも，**化学や石炭のコンビナート**，および火

褐炭：東ドイツは，褐炭の産出地として世界的に有名である。褐炭は硫黄分を約2％（1〜5％）含み，燃焼時には二酸化硫黄以外に重金属なども発する。また，熱量が低く大量に燃やす必要もあることから，褐炭は最も大気を汚染するエネルギー源の1つといえる。
化学や石炭のコンビナート：化学工場の中には，第二次世界大戦中に強制収容所で虐殺に使用された毒ガスであるチクロンBを製造していたメーカーなども含まれる。

力発電所等が集中するビターフェルトでは，1980年代以降，喘息患者が多発し，またドイツ統一後の調査では市内の森林の75%が枯死していることが判明した。なお，政府の統計によれば，1990年における同市の二酸化硫黄や浮遊粒子状物質の濃度は全国平均の15倍にも達していた。

　ドイツの西隣り，ポーランドでも大気は酷く汚染された状況が続いてきた。特に大気汚染が深刻であったのは，製鉄所，化学工場，および炭坑などが集中する南部のシロンスク地方である。同地方の工業の中心地であるカトビーツェや行政都市であるクラクフでは，大気中の二酸化硫黄濃度が極めて高く，ガン患者や呼吸器系，循環器系に障害をもつ患者が多数出現した。また，クラクフは古都でもあり戦災を免れた多くの歴史的建造物が残されているが，これらの建造物は酸性雨によって急速に腐食が進むこととなった。

　東西に細長い国土であった旧チェコスロバキアの北側は，西からエルツ山地，スデーティ山地，およびベスキディ山地によって，旧東ドイツおよびポーランドとの国境線が形成されている。そして，この国境付近は「黒い三角地帯」と呼ばれ，世界で最も大気汚染と酸性雨被害が酷い地域として知られてきた。上記のドレスデンやビターフェルト，およびカトビーツェやクラクフなどの都市は，すべてがこの三角地帯にすっぽりと収まる。エルツ山地の南側，チェコのホムトフやモストなどの工業地帯も三角地帯の一角をなし，これらの都市も発電所や化学工場が大量に使用する褐炭のため，二酸化硫黄や二酸化窒素による大気汚染は極めて深刻な状況が続いてきた。また，スデーティ山地の南側にあるクルコノシェ国立公園では，酸性雨による森林の枯死が1980年代以降急速に進行した。同公園では植林の試みもなされているが，土壌自身が酸性化してしまっているため，元の針葉樹林を復活させる活動は困難を極めている。

　以上，東欧諸国では，褐炭の大量使用や工場設備の老朽化，脱硫装置の不備などによって多量の汚染物質を大気中に排出し続け，その結果，建造物の浸食・崩壊，森林の枯死，および人々の健康被害を進行・拡大してきた。また，黒い三角地帯で排出された汚染物質は越境し，国内のみならず国外に対しても酸性雨被害などを及ぼしてきたのである。

4　北　米

　ヨーロッパ同様，アメリカでも大気汚染や酸性雨による被害は長年深刻な問題となってきた。例えば，世界屈指の石油化学コンビナートがあるヒューストンでは，1970年代に一酸化炭素，炭化水素，二酸化窒素などの排出量が全米で最大となり，恒常的に大気が汚染され続けた（三浦〔2004〕165頁）。ただし，アメリカで最も大気汚染が深刻な地域は，発電所や自動車会社などの産業施設が密集する東海岸北部や五大湖周辺の都市群といえる。

　アメリカにおける大気汚染は，60年代にはかなり進行していたのだが，政府は環境問題の取り組みには極めて消極的であった。これは，汚染物質の排出規制に対して電力会社や自動車産業の強い抵抗があったためといわれている。そのため，排煙脱硫装置の普及などは遅れをきたすこととなり，二酸化硫黄や二酸化窒素などの汚染物質は70年代以降も大量に排出され続けた。その結果，大気汚染とともに酸性雨被害の影響も顕著となっていき，建造物の腐食や森林枯死，湖沼・河川の酸性化が進行していった。例えば，1984年の米国議会技術評価局の調査報告では，北東部9つの州の約1万7000の湖の内，55％にあたる約9400の湖が酸性雨の影響を受けており，約3000の湖がすでに深刻な状況にあることが判明した。

　工場近隣における大気中の汚染濃度を下げるため，アメリカでもイギリスなどと同様に高煙突化政策がとられた。こうしたことも要因となり，アメリカ北東部で排出される汚染物質は国内だけにとどまらずカナダへも越境することとなった。北米の場合，風下の北欧諸国が一方的に被害を被るのとは異なり，風向きによってはカナダで発生した汚染物質がアメリカへ飛来するケースもある。しかしながら，アメリカからカナダへ越境する汚染物質の量は，カナダからアメリカへ流れる汚染物質の量に比べ3倍以上であるため，基本的にカナダが被害国という構造になっている。こうした状況下，五大湖の北岸にあたるカナダのオンタリオ州やケベック州などでは，国内で発生する汚染物質とアメリカから越境してくる汚染物質によって酸性雨被害が急速に拡大していった。特に1970年代以降は，水質の酸性化によって水生生物が完全に死滅する湖沼が急増するなど，生態系への悪影響が一気に表面化することとなった。また，カナ

ダを代表する樹木であるサトウカエデの衰弱・枯死も顕著となり，1990年にはケベック州のカエデ100万本以上が枯死してしまった（若松・篠崎〔2001〕126-128頁；石〔1992〕119-141頁）。

なお，アメリカはメキシコとの間にも越境大気汚染の問題を抱えている。例えば，アリゾナ州やニューメキシコ州などには，国境付近にあるメキシコの精錬所で排出される汚染物質が流れ込んでおり，逆にカリフォルニア州で排出される自動車の排ガス等はメキシコへ流入しているという現状がある。

5　越境大気汚染に関する国際条約

本節で確認してきたように，欧米ではあらゆる地域で汚染物質の越境が問題化していった。そうした中で，各国が協力して環境問題に取り組む動きが進んでいくこととなる。

汚染物質の削減を目的とした最初の国際会議は，1972年6月5日から16日にかけて行われた**国連人間環境会議（ストックホルム会議）**である。この会議は，越境大気汚染による酸性雨に悩まされ続けたスウェーデン政府の呼びかけのもと開催にこぎつけたものであり，最終的に採択された「**人間環境宣言**」では，汚染物質の発生国には越境汚染に対する責任がある旨の条項が盛り込まれた。

この国連人間環境会議をきっかけとし，1972年から77年にかけてOECDが越境大気汚染の監視プログラムを実施，1977年には国連欧州経済委員会により長距離移動大気汚染物質のモニタリングが開始され，排出される汚染物質のデータの収集や大気汚染の移動経路の調査等が行われた。その後，1979年には**長距離越境大気汚染条約（ジュネーブ条約）**が締結され，加盟各国に越境大気汚染防止対策を義務づけるとともに，汚染物質排出防止技術の開発や酸性

**国連人間環境会議（ストックホルム会議）**：3年半の開催準備期間を経て，113の国と約1300人の国連関係者が参加して開催された。

**「人間環境宣言」**：同宣言は26項目の原則から構成されており，現在および将来の世代に対して環境保全の義務を負うことが明示された。ストックホルム宣言とも呼ばれる。

**長距離越境大気汚染条約（ジュネーブ条約）**：同条約は，史上初の越境大気汚染に関する国際条約である。欧米49カ国が加盟し，1983年に発効した。

雨のモニタリングの実施などが求められることとなった。また，1982年にストックホルムで開催された「環境の酸性化に関する会議」の後は，ジュネーブ条約に基づいた形で各種汚染物質の具体的な削減目標が定められるようになっていった。例えば，**ヘルシンキ議定書**（1985年採択，87年発効）では，国連欧州経済委員会に属する21の加盟国に対して，1993年までに硫黄酸化物の排出量を80年に比して30%削減することが定められた。また，1988年にはソフィア議定書（1991年発効）が採択され，1994年までに窒素酸化物の排出量を87年のレベルに凍結するよう定められた。その後，揮発性有機化合物の排出量を2000年までに84年から90年の排出量に比して30%削減するよう定めたVOC議定書（1991年採択，97年発効），硫黄酸化物の削減目標を国別に定めたオスロ議定書（94年採択，98年発効），および1999年には硫黄酸化物，窒素酸化物，非メタン揮発性有機化合物，およびアンモニアの削減を定めたイェーテボリ議定書が締結されることとなった（松下和夫〔2002〕『環境ガバナンス』岩波新書，167-168頁；川名〔2005〕84-93頁）。

こうした議定書の取り決めなどに基づき，各国では汚染物質の排出量の逓減に努め，二酸化硫黄の排出量に関していえば，ヘルシンキ議定書参加国すべてが90年までに目標値の30%削減を達成することとなった。この成果の背景には，各国が排煙脱硫装置の導入を積極的に指導したり，自動車の排ガス規制を設けたり，さらには炭素税や硫黄税といった環境税の導入に踏み切ったことなどがあげられる。

こうした汚染物質排出量の削減により，例えばドイツでは2002年の枯死や衰弱した森林の面積が，全森林面積の21%にまで減少することとなり（三浦〔2004〕186頁），また2008年現在，北欧諸国へ飛来する汚染物質の量も80年代以前に比して大幅に減少し，湖沼の酸性化に関しても改善の兆しがみられてきている。

なお，汚染物質を大量にまき散らしていた東欧諸国の旧型工場等が，冷戦構

---

**ヘルシンキ議定書**：議定書の加盟国は，スウェーデン，ドイツ，フランス，旧ソ連，およびカナダなど。なお，同議定書は1994年にオスロ議定書に置き換えられた。

造崩壊後に多数取り壊されたことも越境汚染減少の大きな要因となった。

## 3 東アジアにおける大気汚染とその影響

### 1 日本と韓国

　1960年代，わが国では高度経済成長の歪みとして現れた公害が大きな社会的問題となった。そのため，大気汚染に関しては1971年に創設された環境庁（現環境省）が二酸化硫黄や二酸化窒素に関する環境基準を設けるなどし，同物質の排出規制に一貫して取り組んできた。また，工場や火力発電所などにおける排煙脱硫装置の普及や，自動車の排出ガス規制が実施されたことなどにより，70年代以降，大気の汚染状況は徐々に改善されていくこととなった。

　韓国ではウルサン工業地域の大気汚染問題を契機として，1970年代以降，大気汚染が社会的な問題となり始めた。78年には環境保全法令に基づき二酸化硫黄排出基準が設けられるなどしたが，重化学工業の発展に自動車台数の増加も相俟って，80年代の大気汚染状況は悪化傾向にあった。しかし，88年のソウルオリンピックを前に液化天然ガスなどのクリーンエネルギーへの転換が大都市においてはかられたこともあり，90年代に入ってからは二酸化硫黄などの汚染物質の排出量は減少傾向にあるといえる。

### 2 中国における大気汚染

　わが国や韓国における大気汚染の状況が改善の方向に向かっているのに対し，現在においても大気汚染が極めて深刻な状況にあるのが中国である。中国では，多くの工場や火力発電所で石炭が用いられており，2005年における中国の全エネルギー源に占める石炭の比率は約70％にも達している（中国環境問題研究会編〔2007〕『中国環境ハンドブック』蒼蒼社，65頁）。しかし，この石炭はエネルギー効率が非常に低く，かつ硫黄含有率が極めて高い低質なものであるため，燃焼時には二酸化硫黄や二酸化窒素が大気中に大量に放出されてしまっている。また，各工場や発電所では排煙脱硫装置が設置されているところは稀であり，中国の大半の地域は現在に至っても冷戦構造崩壊以前における東欧諸国の状況

とほぼ同じ段階にあるといえる。

　中国で最も大気汚染が深刻な都市の1つといわれている**重慶市**では，90年代半ばには二酸化硫黄の排出量（約85万トン）がわが国の総排出量（約80万トン）を超えていた（小島朋之編〔2000〕『中国の環境問題――研究と実践の日中関係』慶應義塾大学出版会，20頁）。こうした状況は2000年代に入っても改善しておらず，2002年における同市の二酸化硫黄の年平均濃度は0.032 ppmであり（竹歳一紀〔2005〕『中国の環境政策――制度と実効性』晃洋書房，4頁），この濃度は日本の1970年代初めの水準に相当する値となっている。

　また，中国では第10次5カ年計画（2001～05年）において，1995万トンであった二酸化硫黄の排出量の10％削減をめざしていたが，実際には2549万トン（日本の約30倍）に増加してしまった。このため，都市部の住民4億人の内，1500万人が気管支炎や肺ガン等を患うことになってしまったといわれている。

　こうした中で，中国政府は**大気汚染防止法**を制定・改正するなど，環境保護のための法整備や政策を数々打ち出してきてはいるのだが，成果が上がっているとは言い難い。これは，①企業が高利益だけを求め遵法意識が希薄である，②中小零細企業等をはじめ環境保全のために投入する資金が全般的に不足している，③環境保護部門の法的執行能力が弱い，④高額納税法人などに対しては，仮に汚染企業であっても地方政府が調査を行わない，⑤汚染企業に対する罰則に限度がある，⑥経済成長に伴うエネルギー不足の中で，政府がエネルギー源に占める石炭依存率を低下させる意思がない，といったことが主な原因となっている。

　なお，政府は都市部にある汚染物質の排出量が多い企業や悪臭等を放つ企業を郊外へ移転させるという政策も実施している。しかし，こうした対処が，大気汚染問題の根本的解決策にならないことはいうまでもない。

---

**重慶市**：中国を代表する工業都市であり直轄市の1つ。同市が盆地であることも二酸化硫黄濃度を高める要因になっている。
**大気汚染防止法**：同法は，1987年に制定され88年から施行された。また，95年および2000年に改正がなされている。

## 3 越境大気汚染と対中環境協力

中国で発生した汚染物質は，国内にとどまらず韓国や日本へも飛来している。例えば，世界銀行は1995年の韓国における酸性雨の33%は，中国からの汚染物質が原因であったとの報告を行っている。日本にも黄砂と同様，二酸化硫黄などの汚染物質が大陸からの気流に乗り飛来してきている。実際，大陸からの季節風が強い時期は，主に日本海側の地域で酸性度の強い酸性雨が降るといった調査結果もある（石〔1992〕204-205頁）。また，二酸化硫黄以外にも二酸化窒素や有機化合物などが飛来しており，2007年5月8日から翌日にかけて九州から東日本にわたる広範囲に発生した光化学スモッグは，中国からの二酸化窒素などを原因とする光化学オキシダントによるものとの調査結果も出ている（国立環境研究所と九州大学応用力学研究所による調査結果）。ただし，現時点におけるわが国の越境汚染被害の大きさは，北欧諸国やカナダなどに比べると遥かに小さなものであるといえる。

さて，大気汚染をはじめ多くの環境問題を抱える中国に対しては，様々な国が環境保全に対する技術的支援や資金援助を行ってきている。わが国も，これまで中国の環境保全に対してはODAによる円借款以外にも莫大な額の無償援助，無償資金協力を数多く行ってきている。事実，2002年から行われている環境保護人材育成のための中国政府官僚169名の日本への留学資金（2006年6月までの費用）28億5000万円や，2006年12月からの酸性雨・砂嵐観測所建設プロジェクトにかかる資金7億9300万円など，中国との環境保全に関わる共同プロジェクトのほとんどすべてにおいて，必要資金の全額を日本側が負担してきている。

なお，わが国と中国の間では，環境保全に関して地方自治体どうしの交流も進んでいる。例えば，これまで北九州市が大連市や重慶市に対し，また大阪市が上海市に対して環境技術支援等を行ってきている。

以上，本章では各地域における大気汚染の状況，および越境汚染に対する国際的取り組み等について述べてきた。そして，欧米では各種汚染物質の排出量に関する条約が制定され，各国がそれら物質の排出量削減に努力してきた結果，破壊された自然環境の復元など一定の成果がみられることが確認できた。一方，

第3章　大気汚染と国際共同

> ▶▶ **Column** ◀◀
>
> **北京オリンピックと大気汚染対策**
>
> 　中国の都市部に行くと，なぜか空がどんよりと曇った日が多いのに気づきます。これは晴れの日が少ないというのではなく，汚染物質によって上空にスモッグが発生しているために起こる現象です。筆者も北京，大連，および瀋陽など中国へは何度か調査で訪れていますが，空は大抵曇っていました。
>
> 　さて，ご存知の通り，北京では2008年8月にオリンピックが，9月にはパラリンピックが開催されました。しかし，オリンピックの開催前には，各国の出場選手等が北京の大気汚染の状況をとても心配しました。なぜなら，屋外競技などは大気の汚染度合いが競技に直接影響しかねないからです。マラソン選手の中には，出場辞退を表明する選手さえ現れたほどです。
>
> 　こうした中，中国政府がとった緊急対策が，オリンピックとパラリンピック開催期間中における汚染企業操業停止と車両交通規制でした。前者では，粉塵の発生源である建設土木工事を全面停止するとともに，市内にある汚染物質の排出量が多い工場を操業停止とさせました。また，後者ではナンバープレート規制を行い，奇数日は下一桁の数字が奇数の車のみ，また偶数日は同じく下一桁が偶数の車のみしか走行できないようにし，交通量を半減させることとしました。さらに，製造年が古く排ガス量が多い約30万台の車両の走行を禁止する措置も採られました。
>
> 　これらの対策は結果として功を奏し，大会期間中の北京の空はスモッグから解放されました。しかし，パラリンピック終了後の9月21日には再びスモッグが発生し，数十メートル先の建物もかすんで見えない状況になったということです。やはり，大気汚染に対しては恒久的な対策が必要ということですね。

　東アジアにおいては，経済成長著しい中国の大気汚染がむしろ深刻さを増している状況にある。この中国の大気汚染を改善するには，日本や韓国などによる環境技術支援がこれまで以上に必要になってくるといえる。ただし，国家財政が逼迫しているわが国は，単に無償資金援助を行うというだけではなく，環境保全協力の形を政府主体から民間主体に切り替えていく必要があるようにも思われる。また，中国は発展途上国ではあってもすでに経済大国でもあり，経済成長一辺倒の姿勢を改め環境保全に関する国際条約にも率先して加盟していくべきであるといえる。いずれにせよ，地球環境保全を各国間の経済的利害より

も優先させない限り，地球環境の危機的状況を救うことができないことだけは確かである。

> 推薦図書

川名英之（2005）『世界の環境問題〔第1巻〕　ドイツと北欧』緑風出版
　　北欧諸国（スウェーデン，ノルウェー，フィンランド，デンマーク）とドイツにおける環境汚染の状況や環境対策等について紹介している。
三浦永光編（2004）『国際関係の中の環境問題』有信堂高文社
　　世界諸地域における環境問題と環境政策，および先進国と発展途上国それぞれにおける環境問題発生の基本的原因について述べられている。
進藤雄介（2000）『地球環境問題とは何か』時事通信社
　　地球環境に関する国際的取り組みや国際条約などについて詳しく知ることができる。

> 設　問

1．欧米や東アジア以外の地域における大気汚染の現状についても調べてみよう。
2．地球環境問題に対する国連の役割について調べてみよう。

（芳澤輝泰）

# 第Ⅱ部

サステナビリティと環境経営

# 第4章

# 環境経営の技法とシステム
——有効なシステムづくりのために——

　21世紀は「環境」の時代といわれ，企業においても環境に配慮した経営が求められるようになりました。環境経営に不可欠なツールとして，環境マネジメントシステムをあげることができますが，国際規格であるISO 14001のほかに，国内でもいくつか規格が策定されています。それらの規格にはどのような違いがあるのでしょうか。また，システムを有効に機能させるためのポイントはどこにあるのでしょうか。

## 1　環境経営とシステム

### ［1］　環境経営とは

　「環境経営」という言葉が日本で登場するのは1990年代である。1992年の地球サミット，1994年のコー円卓会議の企業行動指針，1996年のISO 14001の発行，1997年の地球温暖化防止京都会議（COP 3）といった国際的な動きとともに，国内では1991年に経団連が企業行動憲章を制定し，環境問題への取り組みを企業に呼びかけたことも後押ししたものと思われる。さらには，1992年の地球サミットの趣旨をふまえ，1993年に**環境基本法**が環境政策の枠組みとして制定されたことにより，いずれ環境関連の法規制が強化されるならば，と先手を打って環境保全への取り組みを推進した企業も多い。

　環境経営とは，企業が戦略として環境への取り組みを推進し，継続して利益追求と環境保全を両立させていく経営をいう。経営活動によって得られた利益の一部を環境保全のために寄付すればよいということでもなく，余力があれば

---

**環境基本法**：日本の環境政策の基本事項・方向性を示した法律。基本理念のほか，国や地方公共団体，事業者，国民の責務，環境の保全に関する基本施策などが定められている。環境基本法の制定により，1967年に制定された公害対策基本法は廃止された。

環境活動を通じて社会貢献するという一過性の取り組みでもない。環境経営とは，利益を生み出すプロセス自体をグリーン化することである。

企業を存続させるために利益確保は不可欠であるが，環境保全活動を推進するためには経営資源（ヒト，モノ，カネ，情報）の配分が必要となり，これらの両立は企業にとって難しい課題である。しかし，環境関連の法規制の強化とともに環境リスクも増大し，顧客や地域住民からの環境に関する要請はますます高まってきている。また，格付機関や金融機関による環境経営度調査が増えてきており，環境配慮は企業選別の要件となっている（図4-1）。企業価値を決定づける評価軸に，これまでの経済性だけではなく，環境問題への対応といった新たな側面が加わったのである。環境保全のための経営資源投入は，「費用」ではなく「投資」として考えるべきだろう。

環境経営の中身は，企業によって様々である。コンプライアンスやリスク管理を中心とした「守り」の環境経営もあれば，先進的な取り組みを積極的に展開していく「攻め」の環境経営もある。法規制や組織のルールを順守するのは当然のことであり，コンプライアンスが新たな企業価値を創造するものではない。長期的な視野をもって，「環境」を経営戦略の1つとして位置づけることが重要である。

### 2　システムの必要性

環境経営を推進するためには，まず，環境活動と経営活動を一体化させる必要がある。そのツールとなるのが環境マネジメントシステムである。環境マネ

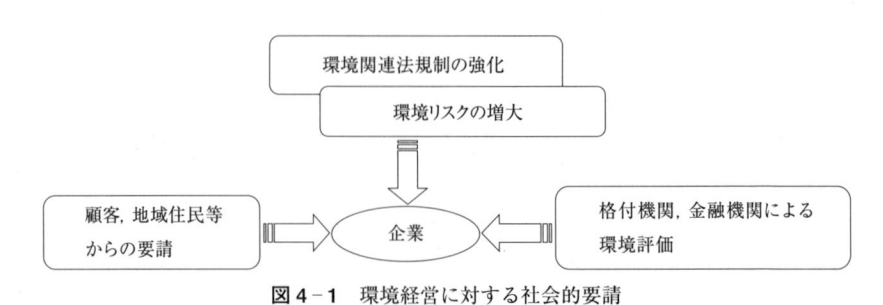

図4-1　環境経営に対する社会的要請

（出所）　筆者作成。

ジメントシステムは，持続可能な社会を実現するために，環境に配慮した経営活動を継続的に行っていくことを目的とした経営手法である。

　システムとは，相互に作用し合っている要素の集合体を意味する。ある事象だけをみていては，表面的な対応は可能であっても複雑な問題を解決することはできない。問題の発生は，他の要素との相互関係に起因する場合が多いからである。経営を取り巻く状況は複雑化してきており，マネジメントシステムの導入は不可欠である。利益追求と環境保全を両立していくためには，なおさらシステム化を図る必要性が出てくる。「システム化」とは，複数の要素のつながりを見えるようにすることである。「木を見て森を見ず」とならないよう，要素間のつながりを明確に示し，全体を把握できるようにしておかなければならない。

　環境マネジメントシステムのマネジメントサイクルは，Plan（計画）- Do（実施）- Check（点検）- Act（見直し）というプロセスを繰り返してシステムの改善を図るPDCAサイクルである。このサイクルは同じ場所を循環するのではなく，螺旋階段を上っていくように継続的に改善していくプロセスである。計画は必ずしもうまくいくとは限らない。点検によって，当初の目標と実態にギャップが生じていることを発見したのであれば，原因を究明して目標を達成できるように何らかの措置をとり，逆に目標を大幅に達成できているのであれば，さらなる改善を図るために目標を上方修正するなど，常にフィードバックしていくプロセス＊が重要なポイントとなる（図4-2）。

＊　平塚彰編著（2007）『環境システム――社会・経済・技術』電気書院。

　したがって，環境マネジメントシステムを導入することにより，成り行きま

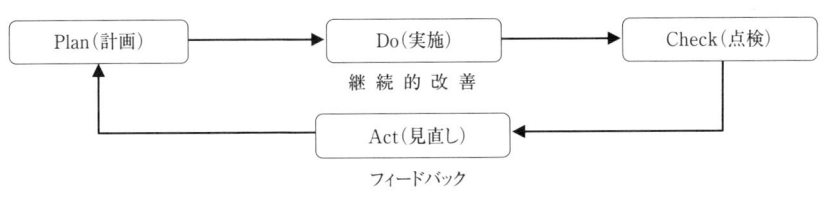

図4-2　マネジメントサイクル

（出所）　筆者作成。

かせではなく，継続性が担保されることになる。また，組織として効率的に活動することができる。もし，何らかの問題が発生したとしても，当事者となった個人を攻撃することなく，システムそのものに根本的な原因を求めることで，再発防止策を講じることが可能となるのである。

## 2 環境マネジメントシステムに関する国際規格

### 1 ISO 14001 とは

環境マネジメントシステムに関する規格として，まずは国際規格である **ISO 14001** をあげることができる。ISO 14001 は，環境マネジメントシステムを構築するために必要な要求事項を規定した規格である。発行から10年経った2006年9月末の認証取得件数は2万1116件（財団法人 日本規格協会調べ）であった。

ISO 14001 はシステム規格であり，環境パフォーマンスに関する要求事項を規定していない。環境を改善する「仕組み」の構築・運用に必要な事項だけを規定した規格である。業種や組織の規模によって環境負荷の大きさは異なり，また，組織がどれだけの経営資源を環境改善のために充てることができるのかによって改善レベルも異なる。そのため，取り組むテーマや改善レベルは，組織の環境影響の大きさに合わせて，かつ技術，経済面等を考慮しながら組織が決定すればよいという考え方である。システム規格だからこそ，業種や規模を問わず，また，どのような地理的，文化的，社会的背景をもつ国の組織にも適用可能なのである。

したがって，ISO 14001 の認証取得は，その組織が環境に配慮した製品・サービスを提供していることを保証するものでもなく，組織の環境パフォーマンスが非常に優れていることを保証するものでもない。組織が規格の要求事項に

---

**ISO**：International organization for standardization（国際標準化機構）。ISO は，ギリシャ語の接頭語で"等しい"という意味の"ISOS"（＝等しい）に由来する。世界共通の規格・基準を制定するため，1947年に発足した非政府組織で，スイスのジュネーブに本部がある。すでに1万7000を超える規格が発行されている。

第4章　環境経営の技法とシステム

適合したシステムを作り，組織が決めた手順に従ってPDCAサイクルを適切にまわしながら継続的改善を図っていることを保証するにすぎない。

規格の要求事項には適合しているもののシステムの水準が低い組織もあれば，いきなり高いレベルからスタートする組織もあるが，システムのレベルや改善のスピードが異なっていても問題はない。他社と比べる必要はなく，自社の様々な事情を配慮しながら着実に（パフォーマンスの改善につながる）システムの改善を図っていけばよいのである。

### ②　相互作用

ISO 14001 は，4.1 から 4.6 までの 18 項目から成り立つ。前節で，システムとは相互に作用し合っている要素の集合体であると述べたが，ISO 14001 の要素はどのようにつながっているのだろうか。図 4-3 に主な要素の相互作用を

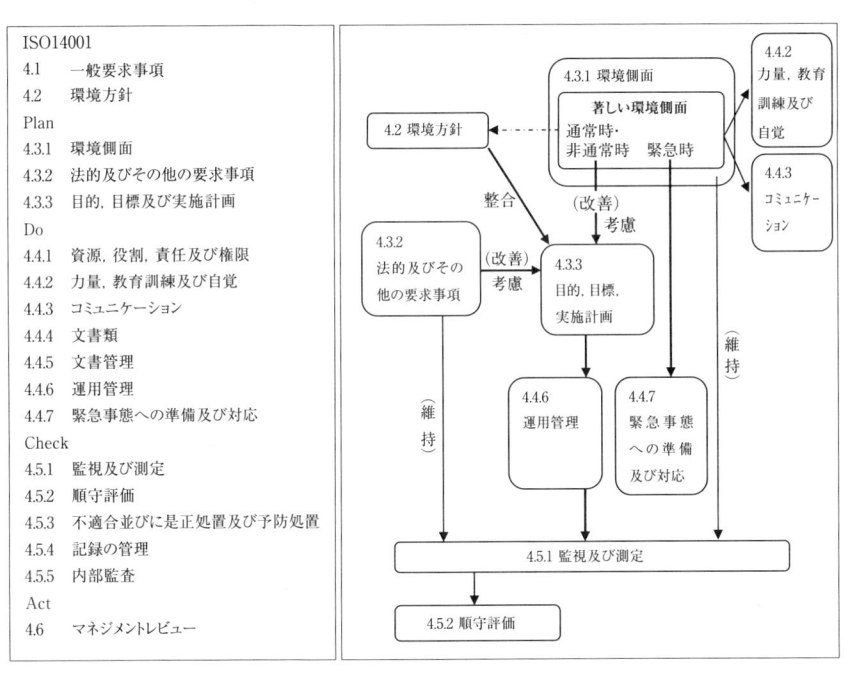

図 4-3　主な要素の相互作用（例）

（出所）ISO 14001：2004 をもとに筆者作成。

示した．

　「4.3.1 環境側面」は，組織の実態把握のための項番である．ここでは，組織の事業活動，製品およびサービスの**環境側面**を特定し，その中から組織が決めた手順に従って著しい環境側面（組織の重点課題）を決定する．組織が取り組みたい項目を意図的に抽出するのではなく，環境影響の大きさに着目して，優先的に取り組まなければならない項目を明らかにする必要がある．

　規格は，この著しい環境側面を目的・目標設定の際に考慮に入れることを要求している．技術上，財務上，運用上および事業上の問題により，目的・目標（改善項目）に展開できない場合であっても，著しい環境側面を放置することなく，少なくとも現状より悪くならないように維持管理の対象として監視・測定を行わなければならない．

　環境目的・目標の設定にあたって，著しい環境側面のほかに，法的およびその他の要求事項も考慮に入れること，そして，トップマネジメントが定めた環境方針と整合させることが求められている．目的・目標は，それらを達成するための実施計画の策定，さらに「4.4.6 運用管理」「4.5.1 監視及び測定」へとつながる．運用管理とは，目的・目標を達成するために作業・業務のやり方を決めて実施することである．結果を出すためには，設備の導入など新たな手段を講ずることも必要であるが，徹底して作業プロセスや日常業務を見直し，改善を図ることが本業にもプラスになる．「4.5.1 監視及び測定」は，実施した結果が運用基準や目的・目標を満たしているかどうかを検証する項番であり，これが適切に実施されれば，問題の早期発見にもつながる．

　法的およびその他の要求事項については，（それらが順守できていることは当然のこととして）さらなる改善を図るために目的・目標を設定した場合は「4.4.6 運用管理」「4.5.1 監視及び測定」へと展開し，現状維持ならば「4.5.1 監視及び測定」につなげればよい．さらに，改善または維持のいずれであっても，

---

**環境側面**：環境影響の原因となる要素．環境影響の原因となる可能性のある潜在的な要素も含む．環境側面と環境影響は原因と結果の関係にあり，環境側面は原因系である．環境側面の特定にあたっては，組織が直接管理できる環境側面だけでなく，組織が影響力を行使できる側面も特定することが要求されている．

そのあとは定期的に順守評価を行う。法的およびその他の要求事項の順守は，環境方針においてトップマネジメントが強く約束することであり，「4.5.2 順守評価」で，法規制等の順守を定期的に評価する手順をつくり，その手順に従って評価することが求められる。担当者レベルのチェックではなく，しかるべき人が順守状況を評価する，いわば"念押し"のチェックである。

緊急事態への準備および対応はリスク管理である。規格は，緊急事態・事故を特定し，対応するための仕組みづくりを求めているが，その情報源となるのは，4.3.1で特定した"環境影響の原因となる可能性のある環境側面"（緊急時の環境側面。例えば，地震を想定した場合，タンク破損による油の漏洩など）である。ただし，緊急事態を特定する手順は組織が決めることであり，緊急時の環境側面をすべて緊急事態として特定する方法もあれば，緊急時の著しい環境側面のみを緊急事態とする方法など，手順は組織によって異なる。

「4.4.2 力量，教育訓練及び自覚」では，著しい環境側面に関わる作業で，力量（教育，訓練または経験）がないと重大な環境影響を与える可能性がある場合，その作業従事者に対して力量をもたせることを要求している。また，「4.4.3 コミュニケーション」では，著しい環境側面に関する情報を開示するかどうかを決定し，開示する場合は開示方法も決めてその通り実施することを求めている。

図4-3の著しい環境側面から環境方針への矢印について，規格は特に両者の相互作用を明記していないが，環境方針の内容は組織の環境影響に対して適切であることを規格が求めている。したがって，実質的には組織の著しい環境側面が把握できた段階で，それを環境方針に反映させることになるため，その流れを点線で示した。相互作用は他にもあるが，ここでは主要な要素間のつながりを説明するにとどめる。

## 3　環境マネジメントシステムに関する国内の規格

ある企業が「自社では環境マネジメントシステムを構築し運用している」といっても，何を基準にした環境マネジメントシステムなのかを尋ねてみる必要

がある。国際規格である ISO 14001 が発行されたあと，日本国内において，簡易版の規格・基準がいくつも策定され，さらにはいずれの規格・基準にも準拠することなく，組織独自でシステムを構築するケースもみられるようになったからである。

規格によって要求事項，レベル，重視するポイントが異なるため，その違いを知っておく必要があるだろう。**表 4-1（後掲見開き）**は，国際規格である ISO 14001 と国内の各規格との違いを整理したものである。以下に主な規格の特徴を紹介する。

## 1 中小企業向けの規格

### ①エコアクション 21（EA 21）

エコアクション 21 は，中小企業の環境活動を促進するため，1996 年に環境省によって策定され，2004 年に全面改定されて認証登録が行われるようになった（笹徹〔2007〕『エコアクション 21――環境認証を目指して』第一法規）。2008 年 8 月末現在の認証登録件数は 2776 件で，この 2 年間で約 3 倍に増加している（エコアクション 21〔http://www.ea21.jp/〕2008 年 9 月 8 日アクセス）。

エコアクション 21 には次のような手引きとガイドラインがあり，認証登録を行うためには，システム構築・運用に加えて環境活動レポートの作成・公表も要求される。

・環境への負荷の自己チェックの手引き
・環境への取り組みの自己チェックの手引き
・環境経営システムガイドライン
・**環境活動レポートガイドライン**

環境経営システムガイドラインは 12 項目で構成され，環境経営システムの要求事項が規定されている。二酸化炭素排出量，廃棄物排出量，総排水量は必

---

環境活動レポートガイドライン：環境方針，環境目標と実績，主な環境活動計画の内容，活動結果の評価，環境関連法規制への違反や訴訟等の有無を盛り込んだ『環境活動レポート』をまとめて閲覧できるようにしておくこと，また，エコアクション 21 事務局に送付することが規定されている（事務局では登録事業者名とレポートを公開）。

ず把握すべき環境負荷項目であり，省エネルギー，廃棄物削減・リサイクル，節水は必須の取り組み項目となっている（環境省〔2004〕『エコアクション21 2004年版──環境経営システム・環境活動レポートガイドライン』）。エコアクション21は，システムについてはISO 14001の簡易版といえるが，パフォーマンスの把握や環境活動結果の公表を要求するなど，パフォーマンスを重視した規格である。

②KES・環境マネジメントシステム・スタンダード

KES審査登録制度は，2001年に京都の民間団体によって中小企業・団体向けの制度として開発された。2007年には組織が法人化され，「特定非営利活動法人・KES環境機構」として運営を行っている。2008年8月末現在の審査登録件数は，2241件である（KES環境機構〔http://www.keskyoto.org/〕2008年9月8日アクセス）。

KESはISO 14001の簡易版であり，ステップ1とステップ2がある。ステップ1は環境問題に取り組みはじめた段階，ステップ2はISO 14001の認証取得を目標とする段階であることがKES序文に記載されているが，2つのステップは，特にISO 14001取得のためのプロセスとして設定されたものではない。組織の規模を問わず，組織の判断でステップ1か2のどちらかを選択すればよいとしている。

### 2 エコステージ

エコステージは，環境経営の強化を目的に産学連携組織であるエコステージ協会が開発したシステムで，段階的な取り組みを支援するために5つのステージを設定し，レベルアップが図れるようになっている。零細企業から環境マネジメントシステムの高度化をめざす企業までが採用できる規格である。

エコステージ1，2，3では，基本的にシステムだけを評価し，エコステージ4，5ではシステムに加えてパフォーマンス評価が必須項目となる。システムは構築レベルと実行レベルの2つに分けて評価される。システム，パフォーマンス共に各項目を点数評価するため，要素ごとに自組織の強みと弱みが把握でき，また，時系列評価や他社との比較も可能である（エコステージ協会〔2006〕

第Ⅱ部 サステナビリティと環境経営

表4-1 主な規格 比較一覧

| ISO 14001 | | エコアクション21 | | KES・環境マネジメントシステム・スタンダード | | | エコステージ | | | | |
|---|---|---|---|---|---|---|---|---|---|---|---|
| | | | | KESステップ1 環境への取り組みを始めた段階マニュアル・サンプル（6ページ） | | KESステップ2 ISO 14001の認証取得を目標とする段階マニュアル（25ページ） | | 1 システム導入レベル | 2 ISO 14001と同レベル | 3 システム改善レベル | 4 統合マネジメントパフォーマンス改善レベル | 5 内部統制システムCSRへの対応 |
| 国際規格 | | パフォーマンス重視 | | 主な特記事項 | | 主な特記事項 | | | | | | |
| 項番 | | 項番 | 主な特記事項 | 項番 | 主な特記事項 | 項番 | 主な特記事項 | 項番 | 項番 | 項番 主な特記事項 | 項番 主な特記事項 | 項番 主な特記事項 |
| 4.1 一般要求事項 | | パフォーマンス | 適用範囲は基本的に全社。 | 1.3.1 | | 2.3.1 | | 1.1 | 1.1 | 1.1 | 1.1 | 1.1 |
| 4.2 環境方針 | | 1 | 推奨事項：法規制等順守の誓約 | 1.3.2 | | 2.3.2 | | 2 | 2 | 2 | 2 | 2 |
| 4.3.1 環境側面 | | 2 | 環境負荷の特定、取組状況の把握、評価は、別添の表のチェックシートを用いて行う。 | 1.3.3 | | 2.3.3 | | 推奨事項 3.1 | 3.1 | 3.1 | 3.1 | 3.1 |
| 4.3.2 法的及びその他の要求事項 | | 3 | | 1.3.3 | | 2.3.3 | | 3.2 | 3.2 | 3.2 | 3.2 | 3.2 |
| 4.3.3 目的及び実施計画 | | 4 | 推奨事項：年間計画の策定及び資格・技術・場合により教育訓練を行う。 | 1.3.3 | | 2.3.3 | | 3.3 | 3.3 | 3.3 3.4 | 3.3 3.4 3.5 | 3.3 3.4 3.5 3.6 |
| 4.4.1 資源役割責任及び権限 | | 5 | | × | | 2.3.4 | | 1.2 | 1.2 | 1.2 1.3 | 1.2 1.3 | 1.2 1.3 |
| 4.4.2 力量教育訓練及び自覚 | | 6 | | × | | 2.3.4 | | 4.1 | 4.1 | 4.7 教育及び訓練及び情報供給管理の改善 | 4.1 4.7 4.8 教育及び訓練及び情報供給管理の統合管理 | 4.1 4.7 4.8 |
| 4.4.3 コミュニケーション | | 7 | 環境レポートの作成と公表を要求 推奨事項：コミュニケーション手順の策定。 | × | | 2.3.4 | | 4.1（内部コミュニケーション） 推奨事項 4.2（外部コミュニケーション） | 4.1 4.2 | 4.1 4.2 | 4.1 4.2 4.8 教育及び訓練及び情報供給管理の統合管理 | 4.1 4.2 |
| 4.4.4 文書類 | | | | | | 2.3.4 マニュアル作成を要求 | | 推奨事項 4.3 | 4.3 | 4.3 | 4.3 | 4.3 |

第1章　環境経営の技法とシステム

| | | | | | | | | | |
|---|---|---|---|---|---|---|---|---|---|
| 4.4.5 文書管理 | 11 | 推奨事項の×印：改廃旧文書類使用が生じないように定期的に見直し更新する | 1.3.4 | マニュアルを作成し規格の要求事項として記載するよう要求している。 | 2.3.4 | 推奨事項 4.4.1 | 4.4.1 | 4.4.1 | 4.4.1 |
| 4.4.6 運用管理 | 8 | 推奨事項：運用の策定の要求手順の策定・取引先等への伝達の取り組みの要求。 | 1.3.4 | 運用手順の策定・取引先への伝達の要求はされていない。 | 2.3.4 | 4.5（項番のみ要求事項なし） | 4.5 | 4.5 | 4.5 |
| 4.4.7 緊急事態への準備及び対応 | 9 | | × | | 2.3.4 | 推奨事項 4.6 | 4.6 | 4.7 教育訓練及び供給者管理の改善 | 4.6 4.9 |
| 4.5.1 監視及び測定 | 10 | 目標の達成状況及び計画の実施状況を定期的に確認・「運用の鍵となる特性」を監視測定する手順の明確化までは求めていない。 | 1.3.5 | 「運用の鍵となる特性」の監視測定の手順は盛り込まれていない。 | 2.3.4 | 5.1 | 5.1 | 5.1 | 5.1 |
| 4.5.2 順守評価 | 10 | | 1.3.5 | | 2.3.5 | 5.2 | 5.2 | 5.2 | 5.2 |
| 4.5.3 不適合並びに是正処置及び予防処置 | 10 | 推奨事項：不適合が生じる場合、誰が・どう処置を行うのかを決定しておくべきこと。 | × | 規格は、不適合の是正と予防を行うことを定めているが、責任・権限・支援要求を明示していないこと及び原因究明について言及していない。 | 2.3.5 | 推奨事項 5.3 | 5.3 | 5.3 | 5.3 |
| 4.5.4 記録の管理 | 11 | 推奨事項：保存期間の紛失・損傷を防ぐ方法を定めること | × | | 2.3.5 | 推奨事項 4.4.2 | 4.4.2 | 4.4.2 | 4.4.2 |
| 4.5.5 内部監査 | — | 推奨事項：内部監査 | × | | 2.3.5 | 推奨事項 5.4 | 5.4 5.5 | 5.4 5.5 | 5.4 5.5 |
| 4.6 マネジメントレビュー | 12 | | 1.3.6 | | 2.3.6 | 6 | 6 | 6 | 6 |
| | | | | | | 7 8 | 7 8 | 5.5 内部監査及びデータの分析 | 7 8 9 |
| | | | | | | | | 7 業務プロセス改善 | 8 統合マネジメントシステムの導入と改善 9 社会的責任（CSR）への対応 |

（注）項番の欄の×印：該当する項番なし、特定事項の欄の網かけ…要求事項はなく、推奨事項のみ。
（出所）KES環境機構（2007）「KES・環境マネジメントシステム・スタンダード（第4版）」、環境省（2004）「エコアクション21 2004年版——環境経営システム・環境活動レポート作成のためのガイドライン」、エコステージ協会（2006）「エコステージ1・2 第5版（2006年）」、エコステージ協会（2006）「環境経営評価・支援システム エコステージ3・4・5 第5版（2006年）」をもとに筆者作成。

『環境経営評価・支援システム　評価及び活用の手引き　エコステージ3・4・5　第5版（2006年）』）。

　評価員が支援と評価を行い，NPO や学識経験者による第三者評価委員会が認証書と第三者意見書を発行する。2003 年から支援活動を展開しているが，認証サイト件数は，2008 年 8 月末現在で合計 1088 件である。ステージ別にみると，ステージ 1 が 960 件，ステージ 2 が 118 件，ステージ 3 が 10 件，ステージ 4 と 5 はそれぞれ 0 件となっている（有限責任中間法人エコステージ協会〔http : //www.ecostage.org/〕2008 年 9 月 8 日アクセス）。

## 4　環境マネジメントシステムを有効なツールとするために

### 1　環境マネジメントシステム導入の効果

　KES をはじめ，全国に「中小企業向け」をアピールした規格がいくつも策定されているが，ISO 14001 は，決して「大企業向け」というわけではなく，中小企業でも十分に適用できる，柔軟性のある規格である。要素間のつながりがしっかり示されているため，これに従ってシステムを確立し運用すれば，問題が発生した場合，原因を「個人」ではなく「システム」に求めることができ，再発防止につながる。

　このほか，ISO 14001 に準拠した環境マネジメントシステムをうまく活用すれば，一般的に次のような効果が期待できる。ISO 14001 は，審査登録機関による審査を受けて認証を取得してもよいし，審査を受けずに自己宣言することも可能であるため，システムを導入することによって期待できる効果と，認証取得によって得られる効果を区別して示した。かつては「イメージアップ」も認証取得による効果の 1 つとして取り上げることができたが，多くの組織が認証を取得して環境保全に取り組む今，単に「認証」の看板だけではイメージアップにつながらないと思われるので除外した。

　①システム導入の効果
　　・省エネ，省資源，廃棄物削減による経費削減
　　・環境リスクの未然防止

がある。ISO 14001 は、そのプロセスがうまくいっているのかどうかをチェックできる鍵となる特性（管理項目）を明確にして監視・測定することを要求している。「目標」や「計画」の鍵となる特性ではなく、「運用」の鍵となる特性を監視・測定することがポイントである。目標や計画の進捗状況を監視することは当然必要であるが、それだけをみていたのでは、目標を達成できなかった場合、どのプロセスに原因があるのかを追跡することができないからである。プロセスを細分化して工程・作業・設備ごとに問題を洗い出し、徹底して無駄を排除すれば、業務効率の改善にもつながる。

③不適合の原因究明（ISO 14001 4.5.3 不適合並びに是正処置及び予防処置）

問題解決を図るためには、まずは根本的な原因を特定することが不可欠である。原因を掘り下げていくと、システムに起因する問題も多い。なぜそうなったのかを繰り返し問いかけることによって原因を究明し、その根本原因を取り除く是正処置を行うことが再発防止につながるのである。また、問題が顕在化する前の「兆候」を早期に発見し、同様に原因追究、原因を除去する処置を的確に行う仕組みを確立し定着させることにより、問題の発生を未然に防止することができる。

④内部監査（ISO 14001 4.5.5 内部監査）

内部監査はPDCAサイクルのC（チェック）に該当する重要な要素で、監査の目的はシステムの適合性、実行性、有効性をチェックすること、ならびにシステムの見直しのために監査結果を経営層に提供することである。定められた間隔で実施される「総点検」であり、システム全体をチェックすることにより、部分的な評価・報告では把握できなかった組織の傾向や問題点がみえてくる。形式的な監査のやりとりではなく、気づきを与え、実のある助言ができるようにするためにも、監査員の監査能力の向上が重要な課題となる。

⑤目的・目標の設定（ISO 14001 4.3.3 目的、目標及び実施計画）

「紙・ゴミ・電気」だけでなく、本業とリンクした環境目的・目標を設定することで、経営システムとの一体化を図る必要がある。本業にかかわる環境活動は環境改善効果も大きく、環境配慮型製品・サービスの開発につながれば、企業競争力も向上する。また、本業にかかわる目的・目標の設定により、環境

・生産性向上（工程ロスの削減，不良品の削減など）による利益率改善
・業務効率の改善による経営体質の強化
・人材育成（PDCAサイクルを廻して問題解決を図るというマネジメント手法を身につけることができ，特に若手社員の人材育成に役立つ）
②認証取得による効果
・国内・海外の取引先からの信頼向上

## 2　有効なシステムづくりのポイント

　ISO 14001などの認証取得を取引先選定の基準とする組織や，認証取得企業に対して融資枠を拡大したり金利を優遇する金融機関が増えた。簡略化された規格をISO 14001と同等に扱うケースもあり，審査費用が安くて簡単にシステム構築ができる規格で認証を取得する組織が増加している。中小企業にとって審査登録・維持費用の問題は大きく，またパフォーマンス重視の規格もあるため，どの認証制度を利用するのかは組織が判断すればよいことであるが，環境経営の有効なツールとするためにも，しっかりした環境マネジメントシステムを構築しておく必要があるだろう。

　要素間のつながりを明確にしておくことの重要性は，前項で述べたとおりである。ここでは，各要素において特に重要と思われるポイントを紹介する（前掲表4-1参照）。

①文書化した運用手順の確立（ISO 14001　4.4.6 運用管理）

　ISO 14001では，多くの項番で手順を定めることを要求している。特に「4.4.6 運用管理」では，（目的・目標から逸脱するような状況が考えられる場合には）目的・目標を達成するための文書化された手順の確立を求めている。文書化された運用手順を確立するということは，目的・目標を達成できるように，日常の仕事のやり方を改善し，それを目に見えるようにして共有することである。これによって，人事異動などで担当者が代わっても仕事を円滑に進めることができる。

②運用の鍵となる特性の監視・測定（ISO 14001　4.5.1 監視及び測定）

　目標を達成するためには，通常，日常の作業・業務プロセスを変更する必要

第4章 環境経営の技法とシステム

> ▶▶ **Column** ◀◀
>
> ### ISO 14001 自己宣言と相互監査：長野県飯田市の取り組み
>
> 飯田市は長野県の南部にある，人口10万人余りのまちです。2000年1月にISO 14001の認証を取得しましたが，その3年後，更新審査を前に「自己宣言」への移行を発表しました。自己宣言とは，ISO 14001への適合を「認証取得」によらず，自分で主張・表明することです。しかし，「自組織の環境マネジメントシステムはISO 14001に適合しています」と勝手に宣言だけすればよいというものではありません。何をもってそのように言えるのか，きちんと説明する必要があります。また，外部の審査員によるチェックが入らなくなるのですから，客観性・信頼性をどのように確保するかが課題となります。自己宣言により審査費用等を削減できるメリットはありますが，決して楽な方法ではないのです。
>
> 飯田市には，自分たちのまちは自分たちの手でつくるものだという精神が根づいており，職員に審査員資格を取らせるなど体制強化を図ってきたことも背景にあって，2003年1月，認証登録を継続せず「自己宣言」に切り替えました。そして，通常は内部の職員が実施する内部環境監査に，外部の民間企業や自治体の監査経験者・審査員資格をもつメンバーらが加わり，お互いの組織を監査し合う「相互監査」により客観性・信頼性を確保しています。
>
> 情報開示も不可欠となりますが，環境監査の日程表，環境方針，環境マニュアル，これまでの監査結果，各課の環境影響評価表・適用される法規制等の要求事項・環境目的および目標などがホームページ上で公開されています。
>
> お互いが緊張感をもって監査に臨めるということもあり，「相互監査」という手法は，長野市，上田市，所沢市など他の自治体でも実施されるケースが増えてきています。

活動が経営活動と連動していることを従業員に認識させ，活動意欲を高めることができる。

　環境マネジメントシステムは，環境に配慮した経営活動を継続的に行っていくためのツールであるが，そのツールが有効なものとなるかどうかは組織しだいである。有効活用するためにも，要素間のつながりとポイントとなる要素を押さえた上でシステム構築を行う必要がある。

　以上，環境経営とシステムについて述べたが，環境経営をさらに積極的に推

進していくためには，他のツールの利用も推奨したい。環境パフォーマンスと経済パフォーマンスをつなぐ環境会計やライフサイクルアセスメント（LCA）などである。また，環境活動を全員活動にするための仕掛けとして，人事考課や表彰制度との連動も考えていくべきだろう。

#### 推薦図書

西嶋洋一・小野隆範・園部浩一郎編著（2005）『2004年版対応　ISO 14000 規格のここがわからない』日科技連
　　ISO 14001 の規格要求事項を勉強したい人にお薦めの1冊。事例も掲載され，Q&A 形式でわかりやすく解説されている。

高達秋良・山田朗・下垣彰編著（2003）『環境経営への挑戦　Eco-Ecoマネジメントのすすめ方』日本工業新聞社
　　コンサルティング経験のある著者が，6つの環境経営革新軸をもとに環境経営の考え方や進め方を提示している。

天野明弘・國部克彦・松村寛一郎・玄場公規編著（2006）『環境経営のイノベーション』生産性出版
　　環境経営が企業競争力の向上とどのように結びつくのか，また，環境経営の有効なツールとなる環境会計の手法が示されている。

#### 設問

1．本業にかかわる環境目的・目標について，具体例をあげて説明してください。
2．システムの観点から企業不祥事の再発防止策について述べてください。

（服部静枝）

---

ライフサイクルアセスメント（LCA）：原材料の採取からリサイクル・廃棄に至る製品のライフサイクル（ゆりかごから墓場まで）の全プロセスにおいて，環境負荷を定量的に把握し，総合的に分析・評価する手法。まだ開発途上の手法ではあるが，工程改善等に活用できる。ISO は LCA に関する規格を発行している（ISO 14040 番台）。

# 第5章

# IKTの環境経営
——風で織るタオル——

　　テレビや新聞，雑誌の広告などで「環境に優しい経営」「環境に配慮した製品」などのキャッチコピーをよく見かけるようになりました。自然環境・生態系の保全，人体への安全や健康を意識した商品への社会的な欲求の高まりといえます。本章では，本業のタオル製品をオーガニックタオル（有機栽培綿で製造されたタオル）に転換し，製造プロセスで使用する全エネルギーを風力発電に置き換える大胆な手法で事業を導いた池内タオルを事例に，環境経営のシステムの特徴を考察します。

## 1　ISO 14001の取得とIKTブランドの誕生

### 1　国産タオル業界の経営危機

　愛媛県の東北部に位置する今治市は人口約17万人の城下町である。古くから瀬戸内海の海上交通の要所であったが，明治以降の近代化において造船やタオルの製造で栄えた歴史をもつ。特に，タオルでは，明治期に伊予綿ネル製織を開始して「今治タオル」のブランドを確立した。2007年度実績でも「今治タオル」は全国のタオル用綿糸の約67％を生産，供給している（四国タオル工業組合『統計表2007年1〜12月』5頁）。

　池内タオルは，1953年に先代の池内忠雄氏が設立したタオル製造業の会社で，主に，ヨーロッパ向けのタオルの輸出を手がけていた。しかし，1983年に先代が急逝したため，池内計司氏はそれまで勤めていた松下電器産業を退職，2代目社長（33歳）に就任した。従業員数18名の中小企業であるが，「オリジナル」をポリシーとする池内社長の経営手腕は直ちに生産管理の領域で発揮された。1980年代に，タオル業界として初めてワッペンやエンブレム，アップリケなどの文様を超高速のジャガードで自動的に織る機械やそのコンピュータ

図 5-1 国産タオルと外国産タオル

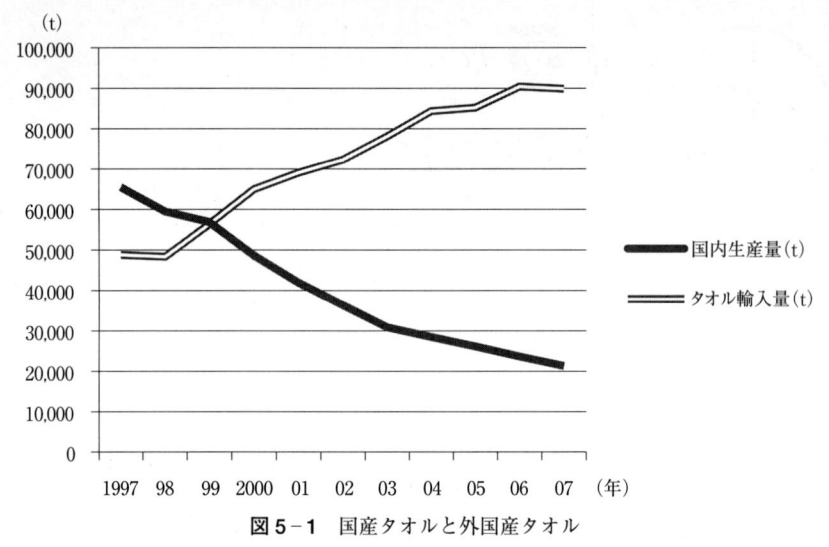

(出所) 四国タオル工業組合『統計表 2007 年 1〜12 月』より筆者が加工・作成した。国産タオルとタオル輸入量にはタオルケットも含まれている。

化を導入している。タオルのデザインに CAD（コンピュータ支援設計）を取り入れたのである（『りそなーれ』2006 年 5 月，19 頁）。

　だが，近年，中国やベトナムから低価格のタオル製品の輸入が増え，国産タオルのシェア低下が顕著となっている。国内のタオルの最終消費に占める輸入品の割合（輸入浸透率）をみると，1997 年には輸入量は 4 万 8804 t（42.8%）であったが，2008 年には 8 万 8047 t（81.1%）にまで上昇している。図 5-1 のように，2000 年には国産タオル数量を外国産タオル数量（輸入数量）が上回った。それ以降この傾向は拡大する一方で，国産タオル最大のシェアをもつ今治地区のタオル産業にも危機的な影響を与えている。1998 年の今治地区の組合員数は 238 社だったが，2007 年には 140 社へ，同じく，従業員数は 5110 人から 2896 人へ，タオルの生産数量は 3 万 1515 t から 1 万 546 t へ，生産額は 448 億円から 150 億円に減少している（四国タオル工業組合『統計表 2007 年 1〜12 月』2 頁）。

　価格競争における日本のタオル市場の優位が失われた結果，タオルの品質を犠牲にして低価格競争に巻き込まれるか，生産拠点をアジアに移して生き残り

を図るか，あるいは富裕層をターゲットに高品質で差別化し競争優位を確保するかの選択を迫られた。池内計司社長は，先代の父親が経営した時代から会社のために働いてきた従業員を解雇することを嫌い，経営危機を逆手に，会社の成長をめざす大きな賭けに出た（Up market Green, *ACC Journal*, January 2004, p.28）。

### 2　池内タオルの転機

　瀬戸内海の水質改善を目的とする瀬戸内法（瀬戸内海環境保全特別措置法の略で1979年施行）が排水施設の設置の許可制度や地域全体の排水に含まれる汚染物質の総量規制を実施した事情もあり，瀬戸内海に工業用排水を放流する製造業は，公害防止策や環境保全への関心を強めざるを得なかった。

　池内タオルは，瀬戸内法の環境基準（愛媛県ではCOD 15〜20 ppm）を下回る排水規制を実行するために，1992年，他の会社とともにYグループ協同組合を結成しバクテリアの浄化能力や活性炭素濾過装置などを用いて排水を浄化する専用の洗浄加工工場「INTERWORKS」（インターワークス）を35億円を投じて東予市に建設した。投資額の大部分は協同組合の呼びかけ人であった吉井タオルが負担した。「ブラックボックス」（池内社長）と呼ばれるこの工場の排水のCOD（化学的酸素要求量）は12 ppm以下という*。

* 　CODの数値は池内計司社長への筆者の質問に対する文書回答（2008年8月6日付），池内タオル・パンフレット『The earth is protected by the wind，風で織るタオル』参照。COD（Chemical Oxygen Demand）とは，海水や河川の有機汚濁物質による汚れの度合いを示し，汚濁物質を酸化剤で酸化するときに必要とする酸素量のこと。数値が高いほど，汚染物質が多いことを示す。愛媛県環境保全課によれば，この工場の排水処理量は1000 t以上2000 t未満で，2008年時点のCODは7〜8 ppmの水準にあるという。

　この排水処理技術は，単なる環境対策だけでなく，アジア諸国の安いタオルに対抗するタオルの品質改善をも目的としていた。タオルの表面のループという輪のような起毛部分を細い綿糸で寄り合わせ，従来の2倍の長さにして耐久性と柔軟性をもたせた。なおかつ，糸切れを防止するために紡織前に綿糸に糊づけされていた化学糊を天然のデンプン糊に切り替えた。これによって，洗浄

加工で完全に糊を落とすことが可能になり，タオルの柔軟性を高めることに成功した（NHKビジネス塾編集委員会編〔2002〕『NHKビジネス塾の教科書——地方ビジネスに活路あり』NHK出版，14-19頁）。

インターワークスでは，排水処理に石鎚山系の豊富な地下水を洗浄工程で直接使用することにより水道水に含まれるマグネシウムやカルシウムなど糸を固くする成分を少なくして，綿繊維に風合いをもたせ上質の柔軟性を高めることができる。洗濯する度に柔軟剤がとれてごわごわになるアジアの不良品のタオルとは異なり，最低10回の洗濯後にもソフトな品質が変わらない高品質のタオルが開発された。高さ70 cmの箱に100枚のタオルが入るが，箱を7 cm高くしなければ入りきらないほどに弾力性が増した。後に，アメリカで開催された家庭用繊維製品展で池内タオルの製品が"miracle softness"と絶賛される世界トップクラスの技術を確立した（『日経ビジネス』2003年1月20日，67頁）。

「タオルでNo.1の会社になる」ための技術的基礎をほぼ確立した。ハンカチタオル市場でトップシェアを確保したことや**OEM**供給により経営状態も良好であった1996年，「**グリーンコットン**」の織物の開拓者で著名なデンマークの繊維会社ノボテックス社（Novotex）の社長が同社を訪れた。

ノルガード社長（Leif Norgaard）は，池内タオルのインターワークスの排水処理能力を高く評価した上で，池内タオルの環境政策と環境管理システムの不備を指摘し，間もなく発効するISO 14001の認証を取得して環境対策を勉強し直すようにアドバイスした。同時に，池内タオルはノボテックス社との間で「グリーンコットン」の製造権利を取得した。

タオルの品質を改善しただけでなく，ノボテックス社からグリーンコットンの管理のノウハウを習得した池内タオルは，環境配慮型の経営への取り組みを開始する。

---

**OEM**：Original Equipment Manufacturingの略。相手先のブランド名（商標）で受託生産すること。
グリーンコットン：デンマークのノボテックス社のノルガード社長が提唱し開発した環境配慮型綿製品の商標のこと。綿製品の製造過程のライフサイクル（綿の生産や染色，製織，縫製，洗浄などの工程）を0から100までの尺度で評価し「限りなく100に近づける」ように品質と環境への負担を計画的に削減して綿製品を製造した優れた実績に対し，デンマーク環境賞，EU環境賞，国連環境計画賞を受賞している。

第一に、環境管理に関する国際規格である **ISO 14001** の認証を 1999 年に取得し、続けて品質管理に関する国際規格である **ISO 9001** を 2000 年に取得した。いずれもタオル業界では初めての取り組みである。この両規格を取得したことにより、中小企業とはいえ、世界市場への挑戦の基盤が確立した。「ISO 14001 と ISO 9001 の取得で、企業としてスムーズに行動できるようになった」（池内社長の言）（『環境ビジネス』2003 年 8 月号、100 頁）。

　第二に、原料の綿をオーガニックコットン（有機栽培綿）に移行したことである。綿繊維の原料である綿は、8 月頃に花を咲かせ、収穫時に一斉に機械で刈り取られる。その際、綿の青々とした葉がついたままで刈り取ると白い綿が緑色に汚れ、商品価値が失われる。また、葉が自然に枯れるのを待つと長期間（3 カ月）を要し生産性が低くなることや降雨により品質も劣化する。そのために、飛行機やヘリコプターなどを使って、大量の枯れ葉剤を使用し強制的に葉を枯らして短期間に綿花を刈り取っている。

　病気や害虫に弱い綿の栽培の効率化のために、1 ポンド（約 450 g）の綿製品（1 枚の T シャツ）を生産するのに 3 分の 1 ポンド（約 150 g）もの合成化学肥料が使用されている。地上面積の 1％ にあたる綿花栽培農場に殺虫剤の約 25％ が使用されているのである。農薬にまみれた農場周辺の地下水は汚染され土地は劣化し連作は著しく困難になる。

　アメリカの綿花の栽培に多く使用されている上位 9 物質の内 5 物質（シアン化合物など）はアメリカ環境保護局（EPA）が最も危険な化学物質としてカテゴリーⅠ、カテゴリーⅡに分類している発癌性化学物質である。農業従事者への殺虫剤や枯れ葉剤、消毒薬による人体への直接の影響だけでなく、綿花収穫後にも化学物質に汚染された綿くずまで家具の一部、マットレス、消毒綿、タンポン、赤ちゃんの顔を拭くときの綿製品などに加工されて販売されている。衛生面から化学物質を取り除く最終処理を施しているとしても人体への危険性

---

**ISO 14001，ISO 9001**：1996 年に発効した環境マネジメントの国際標準の規格で、事業活動で発生する環境への負担を計画的に引き下げるマネジメントのシステムをもっていることの証明になる。1987 年に発効した ISO 9001 は、品質管理の国際標準の規格で、計画的に品質の向上を図るためのシステムをもっていることの証明になる。両規格をもつことは、環境と品質の管理システムをもつ企業と客観的にみなされ、世界市場の取引で有利な立場に立つことができる。

は残るであろう。綿花の栽培で使用されていたエンドサルファン（endosulfan）という農薬がアラバマ州ローレンス群の農場から集中豪雨により運河に流れ込んだことで24万5000匹の魚が死に，その浮き上がった死体は16マイルに及んだという。また，「食べられない」農産物である綿花は遺伝子組み換え技術の最先端を走っている＊。

＊　http://www.ecochoices.com/1/cotton（2008年9月6日アクセス）
　　2005年度の米国の全作付け面積に対する遺伝子組み換え作物の占める割合は，トップが大豆で87％，第2位が綿花で79％，第3位がトウモロコシで52％であった。http://www.maff.go.jp/kaigai/2006（2008年10月2日アクセス）

　綿花栽培の悲惨な実態に心を痛めた池内社長は，自社の製品原料である綿花の環境負荷と人体への負荷をなくす手段として，オーガニックコットンを調達することにした。

　原料のオーガニックコットンは南米ペルーで栽培された有機栽培綿で，枯れ葉剤は使用せず，染色工程でも塩素漂白をしていない。スウェーデンの認証機関であるKRAVの認証を受けている。また，スイスの認証機関であるエコテックス（Oekotex：繊維製品の安全性に関して世界で一番厳しい繊維の検査を行う機関で33種類の有害化学物質を検査し繊維製品のエコラベルを認証している）からは最終製品（綿製品）の認証も受けている（図5-2参照）。エコテックスの安全性は3段階に分かれており，クラス3は，カーテンのように部屋に置いても安全である，クラス2は，肌に触れても問題ない，クラス1は，乳幼児が口に含んでも安全であるというもので，池内タオルは最高水準のクラス1を取得し，その検出値は認証基準値の数十分の一から数百分の一であった（『中・四国エコ作戦』日刊工業新聞社2001年3月）。

　オーガニックコットンの栽培では，野菜屑や家畜の糞などと土を混ぜて堆肥を作る。除草剤を使わず，人の手で刈り取る。害虫に対しては天敵となる昆虫を使ったり，虫の嫌う植物のエキスを散布したり，害虫が好む植物を周囲に植えておびき寄せて駆除している。スプーン1杯に10億もの微生物が存在しその分解能力を生かせば，フカフカの栄養豊かな土が作られる。

　オーガニックコットンの主要な生産地はトルコ，インド，中国，シリア，ペ

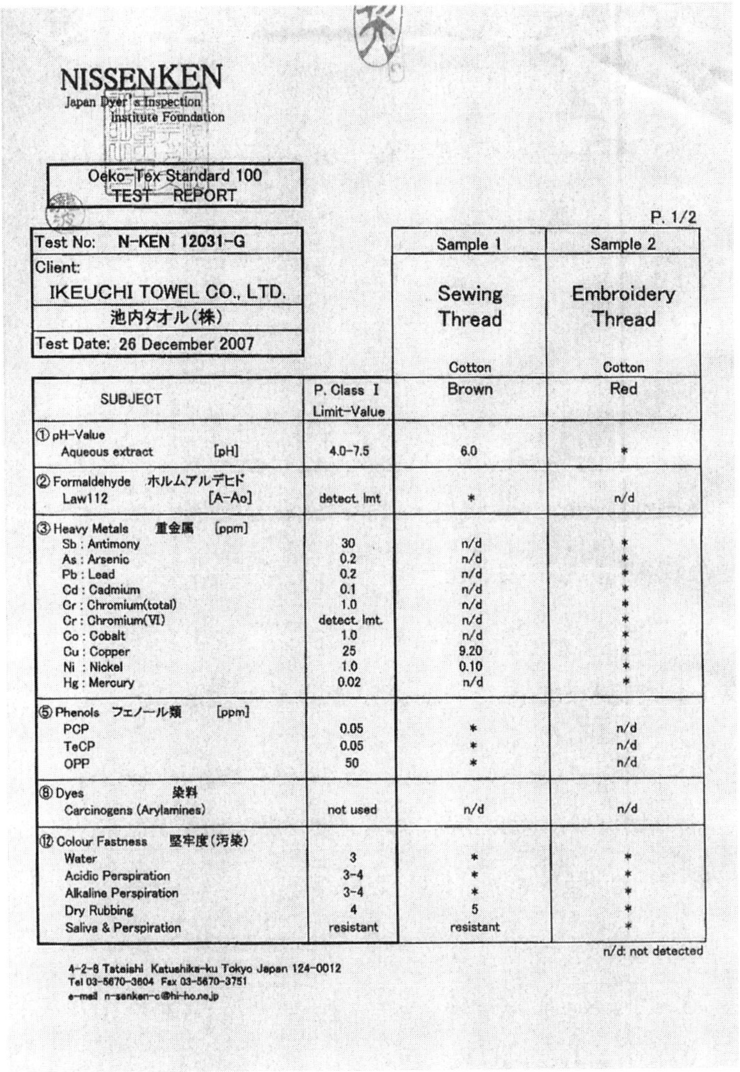

NISSENKEN
Japan Dyer's Inspection
Institute Foundation

Oeko-Tex Standard 100
TEST REPORT

P. 1/2

| | | Sample 1 | Sample 2 |
|---|---|---|---|
| Test No: N-KEN 12031-G | | | |
| Client: IKEUCHI TOWEL CO., LTD. 池内タオル(株) | | Sewing Thread | Embroidery Thread |
| Test Date: 26 December 2007 | | Cotton | Cotton |
| SUBJECT | P. Class I Limit-Value | Brown | Red |
| ① pH-Value | | | |
| Aqueous extract [pH] | 4.0-7.5 | 6.0 | * |
| ② Formaldehyde ホルムアルデヒド | | | |
| Law112 [A-Ao] | detect. lmt | * | n/d |
| ③ Heavy Metals 重金属 [ppm] | | | |
| Sb : Antimony | 30 | n/d | * |
| As : Arsenic | 0.2 | n/d | * |
| Pb : Lead | 0.2 | n/d | * |
| Cd : Cadmium | 0.1 | n/d | * |
| Cr : Chromium(total) | 1.0 | n/d | * |
| Cr : Chromium(VI) | detect. lmt. | n/d | * |
| Co : Cobalt | 1.0 | n/d | * |
| Cu : Copper | 25 | 9.20 | * |
| Ni : Nickel | 1.0 | 0.10 | * |
| Hg : Mercury | 0.02 | n/d | * |
| ⑤ Phenols フェノール類 [ppm] | | | |
| PCP | 0.05 | * | n/d |
| TeCP | 0.05 | * | n/d |
| OPP | 50 | * | n/d |
| ⑧ Dyes 染料 | | | |
| Carcinogens (Arylamines) | not used | n/d | n/d |
| ⑫ Colour Fastness 堅牢度(汚染) | | | |
| Water | 3 | * | * |
| Acidic Perspiration | 3-4 | * | * |
| Alkaline Perspiration | 3-4 | * | * |
| Dry Rubbing | 4 | 5 | * |
| Saliva & Perspiration | resistant | resistant | * |

n/d: not detected

4-2-8 Tateishi Katushika-ku Tokyo Japan 124-0012
Tel 03-5670-3604 Fax 03-5670-3751
e-mail n-senken-c@hi-ho.ne.jp

**図5－2**　エコテックス認証（standard 100）

（出所）　池内タオル資料。

ルー，アメリカなどの地域で，生産量は5万t（2007年）である。同年の世界の綿の生産量は2000万tで，生産量の比率ではオーガニックコットンは0.25%に過ぎない。だが，小売段階の売上実績をみると，世界のオーガニックコッ

トンの市場規模は269億円（2001年）から2162億円（2007年）へ約8倍増加している。ウォルマート（Wal-Mart/Sam's Club）やナイキ（Nike），リーバイス（Levi's），マークス＆スペンサー（Marks & Spencer）など大手企業もオーガニックコットン使用量の上位企業に位置し，**フェアトレード**の商品として販売している。

池内タオルは環境と品質に優れた自社ブランドのタオルを開発したが，安値競争が主流の国内市場では高級タオルは売れないと判断し，価格が高くても企業姿勢が正当に評価される世界市場に乗り出した。

## 2 IKTブランドによる世界市場の開拓

### 1 IKTブランドの確立

1999年，本州と四国を結ぶしまなみ街道（西瀬戸自動車道）の開通を機に，池内タオルは新しく開発したタオルを世界にも通用する「IKT」という環境に配慮したオリジナルなブランドにして，世界市場への進出を試みた。

1999年に，最高の風合いと柔らかさ，丈夫さを備えた「ストレーツ・カラーソリッド」（Straits Colour Solid：来島海峡の海流をデザインしたタオル）シリーズを発表したが，2002年にニューヨークで受賞するまで新製品はあまり売れなかった。有名ブランドのタオルのOEM生産（下請生産）から生まれる利益が環境配慮型の新製品の赤字を暫く補填していた。率直なところ，製造業の夢と理想を追求して開発してみたが，それが本当に成功するという自信は「全くもっていなかった」という（池内社長への筆者質問への回答〔2008年8月6日付〕『スタッフアドバイザー』2007年10月，125頁）。

だが，2002年4月，アメリカのニューヨークで開催された全米規模の「New York Home Textiles Show 2002」に日本からただ1社，IKTの製品を出品したところ，「Best New Products Awards」（最優秀賞）を受賞した。世界32カ

---

フェアトレード（**Fair Trade**）：発展途上国の農産物や製品を先進国が適正な価格で継続的に購入し，途上国の自立と持続可能な生活を支援する公正な取引をめざす運動。環境に配慮し強制的で過酷な児童労働から搾取していないなどの諸条件を満たせば，フェアトレード・ラベルを取得できる。

国の1000社が出品した中で，5社だけが受賞している。その商品のタグには，No Seed Killer For "Mother-Nature's Cotton"（天の恵み"綿"に枯れ葉剤は使うべきではない）という言葉が記されていた。環境に対する力強いストレートな主張（ポリシー）と他社製品にはない独自の高品質（柔軟性と耐久性）がニューヨークの消費者の心をとらえた（池内タオル・パンフレット『The earth is protected by the wind，風で織るタオル』）。

アメリカのバスタオルの平均価格は約10ドルであるが，池内タオルのバスタオルは35ドルで約3.5倍の高価格である。それにもかかわらず，アメリカ企業5社と契約し30社から商談の申し入れがあった。2007年現在，アメリカで同社製品を取り扱う店舗は100店舗ほどになっている。日本人は一般にタオルを贈り物として入手し，自分のタオルを自ら購入する慣習はあまりない。もらい物のタオルを使用するためにバラバラなデザインでも無頓着である。欧米人は家庭用にシンプルなデザインを好み統一してまとめ買いする。欧米では，タオルはインテリアの一部であり重要なファッション，文化とみなされ，タオルに対する顧客のこだわりは日本人の比ではない。池内タオルの製品が簡潔で明快なメッセージを打ちだしたことが，環境と安全に配慮した生活を重んじる海外の顧客から支持された。ロンドンやパリでも顧客を拡げ，日本国内でも同社製品を扱う店舗は200店に広がった。環境や安全を美辞麗句にせず，認証機関の厳正な評価を受けて自社の製品の環境負荷削減と品質を科学的な数値で語らしめるポリシーを貫いたことがIKTのブランドの確立につながった。

### 2　グリーン電力証書の取得

タオルは，綿の栽培と収穫→原糸加工→染色→製織→刺繍・プリント→縫製→検品→出荷という工程をたどる。この中で，池内タオルは，商品企画，製織，検品の工程を自社事業で賄い，その他の工程は外注している。自社ブランドの品質を確保するために，有機栽培綿と染色工程の環境負荷と安全性の認証についてはスウェーデンの認証機関であるKRAVに，最終製品である綿製品の安全性はスイスのエコテックス（Oekotex）に委ねている。

池内タオルのIKTブランドを完成させるには，池内タオルが担当する製織

工程で消費される電気エネルギー（化石燃料または原子力に由来する電力）の負荷を削減する必要があった。それは、「池内タオルの製品がどんなに良い製品かはよくわかりました。でも、日本で一番汚い電気（原子力発電）を使ってその製品は作られているではありませんか」とエコロジストから厳しい批判を受けていた事情もある。

　日本政府のエネルギー政策が原子力や化石燃料を中心に推進されてきたために、欧米とは異なり、グリーン電力（太陽光発電、風力発電、バイオマス発電など）に対する支援は諸外国に比べて立ち後れていた。2000年、日本自然エネルギー（株）は秋田県能代市に$CO_2$を排出しない風力発電事業（現在はバイオマス発電なども含む）を開始した。

　その際、日本自然エネルギー（株）はグリーン電力証書というシステムを導入して市場を拡大した。風力発電で発電されたグリーン電力の環境付加価値（$CO_2$削減効果やブランド）を対価にしてグリーン電力を利用できない顧客に対し販売するものである。顧客の消費する電力が化石燃料や原子力で発電されたとしても、電力使用量に相当する一定の使用料（割増料金）を払い込めば、風力発電事業を経済的に支援し間接的に温室効果ガスの削減事業に貢献したとみなされる。グリーン電力証書に記載された電力量は換算係数を用いて、$CO_2$削減量に換算できる。例えば、100万kWhの$CO_2$削減量は約390tである。その当時、主要な顧客となったトヨタ自動車などの大企業のエネルギーの一部に風力発電が導入されたが、「わが社ではグリーンエネルギーを使用しています」と企業イメージのPRにされていたという（『響』14号、2007年、17頁）。

　グリーン電力証書のシステムは第6章111頁で図解している（図6-2）。顧客は最初に、日本自然エネルギーとグリーン電力の契約を行い、自然エネルギー発電事業者に発電を委託する。その後、発電実績、発電期間を記した「グリーン電力証書」が発行され、発電実績に応じた費用を支払った後に、従来通りの電力が使用される。

　京都議定書目標の第一約束期間の初年度にあたる2008年8月時点のグリーン電力契約数は合計174社、年間契約量は1億5217万kWhとなり、発電設備は全国31地点（風力発電所9地点、バイオマス発電所19地点、小水力発電所2

地点，地熱発電所1地点）である。ソニーは国内最大の発行量となる1800万kWhに達し，三井住友海上火災保険（760万kWh）などの大口契約が相次いでいる（日本自然エネルギー（株）プレスリリース，2008年8月27日）。

　2002年，池内タオルは，同工場の使用する年間電力使用量に相当する40万kWhのグリーン電力証書を通常の電気料金の2割増で購入した。財務力豊かな大企業でさえ発想の及ばない風力発電100％の中小企業が日本に誕生した。ニューヨークにおける世界水準の受賞とならぶ快挙であり，同社の環境イメージを決定づけた。風力発電のコストの増大は，同社が以前から導入していたQR（クィック・レスポンス）という品質改善の管理手法による費用節約効果によって賄われた。同社が取引している外部企業の工程管理や受発注を電子化しウェブ上で行うようにして，従来45日費やしていたタオル製造の**リードタイム**を28日に短縮し，年間5000万円のコスト削減が実現していたのである。

　風力発電のシステムを導入した後，一般消費者からデパートの売り場などで「風で織るタオルはどこにあるか」と尋ねられることが多くなった。「風で織るタオル」という情緒のあるコンセプトは消費者の声をヒントに生まれたのである。

## 3　IKTの環境経営の展望

### 1　民事再生法の適用と経営再建

　池内ブランドが国内外で評価を高め，大手の百貨店などでも販路が広がり順風満帆にみえた2003年9月，9億円の負債を抱えて同社は民事再生法を申請した。これまで売上高の6割に相当するタオルハンカチを下請生産していた取引先の企業が突然自己破産したため，その煽りで売掛金などの債権が回収できなくなったためである。同社のブランド商品や風で織るタオルの開発，海外進出などに要した経費は，倒産した企業の下請生産で得られた収益で可能になっていただけに，同社のダメージは大きかった。

---

リードタイム（lead time）：発注があり納品するまでの期間をさす。リードタイムの短縮により競合他社に対し競争優位に立つことができる。

この経営危機を通じて，得意先の下請に甘んじていた経営体質（OEM生産）から脱却し，自社ブランド製品を主体的に販売する事業構造に転換することを決断した。2003年当時，一時的に経営破綻したとはいえ，90年代末から取り組んできた環境をテーマに掲げた製品の市場開拓が実を結びつつあったので，今後の事業継続は可能と判断し，民事再生法を申請した。東京から着任したばかりの松山地裁の裁判官も「あの商品を売っている会社なら再生は明るいよね」と励ましたほどである（『日経ビジネス』2004年2月2日号，122頁）。

　2003年8月からOEMの売上を減らしIKTブランドを中心とする経営計画をスタートさせた結果，自社ブランドの売上は1000万円から約3億円にまで伸び，2007年3月，3年半を費やして再生手続を終了することができた。「たゆみなく続けてきた環境への取組を結実させたブランドが会社存亡の危機を救った」。2008年，経営再建が功を奏し，キャピタル会社2社の出資を受けて資本金を8600万円に増やし，2008年現在，株式上場を目標に事業計画が進められている（『alterna』2007年6月，No.2，13頁。池内社長への筆者質問への回答〔2008年8月6日付〕）。（**表5-1参照**）

### 2　環境経営の展望

　安易な低価格競争に巻き込まれず，敢えて困難な環境保全と高品質を両立させる技術を追求，確立して世界市場に挑戦したことが池内タオルの事業成功の最大の要因といえる。環境と人への配慮（計画的な負荷の削減）にこだわる環境経営の原点に立って事業の理想を追求した同社の成長の軌跡は，21世紀の企業の成長と社会的責任はどうあるべきかを示唆している。この事業モデルが従業員数で20名にも満たない地方の中小企業で誕生したという事実は，刮目に値する。

　同社の成功のもう1つの要因は，顧客をはじめとするステークホルダー（利害関係者）の熱烈な支持があったことである。会社のHPなどで自社製品を宣伝するのは当然だが，池内タオルの場合，経営危機に際しても「がんばれ池内タオル」というサイトが開設されたり，池内タオルのファンから「タオルをいくつ買えば会社は助かりますか」など大量の激励メールが送られてきた。顧客

第5章　IKTの環境経営

表5-1　池内タオル・環境経営年表

| 年次 | 経営・管理 | 製品の出展・発表（外国） |
|---|---|---|
| 1953 | 池内忠雄氏（先代）が創業 | |
| 1983 | 池内計司氏，社長に就任（2代目） | |
| 1985 | SULZER JACGUARD 仕様を業界で初めて導入 | |
| 1987 | ジャガードの電子化に業界で初めて成功 | |
| 1989 | SULZER RUTI を業界で初めて導入 | |
| 1992 | Yグループ協同組合による INTERWORKS（排水処理設備）操業開始（COD 12 ppm 以下） | |
| 1996 | デンマークの繊維会社のノボテックス社社長が会社を訪問，排水設備を絶賛し，企業としての環境対策の必要性につき示唆を受けた<br>Windowsによる社内 LAN 構築開始 | |
| 1997 | QR（Quick Response）システム構築開始 | |
| 1999 | タオル業界初の ISO 14001 認定・自社ブランド設立（オーガニック・コットン） | |
| 2000 | タオル業界初の ISO 9001 認定 | カリフォルニアギフトショーに出展 |
| 2001 | スイス・エコテックス（class 1）認定 | |
| 2002 | 日本初の風力発電 100% の工場稼動<br>E-MISSION 55 に署名 | NYホームテキスタイルショーで New Best Awards 受賞<br>NYホームテキスタイルショーで FINALLIST-AWARD 受賞 |
| 2003 | NY—ABC カーペット＆ホームで販売開始<br>伊勢丹新宿店で IKT 商品展開<br>"風で織るタオル"商標登録<br>取引先の破綻により民事再生法の適用を申請 | |
| 2004 | 竹製品を使った新しいタオル Bamboo Colour-Solid 発売 | ORGANIC-BAMBOO，アナハイム・ナチュラルプロダクトショーで発表<br>NYホームテキスタイルショーで再び"FINALLIST-AWARD"受賞 |
| 2005 | 資本金 2000 万円に増資 | DEVALL との契約　NANDINA 発売開始 designed by RIMA 発表 |
| 2006 | | OECO 社とともに LONDON DECOREX INTERNATIONAL に出展 |
| 2007 | 民事再生法に基づく再生手続が終了<br>「経済産業省　元気のいいモノ作り中小企業 300 社 2007」に選定される | PARIS MASON & OBJET 2007 出展<br>OECO 社 LONDON DECOREX INTERNATIONAL で Best New Award 受賞 |
| 2008 | 新エネルギー大賞受賞<br>キャピタル会社 2 社の出資。資本金 8600 万円に増資 | ブランド設立 10 周年モデル Organic-Colour Solid V 発売 |

▶▶ **Column** ◀◀

**携帯電話のリサイクル**

　現在市販されている携帯電話は概ね2～3年で買い替えられています。携帯電話の年間販売台数は4000万～5000万台であり，1年間に携帯電話の約半数が機種変更されています。一方，携帯電話の回収実績は2004年度実績でも853万台で回収率は20％台に過ぎず，低迷しています。不要になった携帯電話の多くは消費者の自宅でコレクションや電話帳代わりにされたり，あるいはゴミとして処分されているのです。この実態を改善するために，モバイル・メーカーでも携帯電話の回収，リサイクルを取り組み始めています。携帯電話には重量にするとわずかですが希少金属（モリブデンやパラジウム，コバルトなどのレアメタル）が含まれており，資源としてリサイクルが期待されています。ところが，企業秘密のかたまりである電子基板（有害物質を含む）に組み込まれたレアメタルは金，銀，銅とは違い，精錬では容易に取り出せません。高度の適正処理には費用が嵩みます。そこで，製品寿命を終えていない端末の液晶を部品として再利用（リユース）すれば，材料費は半額以下になります。化学的な処理を加えない方法をマテリアルリサイクルといいます。格安のワンセグ受信機の低価格の理由の1つです。使用済みで再利用された液晶画面は特殊な措置を施さなければその寿命はバージン材と比べて短縮します。部品のリユースは有効なリサイクルの方法ですが，製品寿命が多少短縮し品質が劣化しているという情報は消費者に説明されているのでしょうか。

本位の経営に徹したことが自社が逆境に陥ったときに顧客に支えられる結果となった。池内社長は顧客から寄せられる激励の言葉に奮い立たされ経営再建を誓ったという。

　株式上場がスケジュールに上り，世界的なブランドを築いた時点で，合理的な範囲で組織を拡大しこれまで社長1人でこなしてきた管理の分業体制も強めざるをえない。同社はすでに実施されているようだが，地元のタオル業者とも提携関係を強め，今治タオル産業全体の底上げ（地域ブランド力）を図ることも必要となってくる。2007年実績でオーガニックコットンの製品比率は80％強であるが将来的には100％に近づけることが課題となろう（同社は100％の目標は立てていない）。ブラックボックスといわれる排水処理能力の実績や製造工程で排出される廃棄物の種類と量，リサイクルの方針も確立し公開するよう

になれば，各種の認証とともに積極的な説明責任を果たす企業として社会的評価を高めるであろう。

　環境保全を重視した本業への取り組みが新しい市場を創造し公正な成長を獲得することができることを池内タオルは実証した。環境経営が単なる美辞麗句のスローガンではなく，21世紀の有力なビジネスモデルになった。池内タオルは中小企業とはいえ日本を代表する環境経営のフロンティアとみなされ，大企業をはじめとする経済界の進むべき方向をさし示している。

[推薦図書]

山本良一監修（2005）『「クリーン発電」がよくわかる本』東京書籍
　　太陽光発電や燃料電池，風力発電，バイオマス発電などのクリーンな発電の原理と開発状況がやさしく説明されている。風力発電の箇所では池内タオルの事例も紹介されている。

ニコ・ローツェン，フランツ・ヴァン・デル・ホフ／永田千奈訳（2007）『フェア・トレードの冒険──草の根グローバリズムが世界を変える』日経BP社
　　オランダ人神父とボランティア青年が協力して，世界の貧困問題を撲滅する取り組みを物語風に記している。途上国の貧困問題を先進国が助けるという発想ではなく，対等な関係で，生産者に適正な報酬を確保し環境に配慮した経済システム（フェアトレード）をつくることが真の援助であることが学べる。

松永勝彦（1993）『森が消えれば海も死ぬ』講談社
　　森林と海，地球環境には密接な相互関係があり，特に，海の生物にとって，豊かな栄養分を森がもたらすことをわかりやすく説明している。「森は海の恋人」であり，森，川，海，をつながりある生態系としてとらえる発想が斬新。

[設問]
1．池内タオルはなぜ自社のブランドづくりに取り組んだのでしょうか。
2．中小企業の経営者が環境経営に取り組み成功するためには，何が必要でしょうか。

（足立辰雄）

# 第6章

## 環境ベンチャー
——日本自然エネルギー㈱——

　現在，地球温暖化問題が世界的に大きな関心事となっていますが，この問題を解決するための1つの答えが本章で取り上げる自然エネルギーの活用です．石油や石炭などの化石燃料を使用せずに風力や太陽光等をエネルギーとして活用することで，地球温暖化の原因とされる二酸化炭素の排出量を減らせるからです．また，こうした自然エネルギーへの転換は大きな社会変革（ソーシャル・イノベーション）をもたらす可能性を秘めています．本章ではこうした問題について考えていきましょう．

## 1　自然エネルギーを取り巻く状況

### 1　自然エネルギーとは何か

　自然エネルギーとは，自然界から持続的に採取することが可能で，なおかつ環境負荷の少ないエネルギーをさす．代表的なものとしては，太陽電池パネルで吸収する太陽光，家畜の排泄物や廃材を発酵，燃焼させるバイオマス，風力，水路を活用した水力\*，地熱などが挙げられる．

　欧州では，石油，石炭等の化石燃料の代わりという意味合いから「代替エネルギー」，あるいは**温室効果ガス**を出さずに再利用できるという意味で「再生可能エネルギー」とも呼ばれる．一方，わが国では「新エネルギー」\*\*という用語がしばしば用いられるが，これは1997年に制定された「新エネルギー利用等の促進に関する特別措置法」（新エネ法）に由来するものであり，政策的な用語である．

---

**温室効果ガス**：大気中の二酸化炭素やメタン等のガスは赤外線の一部を吸収し地表に向かって放出するために地表を暖める働きがある．こうした働きをするガスを温室効果ガスと呼ぶ．地球温暖化現象は大気中の温室効果ガスの濃度が増えていることに起因するものと考えられている．

* ダムによる大規模水力は自然エネルギーの範疇に含めないのが一般的である。
** 新エネルギーの定義は，技術的に実用化段階に達しつつあるが普及が十分でなく，石油代替エネルギーの導入を図る上で必要なエネルギーとされる（日経エコロジー〔2008〕『環境経営辞典 2008』日経 BP 社）。

地球温暖化問題の深刻化に伴い，脱化石燃料の動きが広まり，自然エネルギーへの関心が高まっている。ここでは代表的な自然エネルギーとして風力と太陽光の 2 つの自然エネルギーについて紹介しておこう。

2 風　力

風力を利用したエネルギーとは，風の力で風車を回しその回転エネルギーで発電機を回し，電気を起こすシステムによって得られるエネルギーである。石油や石炭等の化石燃料を燃焼させて発電させる場合と異なり，電気を作る過程で二酸化炭素は発生しない。しかしながら，このシステムの場合，エネルギーの供給は「風任せ」で気象条件や地理的条件の制約を受けることはいうまでもない。例えば，日本で風力発電の普及が遅れている理由の 1 つに，山が多い日本は風が不安定なため風力発電に適さないと考えられてきたことが挙げられる。一方，世界に目を転じてみると風力発電能力\*は急速に拡大している。

* 欧州の風力発電関連企業でつくる業界団体 EWEA によると，世界全体の風力発電能力は 2007 年末で約 9 万 4000 メガ（メガは百万）ワットとなり，前年比で 27％ の増加となった（『日本経済新聞』2008 年 2 月 24 日付）。

図 6 - 1 は風力発電の関連企業や研究機関で組織する世界風力会議（GWEC）が調査した世界各国の風力発電に占めるシェアを表したものである。

これをみると，世界の風力発電シェアの 23.6％ を占めトップのドイツをはじめ上位にはスペイン，デンマーク等 EU 諸国が並んでいる。EU は世界の風力発電の約 6 割を占め，2007 年度の発電量は約 8600 メガワット，前年比約 18％の拡大となっている（『日本経済新聞』2008 年 2 月 24 日付）。しかしながら，EU 諸国以外でもシェア 17.9％ で第 2 位のアメリカやインド，中国\*といった国が上位にランクされており，風力発電が世界中に拡大していることがわかる。

* 中国の風力発電も急速に伸びており，2007 年度は前年比にして 2 倍以上の伸びを記録

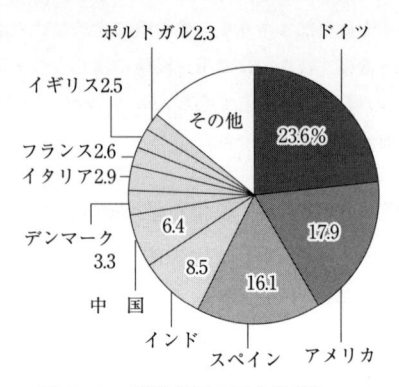

**図6-1 世界各国の風力発電シェア**

(注) 世界の風力発電シェア上位にはEU加盟国が並ぶ。
(出所) 『日本経済新聞』2008年3月29日付。

している。これに対してわが国の風力発電は2007年度に約10%伸びたものの,上位にはランクインされていない。

3 太陽光

　太陽光発電とは,太陽電池を用いて光のエネルギーを電気に変えることである。太陽電池の開発には高度な技術が要求され,また発電コスト*も1キロワットあたり約40円と割高である。

　さらに,風力発電の場合と同様にエネルギーの供給量は,気象条件に左右され,晴天時には安定供給が見込めるものの,曇天時には稼働率が落ち,夜間は稼働しない。こうした制約条件はあるものの,太陽光発電に関しては日本は世界のトップを走ってきた。これは太陽電池生産における日本企業の優れた技術力に負うところが大きい。シャープ,京セラ等この分野では世界的な企業がいくつも存在する。しかしながら,太陽電池生産量で長らく世界一の座にあったシャープは,2007年にドイツの新興企業であるQセルズ社に抜かれて2位に転落した。優れた技術をもつシャープが首位の座を明け渡した背景には,日本国内の市場が伸び悩んでいることがある。

　　* 1キロワット時の発電コストについては,原子力や石炭火力の場合約6円,風力発電の場合には約10円とされる。

太陽光発電のようなエネルギーの安定供給に不安があり，発電コストも割高な電気を普及させるためには個別企業の努力だけでは限界がある。行政による支援が欠かせないのである。日本で太陽光発電が普及した要因としては，政府が1997年に導入した太陽光発電設備の住宅設置への補助金制度の影響が大きい。しかしながらこの制度は2005年に廃止され，その結果，太陽電池の国内需要は伸び悩んでいる。逆にドイツの場合には，電力会社による自然エネルギーの買い取り制度の効果が現れたものとみられている。シャープとQセルズ社の首位交代の背景には，日独政府の自然エネルギー普及のための政策上の差異が存在する。この点については後述する。

### 4 自然エネルギー普及のための政策的支援

風力，太陽光等の自然エネルギーの普及に関しては，個別企業の努力とは別に行政による政策的な支援が必要である。なぜなら，こうした自然エネルギーの場合，前述したように気象条件や地理的条件等の自然条件に左右され，エネルギーの安定供給に不安があること，石油，石炭等の化石燃料に比べて発電コストが高いこと等の制約要因があるからである。例えば，現在，太陽電池システム1キロワットあたりの価格は約60万円であるといわれるが，この初期投資を1キロワット時あたり23～24円で売電して投下資本を回収するには約20年かかる。この程度の経済性で今以上に需要を伸ばすには何らかの政策的な支援が不可欠なのである（『日経エコロジー』2007年5月，日経BP社）。

ここでドイツの事例を紹介しよう。前述したようにドイツは世界で最も自然エネルギーの導入が進んでいる国であるが，それは個別企業の努力や一般市民の環境意識の高さだけに依存したものではない。政府による自然エネルギー普及のための支援策が効果を発揮した結果，達成されたものなのである。すなわち，ドイツでは2000年に「再生可能エネルギー法」*が施行され，自然エネルギーで作る電気の全量買い取りを電力会社に義務づけている。買い取り価格は，自然エネルギーの発電事業を促すために市場価格よりも高めに設定され，そのコストは電気料金全体に薄く上乗せすることが認められている。

同様の制度はスペインやイタリア等，他のヨーロッパ諸国にも広がりをみせ

ており，自然エネルギーを普及させるための大きな後押しとなっている。ヨーロッパは自然エネルギー導入の先進地域であるが，その背景には個別の国の取り組み以外に地域全体の取り組みもあることを忘れてはならない。例えば，EUは2020年までに消費量全体に占める自然エネルギーの比率を現在の8.5%から20%に高めるという目標を掲げ，加盟国別に目標を設定している。

> ＊　買い取り制度は法施行後20年間実施されることになっており，買い取り価格はその間毎年5%ずつ引き下げられる。この買い取り制度によりドイツでは一般家庭でも屋根に太陽光発電パネルを設置する家が増えるなど，自然エネルギーの普及に大きな効果があったといわれている。

一方，日本の現状はどうか。日本でも自然エネルギー普及のための公的支援制度は存在する。例えば，すでに指摘したように太陽電池は1997年に政府が住宅設置への補助金制度を導入したことで，普及が拡大した。また，2003年に施行された**RPS法（新エネルギー等電気利用法）**は，電力会社に対して自然エネルギーの一定の利用量を義務づけている。2003年の施行当初は，利用量を2010年に122億キロワット時（全エネルギーの1.35%）と設定していたが，同法は2007年3月に見直され，利用量の目標値が2014年に160億キロワット時（全エネルギーの1.6%）に引き上げられた（**表6-1**）。

しかしながら，こうした支援策の効果については疑問符がつく。まず，太陽電池の住宅設置に対する補助金は2005年に廃止され，その結果，太陽電池の設置は頭打ちになっている。またRPS法にしても電力会社に義務づけた自然エネルギーの利用量の目標値が低いため，達成は比較的容易ではあるが，目標値を達成した電力会社がそれ以上の自然エネルギーの利用を拒否する可能性もある。ちなみに，ドイツでは自然エネルギーの利用量は全エネルギーの5.8%，スペインは7.9%を占めるとされる。さらに，自然エネルギーの利用により生じたコスト上昇分＊を電力会社が電気料金に上乗せできるのかどうかについての社会的なコンセンサスも得られていない。

---

**RPS法（新エネルギー等電気利用法）**：RPS法は新エネルギーの普及を促すため，電力会社に新エネルギーの一定の利用量を義務づけた法律。同法は2007年に改正され，新エネルギー利用量の目標値が2014年に全エネルギーの1.6%に引き上げられた。

表6-1　RPS法による自然エネルギー利用量
・2014年度での新エネルギー導入可能量

|  | 2005年度(実績) | 2014年度推計 |
|---|---|---|
| 太陽光発電 | 4.6 | 16（±3） |
| 風力発電 | 19.1 | 77（±5） |
| バイオマス発電 | 25 | 48（±2） |
| 水力・地熱発電 | 7 | 9 |
| 合計 | 55.7 | 150（±10） |

(注)　単位は億kWh。
(出所)　『日経エコロジー』2007年5月号，28頁。

＊　年間1100億〜1300億円程度のコスト増があるとされる。

　総じて日本政府の自然エネルギー普及のための支援策には，長期的なビジョンが欠落している＊。脱原発を掲げるドイツでは，2030年には自然エネルギーの比率を全エネルギー消費量の45％にすることを目標に政府による支援策が進められているといわれる。

　＊　日本で自然エネルギーの導入が進まないのは，政府や電力会社の間に火力発電に代わる切り札として，自然エネルギーよりも原子力発電に依存する考え方が根強いからだといわれる。

## 2　事例研究：日本自然エネルギー㈱

　本節では，自然エネルギーの普及のためにユニークな取り組みを行っている日本自然エネルギー株式会社の事例を紹介する。前節でみたように，日本はドイツなどEU諸国に比べると自然エネルギーの普及に関してはまだまだ後進国であるが，企業やNPO等の個別事業体レベルにおいては，革新的な試みが一部において始まっている。日本自然エネルギー株式会社もそうした事業体の1つである。はじめに同社の概要について触れておこう。なお，本節で取り上げる同社に関する情報は，同社が公開しているホームページから入手したものである（http://www.natural-e.co.jp　2008年5月14日アクセス）。

　日本自然エネルギー株式会社は，わが国における自然エネルギーの導入促進

を目的として 2000 年に設立された。資本金は 3 億 9500 万円，出資企業には東京電力，東北電力，関西電力，九州電力等の電力会社や住友商事，三井物産等の商社が名を連ねている。同社の事業内容は，「グリーン電力証書」システム事業，自然エネルギーの活用に関するコンサルティング，自然エネルギー・環境に関するセミナー・イベントの3つが柱となっているが，ここでは中核事業である「グリーン電力証書」システム事業について以下に紹介しておこう。

「グリーン電力証書」とは，新エネルギーの社会的普及を促進するために 2001 年に導入された制度である。ここでグリーン電力として認定されるのは，風力，太陽光，バイオマス（生物資源），小型水力，地熱の5つのエネルギーを使って発電された電気である。日本自然エネルギー株式会社は「グリーン電力証書」発行を同社の中核事業としているが，同社自体がグリーン電力の発電を行っているわけではない。同社の役割はグリーン電力の発電事業体と同社と契約を結んでいる団体の間を仲介することにある。同社によれば，風力，太陽光，バイオマス等の自然エネルギーを利用することで発電された電気には2つの価値が付与されるという。すなわち「電気そのものの価値」と「環境付加価値」の2つである。前者の「電気そのものの価値」に関しては，動力や照明等，電気がもたらす通常の価値を意味し，この場合は自然エネルギーでも化石燃料でも変わりはない。これに対して後者の「環境付加価値」とは発電のプロセスで二酸化炭素を排出しない，あるいは資源の使用量を減らす等環境負荷の低減によってもたらされる価値であり，自然エネルギーの利用においてのみ付与される価値である。そしてこの「環境付加価値」を「電気」と切り離し，「証書」という形で取引することを可能にしたのが「グリーン電力証書」システムである（http://www.natural-e.co.jp）（図6-2）。グリーン電力証書システムの一連の流れを示すと次のようになる。

①顧客は日本自然エネルギー株式会社とグリーン電力利用の契約を結ぶ

⇩

②日本自然エネルギー株式会社は，**グリーン電力認証機構**の認定を受けた自然エネルギー発電業者に発電を委託する

⇩

第6章　環境ベンチャー

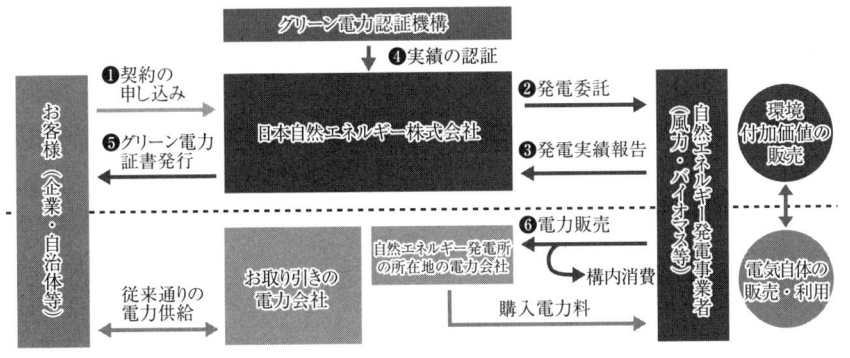

**図6-2　グリーン電力証書システム**

（出所）http://www.natural-e.co.jp　2008年5月14日アクセス。

③自然エネルギー発電業者は発電の実績を日本自然エネルギー株式会社に報告する

⇩

④日本自然エネルギー株式会社は発電実績をグリーン電力認証機構に申請し，認証を受ける

⇩

⑤日本自然エネルギー株式会社は顧客に「グリーン電力証書」を発行し，顧客は発電実績に応じて費用を支払う

⇩

⑥自然エネルギー発電による電気自体は，地域の電力会社に売電または発電事業者自体が使用する

このような「グリーン電力証書」を発行できる機関は現在のところ11社あるが*，実際の発行は日本自然エネルギー株式会社にほぼ集中している。

これは同社の親企業が東京電力であることと無関係ではない。電力会社は新エネルギー普及への貢献を求められているからである。またソニーやアサヒビール等，これまで「グリーン電力証書」を購入した企業の実際の活用策をみて

----

グリーン電力認証機構：風力，太陽光，バイオマス等の自然エネルギーにより発電された電力（グリーン電力）の価値認証を行う機構。発電業者，申請者，購入者とは独立した組織として設立されている。

も環境報告書への記載等に留まっている場合が多く，企業イメージ向上の域を出ていない感があった。

* 「グリーン電力証書」を発行するためには，経済産業省が管轄するグリーンエネルギー認証センターに登録しなければならない。

しかしながら，2008年あたりから状況は変わってきている。「グリーン電力証書」を二酸化炭素の「排出枠」とみなせるような制度の導入に向けて政府が議論を進めているからである。周知のように2008年は**京都議定書**の約束期間開始年にあたり，日本は2012年までの5年間で二酸化炭素の排出量を1990年比で6％削減する義務を負っている。現状では目標達成はかなり厳しいといわれているが，目標達成の切り札として期待されているのが排出される二酸化炭素を売買する，いわゆる**排出権取引**の導入である。EUではすでに2005年から排出権取引市場*が開設されており，日本でも同様の市場の開設に向けて準備が進められている。

* EUの排出権市場は欧州排出権取引制度（EU-ETS）と呼ばれる。

そうした中にあって，「グリーン電力証書」の購入が二酸化炭素の「排出枠」とみなされるようになれば，購入が一気に広がる可能性がある。実際，省エネ対策が進んでいる日本企業では自助努力で二酸化炭素を削減できる余地は限られており，こうした「排出枠」の購入による削減に頼らざるを得ない状況にあるといわれる。排出権取引市場では，海外から「排出枠」を購入することが一般的であるが，この場合は当然のことながら海外に資金が流れる。これに対して「グリーン電力証書」の場合には，国内の新エネルギー普及に資金が流れることで関連産業の育成にもつながるというメリットもある。こうした動きを見越して，現在，大手商社などが新エネルギー発電業者から証書を発行する権利を買い取り，他社に売買するビジネスに参入する動きを加速させている。

---

**京都議定書** →第2章40頁参照
**排出権取引**：二酸化炭素等の温室効果ガスの排出量を定められた基準値より削減できた事業者が基準値を超えて排出した事業者に削減分を「排出権」として売買する取引。排出権取引市場としてはEUが2005年に欧州排出権取引制度（EU ETS）を開設している。

## 3 自然エネルギーの普及とソーシャル・イノベーション

　本節では自然エネルギーの普及がもたらす社会変革の可能性について考えてみたい。すでに述べたように風力，太陽光等の自然エネルギーは，気象条件等に左右され供給量が安定しないこと，発電コストが割高なこと等の制約要因からこれまで普及が遅れてきた。しかし，地球温暖化問題の深刻化を受けて近年，自然エネルギーへの関心が急速に高まっている。とりわけ，環境意識の高いヨーロッパではその傾向が顕著である。いうまでもなく，エネルギー問題は経済活動の根幹に関わる問題であり，単に環境問題という視点のみならず国家戦略上の視点からも極めて重要な問題である。しかしながら，地球温暖化問題への取り組みが緊急の課題となっている現状では，脱化石燃料と自然エネルギーへの傾斜は必然的な流れである。この「化石燃料依存型社会」から「自然エネルギー依存型社会」への転換は，社会的にどのようなインパクトをもたらすのであろうか。ここではソーシャル・イノベーションという切り口から説明してみたい。

　まずソーシャル・イノベーションの定義について確認しておきたい。イノベーションという言葉は最近の日本では至るところで頻繁に用いられており，イノベーションというタイトルを冠した書籍も多数刊行されているが，本来は20世紀の大経済学者であるシュンペーターが経済発展の原動力を示す概念として用いたものである。すなわち，シュンペーターは「新製品の開発」「新生産方法」「新市場の開拓」「新原材料の開発」「新組織の構築」という5つの要素とそれらの組み合わせが経済発展の原動力となると主張し，これをイノベーションと呼んだ（J. A. Schumpeter〔1934〕*The Theory of Economic Development : An Inquiry into Profits, Capital, Interest, and the Business Cycle*, Harvard University Press／塩野谷祐一・中山伊知郎・東畑精一訳〔1977〕『経済発展の理論：企業者利潤・資本・信用・利子および景気の回転に関する一研究』岩波書店）。また日本ではイノベーションを技術革新と同義で解釈する傾向が強いが，本来，イノベーションとは単なる技術革新に留まらず，社会経済システムの革新等の広範な内

容を含むものである。ソーシャル・イノベーションとは，まさに社会経済システムの革新に比重を置いたイノベーションの1つのパターンであり，そこにはシステムの革新によってもたらされる社会的な価値観の変化といった要素も包含される。谷本はソーシャル・イノベーションについて，「技術的な変化というより，社会サービスの提供の新しい仕組み，さらに社会関係や制度の変化という点に注目する必要がある」と述べている（谷本寛治編著〔2006〕『ソーシャル・エンタープライズ——社会的企業の台頭』中央経済社）。

　われわれの社会は，石油，石炭に依存した「化石燃料依存型社会」から自然エネルギー中心の「自然エネルギー依存型社会」への転換を進めなければならない。これは壮大なソーシャル・イノベーションであるが，そのプロセスを図6-3に示したソーシャル・イノベーションのプロセスに沿って確認しておこう。まず，「社会的課題の認知」についてであるが，これはいうまでもなく地球温暖化問題である。IPCCが繰り返し警告しているように地球温暖化問題に対して世界が適切な措置をとらなければ，21世紀中に平均気温が最大6.4℃上昇し人類は深刻な自然災害に見舞われる危険性が高まる。地球温暖化の原因とされる二酸化炭素の排出を減らすために，脱化石燃料を進めなければならないことへの認知は十分確立されているといえよう。ソーシャル・イノベーションのプロセスは，「社会的課題の認知」に続いて「社会的事業の開発」へと進む

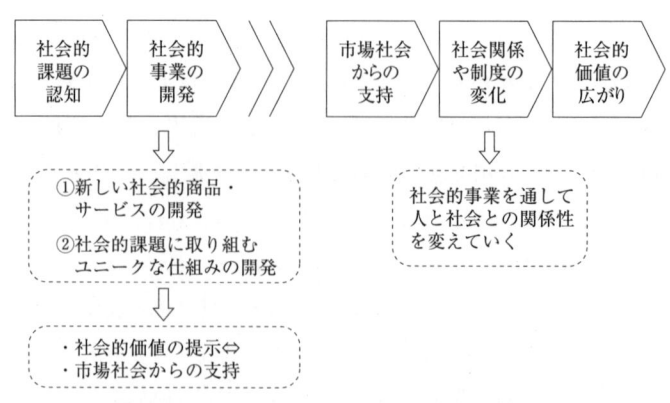

図6-3　ソーシャル・イノベーションのプロセス

（出所）谷本寛治編著（2006）『ソーシャル・エンタープライズ——社会的企業の台頭』中央経済社，28頁。

が，本章で取り上げた日本自然エネルギー株式会社の「グリーン電力証書」システム事業などはまさにこの部分に該当する。脱化石燃料という社会的課題に対して具体的な事業展開に乗り出すのがこの段階であるが，「社会的事業の開発」には多様な意味が含まれる。すなわち，①社会的課題の解決のために開発された新しい社会的商品やサービス，②社会的課題に取り組むユニークな仕組みの開発　という2つの側面を有している。この内①は主としてプロダクト・イノベーションに関わる問題であり，例えば**新世代太陽光発電パネル**の開発などは①に該当する。これに対して本章で取り上げた「グリーン電力証書」システム事業は②に該当する。この場合には，プロダクト・イノベーションよりも商品・サービスの提供の仕組みに関するイノベーションが中心となる。「グリーン電力証書」は**カーボン・オフセット**という新しい仕組みを社会に提供することで，間接的に脱化石燃料の取り組みを支援している。

　さて，図6-3のソーシャル・イノベーションのプロセスに従えば，第三のステップは「市場社会からの支持」ということになるが，第二ステップの「社会的事業の開発」との間に空白が生じている。この空白は，第二ステップから第三ステップへの移行には時間がかかるとともに容易ではないことを示している。すなわち，社会的課題を認知し，社会的事業の開発に着手したとしても，それが市場社会からの支持を得られるようになるまでにはある程度の時間を要し，またそうなるためには相当の努力が求められるということである。しかしながら，「市場社会からの支持」というステップに進めない限り次の第四，第五のステップに至らないわけであり，その場合にはソーシャル・イノベーションは発現しないことになる。第二ステップから第三ステップへ移行するために必要とされるものは何か。本章のテーマである自然エネルギーの普及を例に考えてみよう。

---

**IPCC**　→第1章18頁参照
**新世代太陽光発電パネル**：純度の高いシリコンを大量に使う結晶型に対して，シリコンの使用量を大幅に減らした発電パネル。高純度シリコンの世界的な供給不足を受け，各社が開発，量産を進めている。
**カーボン・オフセット**：二酸化炭素等の温室効果ガスの排出を相殺すること。相殺するための取り組みとしては，植林，自然エネルギーの活用，排出権の購入，グリーン電力証書の購入等がある。

地球温暖化を食い止めるために自然エネルギーの普及を促進させるという社会的課題を認知し，風力，太陽光，バイオマス等の自然エネルギー発電事業を立ち上げたとしよう。この事業が市場社会からの支持を得るためには2つの問題をクリアしなければならない。第一の問題は，ステークホルダーとの「価値の共有」である。前述したようにソーシャル・イノベーションは企業内部のプロダクト・イノベーションやプロセス・イノベーションという考え方に留まらず，社会経済システムの革新や社会的な価値の変化までを射程に入れた概念であり，社会との関連性が重視される。自然エネルギー発電事業者のミッションがステークホルダーに浸透し，「価値の共有」が得られれば「市場社会からの支持」を獲得することができよう。第二の問題は，事業としての採算性である。ステークホルダーが自然エネルギー発電事業のミッションを理解し，「価値の共有」が得られたとしても，自然エネルギーの電力価格が化石燃料発電による現在の電力価格を大幅に上回る場合には，「市場社会からの支持」は一部に留まり広く拡大することはあるまい。その場合には，社会全体を巻き込んだ大きなムーヴメントは起こらず，事業としての採算性が危うくなる。実際，前述したように現状においては自然エネルギーの発電コストは化石燃料のそれに比べて割高であり，今後，技術革新によるコスト低減が期待できるにしても何らかの対策が必要である。この点に関しては，すでに指摘したように政府による支援が不可欠である。つまり，事業者が採算性を確保できるように政府が電力会社に自然エネルギーの買い取りを義務づける等の措置が採られる必要がある。ドイツ政府による自然エネルギー普及のための支援策が大きな効果を上げていることはすでに述べたとおりである。

　自然エネルギーの普及に関して日本の現状を概観すると，第二ステップから第三ステップへの移行プロセスの途上にあり，事業者とステークホルダーの間に「価値の共有」がみられるケースもある。問題はやはり「事業の採算性」であろう。前出の「グリーン電力証書」システムについても，これまでは一部の企業が企業イメージ向上のために購入していたに過ぎず，「市場社会からの支持」を得ていたとは言い難い状況であったが，政府が証書の購入を二酸化炭素の「排出枠」として認める制度を導入すれば，一気に「市場社会からの支持」

が広がる可能性がある。市場が未成熟で「事業の採算性」を確保することが困難な場合には、政府の果たす役割が極めて重要であることをここで改めて指摘しておきたい。

　ソーシャル・イノベーションの第四ステップは「社会関係や制度の変化」であるが、前述したように自然エネルギーの普及に関する日本の現状が第二ステップから第三ステップへの移行過程にあるとすれば、第四ステップからは未踏の領域であり、経験的実証に基づいた論述ではなく、あくまでも将来予測的な記述であることを断っておきたい。「社会関係や制度の変化」は社会的事業を通して人と社会の関係性を変えていくと説明されているが、自然エネルギーの普及が進むことで人と社会の関係性はどのように変わることが予想されるか。例えば太陽光発電のケースで考えてみよう。このケースでは、日本より一足早く第四ステップに移行しているとみられるドイツの事例が参考になる。すでに指摘したようにドイツでは2000年に制定された「再生可能エネルギー法」により、電力会社による自然エネルギー買い取り制度が広く社会に定着している。その結果、一般家庭でも屋根に太陽光発電パネルを設置し、発電した電気を電力会社に売電するという動きが急拡大した。これは人と社会の関係性における大きな変化である。つまり、従来は電気というエネルギーは電力会社が生み出し、それを社会に供給するという仕組みであったが、「再生可能エネルギー法」はたとえ一部分とはいえこの関係を逆転させ、一般市民が電力会社に電気を供給するという新たな枠組みを生み出したのである。従来、電気の供給を受ける立場にあった人々が太陽光発電という地球環境に優しい電気を発電し、それを電力会社という媒体を通じて社会に供給するという新たな社会的枠組みがドイツ社会では構築されつつある。今、わが国でもドイツの事例に学び、太陽光発電パネルに対する政府の補助金制度を復活させようとしているが、こうした動きがソーシャル・イノベーションの新たなステップとなるのかを注視したいところである。

　ソーシャル・イノベーションの第五ステップが「社会的価値の広がり」である。前述したようにソーシャル・イノベーションの特徴は、社会とのつながり、関係性を重視するところにある。新しい商品やサービス、あるいは社会的課題

▶▶ **Column** ◀◀

**2013年以降の新たな枠組み**

　地球温暖化防止のために二酸化炭素の排出量を削減することは，もはや待ったなしの状況ですが，実際のところ世界各国の取り組みはどのような段階にあるのでしょうか。

　二酸化炭素等の温室効果ガスを削減するための国際的な取り決めとしては1997年に締結された「京都議定書」が最初ですが，この条約は最大の二酸化炭素排出国であるアメリカが離脱し，また中国やインドなどの発展途上国に削減義務を課さなかったため，当初からその効果が疑問視されてきました。それでもEU諸国や日本といった先進国に削減の数値目標を課したことは大きな前進だと考えられています。今，世界で話し合われているのは，「京都議定書」の第一約束期間が終わる2012年以降の国際的な枠組みをどうするかということです。その際，どうしても譲れない点は「京都議定書」に参加しなかったアメリカ，中国，インド等，二酸化炭素排出大国の新たな枠組みへの参加です。2007年12月にインドネシアのバリ島で開催されたCOP 13では話し合いが難航したものの，「バリ行動計画」を採択しポスト京都議定書に向けて2013年以降の新たな枠組み交渉がスタートしました。鍵を握るのは，経済成長著しい中国の動向です。中国は2008年にもアメリカを抜いて世界最大の二酸化炭素排出国になるといわれていますが，一方では発展途上国であることを強調し，拘束力のある数値目標の受け入れには慎重な姿勢を崩していません。もしかしたら，地球環境の命運を握っているのはアメリカでも日本でもなく，13億人の国内人口を抱える中国なのかもしれません。

を解決するためのユニークな仕組みを開発し社会に提供しても最終的にそれが新しい社会的価値として広がらない限り，ソーシャル・イノベーションが生起したことにはならない。前出の自然エネルギーとの関連でいえば，地球環境に優しい自然エネルギーの使用を増やし，脱化石燃料化を進める必要があり，そのためには市民自らが自然エネルギーの発電に関わらなければならないという社会的価値が，社会階層の中の一部の先進的な層だけではなく広く一般層の価値観として広がりを見せたとき，われわれは初めてソーシャル・イノベーションの存在を確認することができるのである。

　イノベーションの特徴の1つに連鎖性がある。つまり，ある革新的な技術，

商品あるいはノウハウ等が生み出されると，そこからさらに革新的なアイディアが生まれ，さらなるイノベーションへとつながる可能性がある。ソーシャル・イノベーションについてもこうしたイノベーションの連鎖の可能性を指摘することができよう。すなわち，「社会的課題の認知」から「社会的価値の広がり」までの一連のプロセスを経てあるソーシャル・イノベーションが自己完結したとしても，「社会的価値」の中に次のソーシャル・イノベーションのシーズが潜在し，それを「社会的課題」として認知したときに次のソーシャル・イノベーションのプロセスが始まることになる。自然エネルギーの普及は，われわれの社会にどのようなソーシャル・イノベーションを連鎖的に生み出すのであろうか。

[推薦図書]

谷本寛治編著（2006）『ソーシャル・エンタープライズ——社会的企業の台頭』中央経済社
　　ソーシャル・イノベーションの定義や実践の具体例がわかりやすく解説されている。
高橋由明・鈴木幸毅編著（2005）『環境問題の経営学』ミネルヴァ書房
　　経営学が対象とする環境問題の領域について詳しく述べられている。
鈴木幸毅・所伸之編著（2008）『環境経営学の扉——社会科学からのアプローチ』文眞堂
　　社会科学の研究対象としての環境問題とはいかなるものかという視点を読者に問いかけている。

[設　問]

1．自然エネルギーの普及は世界各国でどの程度進んでいるのかを調べてみよう。
2．ソーシャル・イノベーションの具体的な事例を調べ，そのプロセスを概念化してみよう。

（所　伸之）

# 第7章

# 星野リゾート
―― リゾート運営の達人 ――

　企業と環境の持続性を維持していくために，企業はどのような方策を行うのでしょうか。また，それは，どのようなビジョンや事業システムに基づいて行われるのでしょうか。リゾート事業は，地域の環境資源の影響を受けやすい産業です。その中で，「リゾート運営の達人」というビジョンに基づいて急成長を遂げている星野リゾートの事例を通して，企業と環境の持続性の両立について読み解いていきましょう。

## 1　星野リゾートの沿革

　株式会社星野リゾート（以下，星野リゾート）は，1904年に長野県軽井沢で開業された総合リゾート運営を事業内容とする企業である。開業当初から，軽井沢のリゾート開発に取り組んでいる。1914年には，星野温泉旅館を開業し，1951年に企業として設立され，1995年には，株式会社星野リゾートへと社名を変更している。1965年軽井沢高原教会を改築しブライダル事業へ，1993年有限会社 H.M.S. を設立し企業保養所運営事業へ，1995年ホテルブレストンコートを開業，1996年株式会社ヤッホー・ブルーイングを設立しクラフトビール事業へ，2001年リゾナーレ小淵沢の所有・運営を開始，2003年アルツ磐梯リゾートの所有・運営を開始，2004年アルファトマムリゾートの運営を開始，2005年ゴールドマン・サックス・グループとの旅館再生事業に着手し，2005年に星のや軽井沢を開業するなど，着実に事業と事業領域を拡大している。その事業領域は，リゾートホテル事業，温泉旅館再生事業，フード事業，温泉施設運営事業，ブライダル事業，別荘管理・販売事業，運営受託事業，**エコツーリズム**事業，地ビールの製造・販売と多岐にわたっている。

　そして，現在では，資本金が1億3000万円，売上高は171億円（2007年11

月期，主要 5 施設合計＊），従業員数は 747 名（2007 年 6 月現在），と事業規模は拡大している。このように事業規模を拡大し続けている星野リゾートだが，その成長の原因は，「リゾート運営の達人」という明確なビジョンに基づいた経営にある。次節では，星野リゾートのビジョンについてみることとする。

> ＊ この主要 5 施設の範囲は，軽井沢（星のや軽井沢・ホテルブレストンコート他），リゾナーレ，アルツ磐梯，トマムをさしている。軽井沢地区は，星のや軽井沢とホテルブレストンコートおよび周辺施設（村民食堂やトンボの湯等）で形成されているが，それを 2 施設とカウントしている。

## 2　リゾート運営の達人

### 1　星野リゾートのビジョン

「リゾート運営の達人」というビジョンは，1987 年施行の**リゾート法**を機に設定された。リゾート法の影響により，日本全国各地に 1000 億円規模の施設が次々計画され，大型資本によるリゾート開発の波が地方にも押し寄せるとともに，国内観光も海外旅行に押されて伸び悩んでいた。このような状況の中，星野リゾートは，地域のリゾート事業会社として，生き残っていくために「リゾート運営の達人」というビジョンを掲げて経営戦略の 3 要素を明確にし，企業の経営の将来像と方向性を規定した。この「リゾート運営の達人」というビジョンについて，星野佳路代表取締役社長は「私たちが運営するリゾートでは，環境に対する負荷を最小限にとどめながら，同時にリゾートの魅力を顧客に表現することで，常に最高の顧客満足と運営収益を生み出すことを目標にしています」と述べている（株式会社星野リゾート・ホームページ　http：//www.hoshinoresort.com/　2008 年 8 月 26 日アクセス）。

---

**エコツーリズム**：「自然環境や歴史文化を対象とし，それらを体験し，学ぶとともに，対象となる地域の自然環境や歴史文化の保全に責任を持つ観光のありかた」とエコツーリズム推進会議では定義されている。2008 年 4 月 1 日には，エコツーリズム推進法が施行されている。

**リゾート法**：リゾート法（総合保養地域整備法）とは，国民の福祉の向上ならびに国土および国民経済の均衡ある発展に寄与することとリゾート産業の振興を目的として 1987 年に制定された法律である。しかし，環境破壊，計画の頓挫，操業停止等の問題も起こっている。

それでは，なぜ「リゾート運営の達人」と「運営」に特化したのだろうか。リゾート事業は，オーナー（所有者），ディベロッパー（開発業者），レンダー（貸付業者），オペレーター（運営会社）の**4つのプレーヤー**により成り立っている。それぞれが，その役割に特化することが競争力の維持や向上につながる。しかし，日本では，オーナーとオペレーターを兼任していることが多かったため，経営資源が分散されてしまい競争力に問題があった。しかし，リゾート事業への外資の参入，施設の大規模化，他業種との競合等，企業間の競争が激化している経営環境においては，兼任せずに1つの役割に特化することで競争力を向上させることが重要となる。星野リゾートは，オペレーターに特化し「リゾート運営の達人」をめざすことを選択した。これは，オーナーであれば，所有する土地を基本とした資産運用となるが，オペレーターの場合，人材とノウハウと業務システムのクオリティの維持や向上により他のオーナー・ディベロッパー・レンダーからリゾートの運営を受託することができる。すなわち，事業としての将来性が見込めるのである。

オペレーターとして「リゾート運営の達人」のビジョンを達成するために，星野リゾートは，経常利益，顧客満足，環境対策の経営戦略3要素を設定している。これにより，企業の利益獲得のために顧客満足や環境対策を犠牲にせず，また環境対策のために利益や顧客満足を犠牲にせず，この3要素すべてを両立していくことをめざしている。そして，この3要素すべてについて，利益は「経常利益率」，顧客満足は「顧客満足度」，環境対策は**「環境ポイント」**として，それぞれ数値目標を設定している（図7-1）。

これは，定量的に管理し，環境保全と利益や顧客満足といった経営品質の維持向上を一体とし競争力向上へつなげることを目的としている。「顧客満足度」は，利用者に対してインタビューやアンケートによる定量調査を行い数値

---

（リゾート事業の）4つのプレーヤー：オーナーは，土地の運用から利回りを得る。ディベロッパーは，土地をリゾートやホテルとして開発・売却して資産売却益を得る。レンダーは，主に金融機関が多く，融資等の資金提供により利息収入を得る。オペレーターは，施設を運営し顧客から収入を得る。

**環境ポイント**：グリーン購入ネットワーク（NPO）の「ホテル・旅館エコチャレンジチェックリスト（全88項目で満点は25ポイント）」の項目を活用し，その評価結果をECO Ptsという形で活動を数値化している。目標は24ポイント。

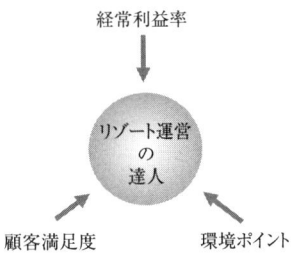

図7-1 「リゾート運営の達人」の3つの数値目標
(出所) 株式会社星野リゾート・ホームページ.

化している.「環境ポイント」では,ホテルや旅館の環境対策を客観的に数値化している**グリーン購入ネットワーク(GPN)**の「ホテル・旅館エコチャレンジチェックリスト」の指標を用いて定期的に現状把握や目標設定を行い,環境マネジメントを推進している.

そして,提供するサービスを環境配慮型へ変えた場合には,同時に顧客満足度も高まるようなものへとバランスをとっている.例えば,環境影響の指標の1つである廃棄物量では継続的に削減させつつも,顧客満足度を継続的に上昇させるという結果を出している.豊かな自然環境の中にあるリゾートであるため,エコツーリズムのように,その豊かな自然を資源として活用したサービスを行っている.エコツーリズムによる収益を,環境保全活動へ還元する仕組みを作り,環境保全と収益の両立をしている.

自然は重要な資源でありそれを保全しながら収益を上げることができるオペレーターは,リゾート施設を保有するオーナーやレンダーにとって魅力溢れるパートナーである.また,現在は,リゾート経営の破綻が数多く発生しており,リゾート再生のニーズがある.そのため,「環境に配慮した運営」と「収益を上げることができる運営」との両立を可能としている星野リゾートは,オペレーターとして強い競争力を保持しているといえる.その結果,2001年には山梨県のリゾナーレ小淵沢,2003年には福島県のアルツ磐梯リゾートの運営に

---

グリーン購入ネットワーク(GPN:The Green Purchasing Network):グリーン購入の普及啓発や購入ガイドラインの策定等,グリーン購入の取り組みの促進を目的として1996年2月に設立された企業・行政・消費者からなるネットワークである.2008年7月24日現在の会員数は2983団体.

携わるなど，リゾート運営事業が拡大している。

## 2  星野リゾートの組織

　「リゾート運営の達人」のビジョンとそれを達成するための経営戦略の3要素については前項でみたが，それでは，それを実際に行っている星野リゾートの組織がどのようになっているのかをみることとする。

　星野リゾートは，2002年にフラットユニット組織等の新人事制度を開始している。フラットユニット組織とは，ピラミッド型階層別組織ではなく，経営者の下に各部署（ユニット）の責任者（ユニットディレクター）が存在し，その下に他の組織メンバーが位置する階層が少ないフラットな組織構造である。各リゾートには，「フロントユニット」「財務経理ユニット」など運営に必要となる20～30の部署（ユニット）が事業ごとに組まれており，それぞれの部署（ユニット）をユニットディレクターが統率している。フラットユニット組織という人事制度は，「社員1人1人が自立して，自分で判断し目標を設定できるようになる組織」「多様な価値観が認められる組織」を志向している（星野リゾート・ホームページ）。すなわち，同族経営陣などの特別待遇を一掃し，各人が責任感を強くもつことと意思決定のスピードを上げること，環境変化に対して迅速で柔軟な対応を可能とすることがねらいである。

　ユニットディレクターは，チームを率いていくキャプテンとして位置づけられており，実力と意欲が必要である。そのため，ユニットディレクターは全社からの立候補制で選ばれる仕組みになっている。選考方法は，ユニットディレクターを希望するスタッフは，立候補制で自ら手を挙げ，自分がめざすユニット像とその戦略を全社の前でプレゼンテーション（発表15分，質疑応答10分）を行う。これは，毎年1回行われる。発表プログラムは事前に案内され，従業員の誰もが参加をすることができる。参加者は，その立候補者の戦略等を「評価シート」に記入してフィードバックする。最終的には，人事・総支配人等が，戦略プレゼンテーションの内容，フィードバック情報，日常の行動などに基づいて決定する。

　その他の組織的な取り組みとしては，組織内部のコミュニケーションの推進

と充実に注力している。リゾート運営のようなサービス業では,接客等の最前線の現場に顧客の情報が集中するため,その情報を経営判断に活かすことが必要となる。さらに,その情報を共有し,従業員すべてが同じ情報をもち,議論することで,日々変化する顧客ニーズや企業競争に対応する。そのため,経営に関わる情報も,一部の人間だけのものとするのではなく,すべての情報を公開し共有して議論することを組織的に行っている。情報の共有の仕組みとしては,毎月実施される「戦況報告会」と呼ばれる経営戦略会議がある。この会議には,参加を希望する従業員等は原則として参加することができる。これにより,情報の共有化をはかっている。また,従業員の意欲と責任を向上させる仕組みとして,年俸制の給与設定がある。一般職は月給制であるが,支配人,ユニットディレクター,専門職には年俸制度が導入されている。そのためユニットディレクターになることについては,職務充実だけではなく,経済的なインセンティブも働くようになっている。

## 3　星野リゾートの環境取り組み

　星野リゾートは,環境対策がリゾート運営会社としての競争力になると考えている。豊かな自然環境をもつリゾート地は,自然環境自体が経営資源となる。そのため,自然環境を資源として活かし保全に努めることが重要となる。自然環境を保全していくためには,施設そのものの環境配慮はもちろんのこと,施設運営による周辺環境への負荷も限りなくゼロに近づけることが求められる。リゾート地においては,低い環境負荷で施設運営を可能とすることは,重要な企業競争力の1つとなる。また,リゾート地における施設運営と自然環境の保全を両立することで,「リゾートは自然破壊」というネガティブなイメージを払拭することができ,リゾート事業自体が自然環境の活用と保全を両立するための手段として認知されることを考え,星野リゾートはリゾート運営に取り組んでいる。本節では,軽井沢地区での環境取り組みを中心にみることとする。

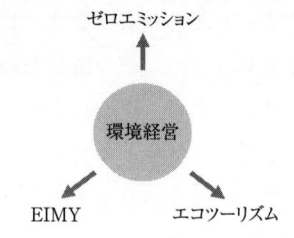

第Ⅱ部　サステナビリティと環境経営

**図7-2　環境経営の3要素**

(出所)　株式会社星野リゾート (2005)『環境報告書　2004年11月期 (2003.12～2004.11)』Vol.5』株式会社星野リゾート。

1　環境経営の3要素

　星野リゾートでは，リゾート運営における重要な環境活動として，**ゼロエミッション**（焼却・埋立てごみゼロ），EIMY（Energy In My Yard：エネルギー自給の最適化），エコツーリズム（環境保全との両立），の3要素に重点を置き，それらの両立をめざしている（図7-2）。これを実行するために，経営者の下に環境責任者が存在し，各部署（ユニット）の責任者へ伝達している。さらに，横断的な委員会を組織することで，現場とのコミュニケーションを密にして取り組みの浸透を図るとともに，このシステムが機能しているかどうかをグループ全体の内部チェック担当者が検証している。これらの仕組みにより，環境活動に関わる問題点を客観的に洗い出し迅速に対応することが可能となっている。

2　ゼロエミッション

　まず，ゼロエミッションでは，星野リゾートの活動によるエミッション（排出物）を「環境負荷の高いもの」から「環境負荷の低いもの」へとシフトさせてゆき最終的にエミッションをゼロにすることを目的としている。この活動は「ゼロプロジェクト」と名づけられている。このゼロエミッション活動のために，全社員が環境対策に取り組んでおり，各ユニットに「ゼロ委員」という環境対策の責任者がいる。ゼロ委員は定期的に会議を開催することでゼロエミッ

---

ゼロエミッション：1994年に国連大学のグンター・パウリが「ゼロエミッション研究構想」で提唱した循環型社会構築をめざした概念。ある産業で排出した廃棄物を別の産業で原材料とすること等により最終的に自然界への廃棄物排出をゼロに近づけるためのシステム構築をめざす。

ション活動の推進を維持している。そして，4Rの視点でグリーン調達と同時に特に生ごみを中心とした再資源化ルートの構築を行うことにより，5年間で廃棄物を82%（年間約138t）削減し，再資源化率は76%まで到達している。

　全従業員必須の取り組みとして，ゴミの29分別の徹底と排出時のゴミの計量作業がある。この作業を，ゼロエミッション活動の土台として位置づけており重視している。そのため，研修プログラムでは，29分別を短時間で身につけ4Rについての理解を深めることに注力している。短時間で身につけるためにゴミ分別ゲームやゴミ分別を学ぶためのソフトを作り，e-ラーニングによりゴミの分別について学ぶことができるようにしている。e-ラーニングの導入により異動や入退社が多いホテル業でも，より短時間で29分別を学習し身につけることが可能になっている。e-ラーニングの結果はランキングされて掲示される。これにより競争心が起こり29分別の習得への意欲も向上している。

　29分別により分別されたゴミは，重さを量り，バーコードで管理している。数値化してデータ化することにより，排出量の現状を具体的に把握することでゴミの削減への意識を高める仕組みとなっている。排出物の43%を占める生ゴミは堆肥としても利用している。資源循環のために生ゴミを協力農家まで運搬し，堆肥で育った高原野菜を朝採りし，また，自らホテルまで運搬して戻るというシステムを確立することで，廃棄物削減，廃棄物処理費用の削減，地元農家とのコミュニケーション等の様々な効果が出ている。また，生ゴミの発生量を減らす仕組みにも取り組んでいる。食べ残しを減らすために「選択式ウエディングメニューの提供」をしている。これは，顧客が自らメニューを選択できることで，顧客の満足度が高まり，16%の食べ残し削減につながっている。メニューが選択できることは高付加価値化につながり，顧客満足度も向上し，料理単体の利益率を約10%程度増加させている。

---

4R：星野リゾートでは，「4R」を，違う方法を発想する「Refuse（リフューズ）」，効率を高めムダをなくす「Reduce（リデュース）」，再利用することを考える「Reuse（リユース）」，再資源化のために分別をする「Recycle（リサイクル）」と定義し活動している。

## 3  EIMY（エネルギー自給の最適化）

次に，エネルギーの使用についてみてみることとする。星野リゾートのエネルギー計画は「EIMY（エイミー）」のコンセプトに基づいて行われている。EIMYとは，東北大学の新妻弘明教授が提唱したコンセプトで，あるエネルギー需要単位があった場合に条件の許す範囲内で自然エネルギーを利用し，その過不足を電力会社等の送電網と連携するようなエネルギーシステムを構築して自然エネルギー利用の拡大を図るという考え方をいう。化石燃料から自然エネルギーへの転換やエネルギー供給の最適化をめざそうという考え方ともいえる。

星のや軽井沢は，長野県軽井沢町にある温泉旅館である。およそ100年の歴史をもつ星野温泉ホテルを全面リニューアルし2005年に開業している。この星のや軽井沢では，全エネルギー需要に対して石油利用を完全に廃止し，代替策として**地中熱利用システム**や水力発電を導入している。利用している地熱エネルギーは，年間360万kWhに相当する熱量で，エネルギー需要の57%をカバーしている。これにより，自然エネルギーでエネルギー自給率75%を達成し，$CO_2$削減量は，年間約1700トンとなっている（図7-3）。地中熱利用システムは，既存の灯油ボイラーシステムの導入と比較して，追加の初期投資費用は33%ほど増加しているが，ランニングコストが66%削減できるため2年で回収している。

マイクロ水力発電も利用している。すでに，1929年に敷地内で水力発電を開始している。当時はこの地域に中央からネットワークによるエネルギーが到達していなかったために，土地の資源を利用して発電を開始している。発電機は，現在2機あり，発電所の合計出力は225kWhで年間発電量はおよそ100万kWhになり，電力需要の42%をまかなっている。また，発電所は系統連携されており，不足する電力は系統電力から供給されている。

リゾートでは，近隣に自然エネルギーが存在し利用しやすい条件が揃っている。自然エネルギーのような，その場所にしかないエネルギーを利用すること

---

**地中熱利用システム**：大地の熱を熱源とする地中熱利用の水冷ヒートポンプを導入している。高温の熱源を安定的に利用でき安定して高い効率を得ることが可能なシステムである。

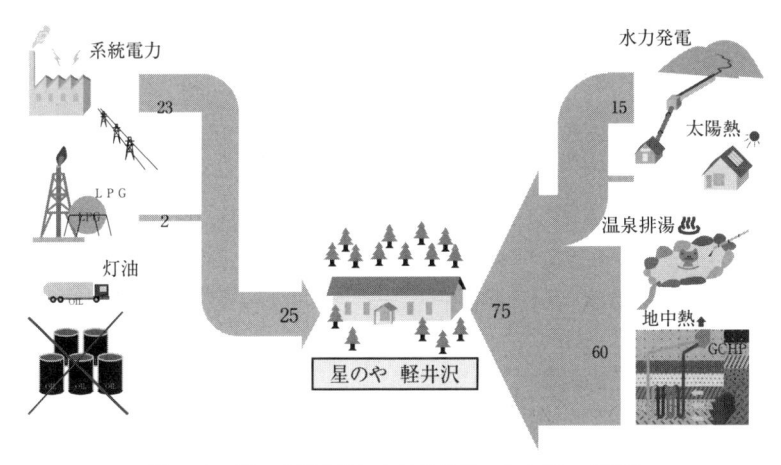

**図 7-3 星のや軽井沢における自然エネルギーの利用**
(出所) 星野リゾート (2006)『星野リゾート環境コミュニケーション報告書2005』株式会社星野リゾート。

は，分散型のエネルギー生産と消費となり社会的にも大きな意義がある。自然エネルギーの利用によってエネルギー供給を行うことで顧客満足を犠牲にすることもなく利益にも貢献をしている。現在のような化石燃料の高騰下ではリスク回避の価値が一段と大きくなっているといえる。また，自然エネルギーの使用は，化石燃料の消費による地球温暖化等の環境問題の回避にも**社会的費用**の観点からも企業としての貢献は高いと思われる。

4 エコツーリズム

次に，エコツーリズムの取り組みについてみてみよう。星野リゾートのエコツーリズムには次の2つの特徴がある。1つめは，森がもつ様々な価値をそのまま見出し保全していくこと，2つめは，エコツーリズムによる収益の一部を森の維持管理へと還元することである。この仕組みを実現させるために，「森本来の姿を経済的な価値として高く評価できれば，未来に森を残していける」との考えのもとエコツーリズム事業を行っている（星野リゾート・ホームペー

**社会的費用**：本来企業が負担すべき企業活動に伴う環境汚染等について地域社会等の第三者が負担している費用や損失のことをいう。ミハルスキーは「第三者の非市場的負担で，それを引き起こす経済主体の経済計算においては何の考慮もされていない費用」と定義している。

ジ)。そして、エコツーリズムの要素として「豊かな生態系を調査研究し、地域の自然資源を把握すること（地域資源）」、「その価値（森のおもしろさや楽しさ大切さ）を人々に伝え経済価値に変えること（専門スタッフ）」、「魅力となる資源を持続的に利用するため、自らこれらを保全するシステムを備えていること（保全システム）」の3点が不可欠だとしている（星野リゾート・ホームページ）。このエコツーリズム事業は**ピッキオ**が担当している。なお、ピッキオとは、イタリア語でキツツキを意味している。このエコツーリズムを行っていくためには、森で暮らす生き物の様子や自然の仕組みをわかりやすく伝える技術をもった**インタープリター**と呼ばれる専門スタッフの存在が不可欠である。

エコツーリズムでは、ボランティア的な活動が国内で多くみられるが、ピッキオでは、持続的な活動を行っていくために、経済的にも自立し事業としても継続していくために収益を上げる仕組み作りに取り組んできた。その結果、ピッキオの活動が星野リゾートの集客効果となり年間1万5000件程度の宿泊件数の約30％に相当する顧客獲得につながったこともある。旅行代理店などのエージェントに頼らずに独自の集客によることで高い収益率になっている。ここで得た収益を、地域の動植物の調査研究活動にあてることで環境保全活動と直結させている。またツキノワグマの保護管理対策事業も軽井沢から委託し、日本初のベアドッグ（クマ対策犬）を用いるなど人とクマが共存できる地域づくりをめざす活動をすることで、地域社会における環境保全活動を住民・行政と一体となって推進している。そこで培ったノウハウを学校等への環境教育プログラムとして提供もしている。

## 5　その他の環境取り組み

星野リゾートは、ゼロエミッション、EIMY、エコツーリズム以外にも、

---

**ピッキオ**（Picchio）：1992年に野鳥研究室として設立されたエコツーリズムを実践する専門家が集まっている団体であり、NPOピッキオと株式会社ピッキオの2つの組織がある。環境省の「第1回エコツーリズム大賞」で「大賞」を受賞している。

**インタープリター**：一般的には通訳のことであるが、ここでは、自然環境やその歴史を解説するだけではなく、その自然の魅力を存分に引き出し、自然の価値を伝え、さらにはエコツアーを楽しく演出する専門スタッフのことを意味している。

様々な環境取り組みを行っている。例えば，中小事業者が多い取引先企業に対して独自の「環境活動評価ツール」を作成し，調達先企業の環境活動レベルを数値で把握することを行っている。この活動により，取引先企業に対してより一層の環境取り組みの推進を促すだけではなく，取引先企業の環境取り組みを支援していくことも意図している。社団法人長野県環境保全協会で支部長を務める佐久支部の活動として2004年4月に星野リゾートが中心となってツールを作成し行っていた。しかし，ボランティア活動がベースとなっていたため，人手の確保が困難であり活動を継続できない可能性があるという課題があった。この課題を，信州大学工学部ISO学生委員会と連携することで解決した。これにより，地域大学生・地域企業が一体となった活動へと発展し，地域企業における環境マネジメントシステムの構築が行われている。さらにこの取り組みにより第4回日本環境経営大賞の環境価値創造部門環境連携賞を受賞している。

　また，環境コミュニケーションの推進を目的としたインターンシップ・プログラムも行っている。2005年5月から法政大学人間環境学部と連携して環境経営の重要な基幹業務である「環境報告書作成」に関わるインターンシップ・プログラムを実施した。このプログラムには次の3つの目的がある。1つめは，ステークホルダーである学生に環境報告書作成作業を通して環境活動の実態を感じ理解を促すことで濃密な環境コミュニケーションを図ること，2つめは，第三者である学生にとって理解しやすい報告書を作成することで，顧客や従業員にとっても理解しやすい報告書とすること，3つめは，学生を受け入れることで知名度と企業活動の実態への理解を向上させ優秀な人材獲得につながるモデル構築のきっかけとすることである。

## 4　環境サステナビリティと星野リゾート

　地球温暖化への対応や生物多様性の保全等環境保全の活動がますます重要となっている現代では，企業は**環境サステナビリティ**に基づく経営行動が社会から要請されるといえる。このように環境配慮に対する社会的要請が強い状況下において収益性や競争力を維持し向上させるためには，その問題が顕在化する

▶▶ *Column* ◀◀

**大学と連携した環境コミュニケーション活動**

　近年，大学等の教育機関と企業が連携して環境コミュニケーションを行う事例が出てきています。まず，環境コミュニケーションとは，どのようなものでしょうか。環境省は，環境コミュニケーションを「持続可能な社会の構築に向けて，利害関係者間のパートナーシップを確立するために，環境負荷や環境保全活動等に関する情報を提供し，利害関係者の意見を聞き，討議することにより，互いの理解と納得を深めていくこと」と定義しています（環境省〔2007〕『環境報告ガイドライン──持続可能な社会をめざして（2007年版）』環境省総合環境政策局環境経済課）。利害関係者と交流することでお互いが理解し，納得し合うことで，持続可能な社会の構築に向けた利害関係者間のパートナーシップを確立していくことも環境コミュニケーションの重要な要素となります。

　それでは，環境コミュニケーションの取り組みについて星野リゾートと法政大学が連携して行った事例をみてみましょう。

　2005年に，星野リゾートは，法政大学人間環境学部と「環境コミュニケーション報告書」作成のインターンシップ・プログラムを行いました。インターンシップとして行った理由は，学生に真の意味での就業機会や就業経験を提供することにより，「善き市民」の育成に貢献し企業の社会的責任を果たすことにありました。プログラムの運営では，大学の授業（「環境経営論」）と現地でのヒアリングのスケジュールを連動させながら必要な知識を学生が得ながら進めていきました。インターンシップ・プログラムを終え，大学にとっては学生が「実学」を学ぶことができ，企業にとっては「実業」を学生に教えることで自らもその大切さを再認識することができました。さらに，企業内の各部署を学生がヒアリングのために訪れることで，対応する担当者の環境意識がさらに高まるという効果もありました。

　企業と大学とが共同で行う環境コミュニケーションの取り組みが果たす役割は，今後ますます大きくなることでしょう。

以前の段階から積極的な対応を行う必要がある（鶴田佳史〔2008〕「持続可能性経営とステークホルダーの関係性」鈴木幸毅・所伸之編『環境経営学の扉──社会

**環境サステナビリティ**：自然環境を人類生活の基盤と認識し，環境（Ecology），経済（Economy），倫理（Ethics）の3つのEの視点を協和させ環境保全にあたるをいう。それにより，環境汚染，アメニティ破壊，自然破壊の進行を防ぎ，持続可能な社会をめざす。

科学からのアプローチ』文眞堂)。自然環境は，人類生活の基盤であるとともに，企業活動の基盤でもある。今後，企業がその活動を持続的に行っていくためには，企業は「社会を環境サステナブルに変える」(鈴木幸毅〔2006〕「環境経営――環境サステナビリティに志向する企業経営」百田義治編『経営学基礎』中央経済社)ために貢献することが必要となる。星野リゾートの掲げるゼロエミッション，EIMY，エコツーリズムの環境経営の3要素の徹底は，地域における環境サステナビリティの達成に貢献することにつながる。これにより，リゾート事業の運営が自然環境の活用と保全を両立するための手段となり，環境サステナビリティに基づいた真の意味での「リゾート運営の達人」となる日も近いと考えられる。

### 推薦図書

鈴木幸毅(1994)『環境問題と企業責任――企業社会における管理と運動(増補版)』中央経済社
　　地球環境問題に対して経営学の立場からアプローチし，企業の社会問題と社会的責任という重要な視点を与えている。

鈴木邦雄(2006)『マネジメントの生態学――生態文化・環境回復・環境経営・資源循環』共立出版
　　生態学の視点から，自然環境だけではなく，社会システムや企業活動の領域にまで踏み込んで環境問題を読み解いている。

堀内行蔵・向井常雄(2006)『実践環境経営論――戦略論的アプローチ』東洋経済新報社
　　環境経営の推進において明確なビジョンが重要であることを環境問題への企業対応の変遷から明らかにしている。

### 設問

1. フラット型組織のメリットとデメリットとについて考えてみましょう。また，そのデメリットを回避・低減するための方法にはどのようなものがあるでしょうか。
2. 明確なビジョンに基づいて環境経営に取り組んでいる企業を探して，その企業が行っている環境に関わる取り組みについてビジョンとの整合性から分析してみましょう。

(鶴田佳史)

# 第8章 株式会社いろどりの葉っぱビジネス
——過疎村農業の再生——

農業は地球環境問題とどのように関係しているでしょうか。本章で取り上げる株式会社いろどりの葉っぱビジネスという農業ビジネスの事例は，他の企業経営や農業経営と比べてどのような点で優れているでしょうか。持続可能な企業経営はどのような経営管理によって実現できるでしょうか。どのようなことが持続可能な企業経営を成立させるための条件であると考えられるでしょうか。

## 1 株式会社いろどりの概要と環境経営の視点

徳島県の勝浦川の上流にある中山間地域に上勝町という農村がある。上勝町は過疎化と高齢化の進む典型的な日本の農村である。1950年に6356人であった同町の人口は，2007年現在では2049人へと減少しており，町民の2人に1人が65歳以上の高齢者になっている。また同町の総戸数の半分に相当する401戸が農業を営んでいる（横石知二〔2007〕『そうだ，葉っぱを売ろう！』ソフトバンククリエイティブ，12-13頁）。

上勝町に立地する株式会社いろどり（以下，㈱いろどり，と表記）は，同町の住民の希望によって1999年4月に町長を社長として設立された企業である。上勝町が資本金の7割を出資し，残りの3割は同町内で菌床椎茸の栽培事業を営む株式会社上勝バイオ*が出資している。また㈱いろどりの運営費は，上勝町の農業協同組合（以下，農協，と表記）を通じて同社に支払われる，同町の農家からの拠出金によって賄われている（横石〔2007〕124-127頁および132頁）。地域社会が㈱いろどりに出資しているのである。

> \* 株式会社上勝バイオもまた，上勝町が出資することによって1991年4月に設立された第三セクターである（横石〔2007〕125頁）。

# 第8章　株式会社いろどりの葉っぱビジネス

　㈱いろどりは，「葉っぱビジネス」と呼ばれる農業ビジネスを経営する企業である。葉っぱビジネスとは，上勝町にある葉っぱや花木を料理に添える「つまもの」として商品化し販売する事業である。㈱いろどりは上勝町内の農家が生産したつまもの商品を，農協の施設を利用して収集し，全国各地の仲卸業者に出荷している。上勝町の農家であれば同社の葉っぱビジネスに参加することは自由であり，いつでも可能である。2007年9月現在，190軒の農家がその事業に参加している。同社が販売するつまもの商品は現在320種類あり，日本国内のつまもの市場の8割を占有している。同社の2007年の売上高は2億6000万円である（横石〔2007〕）。葉っぱビジネスは町内の農家と協働することによってはじめて成立する事業であるため，㈱いろどりの成長は上勝町の社会と経済の発展と相互に関連している。

　本章では，㈱いろどりが過疎化と高齢化の進む上勝町の**再生可能な自然資源**を活用し，自然環境を持続・拡張しながら成長してきたことに注目して，同社の葉っぱビジネスの特徴を考察する。その目的は環境経営のビジネスモデルの原理と手法を議論することにある。

　企業の環境経営に関する先行研究によれば，自然環境を持続・拡張させるような経済開発が必要であるという**サステナビリティ（持続可能性）**の観点から，多くの企業が，**資源生産性**の向上を通じて環境負荷の低減を試みることで，製品および事業活動の**環境効率性**（eco-efficiency）を高めることを課題としている。環境効率性の向上を試みる企業は，自然環境に対する製品および事業活動

---

**再生可能な自然資源**：森林，土壌，水，魚など，一時期の消費量が一定量を超えなければ，生態系の再生力や浄化力によって再生できる自然資源のこと。また化石燃料や鉱石など，消費すると再生できず，やがて枯渇してしまう自然資源を再生不可能な自然資源という。

**サステナビリティ（持続可能性）**：地球環境問題を改善・解決するための中心的なコンセプト。「環境と開発に関する世界委員会」（WCED）が1987年の報告書 "Our Common Future"（通称，ブルントラント報告書）において提唱した「持続的開発」という概念に由来する。

**資源生産性**：ある一定の経済価値を産出することに対して，どれだけの資源やエネルギーを使用するのかという効率性概念。より少ない資源やエネルギーの使用はコスト削減につながるため，多くの企業がこの効率性概念を採用して数値目標を掲げるようになっている。

**環境効率性**（eco-efficiency）：「持続可能な開発のための経済人会議」（BCSD）が1992年に初めて提唱した経済効率性指標。経済活動における資源やエネルギーの無駄を省くことで自然環境への負荷を抑制しながら，産出する経済価値を高めていくことで最大化される。

の負の影響を最小化するための知識を育成している。その結果，企業の競争上の課題は，環境修復に貢献する製品および事業を開発して**環境効果性**(eco-effectiveness) を高めることへと移行しつつあるという。また環境修復に貢献する製品および事業を開発して環境効果性を向上するためには，企業は事業活動を行う地域に完全に埋め込まれたローカル・ビジネスを構築する必要があるという（Stuart L. Hart〔2007〕*Capitalism At The Crossroads ; Aligning Business, Earth, and Humanity,* Person Education, Inc. ／石原薫訳〔2008〕『未来をつくる資本主義』英治出版）。

　サステナビリティをコンセプトとする企業の環境経営についての従来の議論は，主に工業分野の企業経営を分析対象にしてきた（例えば，高橋由明・鈴木幸毅編著〔2005〕『環境問題の経営学』叢書現代経営学19　ミネルヴァ書房；鈴木幸毅・所伸之編著〔2008〕『環境経営学の扉』文眞堂，を参照）。そして環境効果性の向上が企業経営の重要な課題となりつつある状況の中で，自然環境と自然循環を保全して生態系の維持を重視するという特徴を本来的にもっている産業として，農業・林業が注目され始めており（本章コラムを参照），農林業における環境経営が議論されるようになっている（例えば，足立辰雄〔2006〕『環境経営を学ぶ』日科技連，第5章を参照）。しかし実際には，第二次世界大戦以降の日本では，工業を中心とする資本主義経済の発展を課題とする政府の政策を背景として，農林業は衰退の一途を辿ってきた（伊藤元重・伊藤研究室〔2002〕『日本の食料問題を考える』NTT出版，第1章および第2章）。また世界全体の農林業は，自然破壊につながるような**近代的農林業**あるいは**工業化された農林業**になっている。そこでは，化学肥料や農薬の大量使用による土壌汚染と水質汚染，生態系に反する耕地造成・土地基盤整備や森林伐採，および単一種の農作物や林産物の大面積栽培（monoculture）と**農業バイオ技術**による**生物多様性**の危機などが

---

**環境効果性**（eco-effectiveness）：ウィリアム・マクドナウとマイケル・ブラウンガートが2002年の著書"Cradle to Cradle"において提唱した環境保全のための概念。持続可能性の追求には環境負荷の低減では不十分であり，自然資本の増殖が必要であるとする考え方。

**近代的農林業／工業化された農林業**：収穫量の増大を目的として，化学肥料や農薬を大量に使用し，エネルギー多消費型の機械作業を導入した農林業。同じ目的から近年ではバイオテクノロジーも導入されており，これらの近代的手法の持続可能性が議論されている。

問題となっている（V. Shiva〔2000〕*Stolen Harvest : The Hijaking of The Global Food Supply,* South End Press, Camblidge／浦本昌紀監訳，竹内誠也・金井塚務訳〔2006〕『食糧テロリズム』明石書店）。そのため，工業分野の環境経営と同様に，農林業においても環境修復に貢献するような持続可能な経営が重要な課題となっている（D. Vogel〔2005〕*The Market for Virture : The Potential and Limits of Corporate Social Responsibility,* Chapter 5 The Brookings Institution, New York, Washington, D.C.／小松由紀子・村上美智子・田村勝省訳〔2007〕『企業の社会的責任（CSR）の徹底研究』一灯舎，特に第5章）。本章で取り上げる㈱いろどりは環境修復機能をもつ事業活動を実践しており，企業経営の環境効果性を高める原理と手法について示唆に富む事例である。

本章の第2節では，㈱いろどりの葉っぱビジネスの特徴を紹介する。そこでは，同社の事業に上勝町の農家が積極的に参加することによって，地域の社会と経済が活性化していることを述べる。第3節では，第2節で述べた葉っぱビジネスの特徴を環境経営の視点から考察し，その事業が自然環境を保全し修復する機能をもつことを述べる。最後の第4節では，㈱いろどりの葉っぱビジネスの事例から得られる環境経営に対する示唆と課題を議論する。

## 2　株式会社いろどりの葉っぱビジネスの特徴

### 1　㈱いろどりの経営理念

㈱いろどりの経営理念は，過疎化と高齢化の進む農村である上勝町の社会と経済を活性化することにある。町内の約半分にあたる戸数が農家である上勝町を活性化するためには，農林業の成長・発展が条件となる。進学や就職のために多くの若者が町を離れ，高齢化が進んだ上勝町では，重労働の農林作業に従

---

**農業バイオ技術**：化学肥料や農薬の使用量を減らしながら収穫量を増やすことができるとされる遺伝子組み換え技術が注目されている。人口の増加に応じて食料供給量を増大することの可能性が期待される一方で，食品の安全性や生態系の破壊が懸念されている。
**生物多様性**：多様な生物が自然を構成することによって，生態系のバランスを保っている状態のこと。1993年に発効した生物多様性条約によれば，「すべての生物の間の変異性をいうものとし，種内の多様性，種間の多様性及び生態系の多様性を含む」という。

事できる労働力は限られている。そのため上勝町の農林業が成長・発展するためには，高齢者や女性も働くことのできる事業が必要である。このような必要性から，1987年に上勝町の農協職員が，町内に豊富にある軽量な葉っぱを商品化して販売する事業を開発した。葉っぱビジネスと呼ばれるその事業は，上勝町のすべての農家の人々が参加できる農業ビジネスである。そのような葉っぱビジネスを発展させるという農家の希望から，同事業の経営を上勝町の農協から継承する会社組織である㈱いろどりが1999年4月に創設された（横石〔2007〕）。

葉っぱビジネスの成長を通じて上勝町の農家は収入を増やしている。つまもの商品は，他の農林産物とは違って，農家が毎日出荷して収入を得ることができる。そのため，葉っぱビジネスからの農家の収入は多い月で200万円であり，年収が1000万円を超えることもあるという。また葉っぱビジネスを始めたことで，上勝町では毎日の診療所やデイサービスへ通う人がいなくなった。人口の半分が高齢者であるにもかかわらず，町内で寝たきりの人は2人しかいなくなったという。さらに同事業を通じて上勝町の農村経済が活性化しつつあるため，同町の出身者および出身者でない人々が町内に転居してくるようになっているという。上勝町の過疎化に歯止めが掛かり始めているのである（横石〔2007〕）。

このように地域の社会と経済への貢献度の高い㈱いろどりの葉っぱビジネスは，日本の農村の地域社会と経済を活性化するという課題の改善・解決に貢献し得る企業経営の事例として注目されている（例えば，ビーパル地域活性化総合研究所編〔2008〕『葉っぱで2億円稼ぐおばあちゃんたち』小学館，26-40頁を参照）。そしてまたそのビジネスは，自然資源に関する農家の知識を活かすことによって，自然環境を修復する機能をもつ事業活動を展開している。

### 2 農家主体の事業

㈱いろどりの葉っぱビジネスの特徴は，上勝町の農家に商品の開発・生産を委託していることである。同社が販売するつまもの商品の開発・生産活動には，農家の自然に関する専門知識が必要不可欠となるからである。

㈱いろどりのつまもの商品となる葉っぱや花木は料理に添えるものである。そのため，栽培時に消毒や農薬散布を行うことは許されない。さらに虫食いや色あせのあるものは商品にならない。また同社の商品を購入する料理人や飲食業者のニーズは，つまものを添えることによって料理の季節感を45日間先取りすることにある。同じ季節感を演出するにしても，料理人や飲食業者ごとに使用するつまものの種類と方法は異なる。料理人や飲食業者は，器の大きさと料理の種類との組み合わせによって，つまものの大きさ，色，使い方を変えるからである。これらの生産条件や顧客ニーズを満たすためには，例えば梅や桜の花のつぼみを季節に先立ってほころばせる「ふかし」と呼ばれる技術のような，必要とされる時期に必要な葉っぱや花木を採取する方法についての農家の知識が必要である。また農家は，年間を通じて多くの種類のつまもの商品を出荷できるようにするために，自然に関する専門知識に基づいて上勝町の山に多くの種類の苗木を植えることを事業活動の一環として行っている（横石〔2007〕）。農家の専門知識に基づくこれらの事業活動は，上勝町の自然環境を修復する機能をもっている。

　葉っぱは必要としない人にとってはゴミにしかならない。そのため葉っぱビジネスの経営には需給と納期の管理が重要になる。㈱いろどりは，徳島市に立地する宝城通信株式会社の協力の下に開発した独自の情報システム・ネットワークを活用することによって，受注生産を行っている（横石〔2007〕82-83頁，98-105頁および130-139頁）。この受注生産を可能にする情報システム・ネットワークが，同社の葉っぱビジネスのもう1つの特徴である。

　そのネットワークは，上勝町の役場が1998年に計画・実行した地域産業に対する補助業務によって構築された情報システムである。その町役場の補助業務は，農家にパソコンを導入して葉っぱビジネスのイントラネットを構築し，需給調整と納期の管理を目的に販売情報を農家と農協で共有するというものである。このような計画の下に農家に導入されたパソコンやマウスは，高齢者向けに操作しやすくカスタマイズされている。またホームページへのアクセス（パソコンの電源を押すだけの自動接続）と視覚効果（文字の大きさやカーソル周辺の色の反転など）が工夫されている（横石〔2007〕130-134頁）。

㈱いろどりの葉っぱビジネスでは従来から農家との情報共有を積極的に行ってきた。農協は1991年から町役場の防災無線を利用して，市況や販売に関する情報を放送していた。1992年9月からは，騒音対策のため放送を手段とする情報共有から町役場の防災無線ファックスによる情報共有へと切り換えた。パソコンの導入は，このファックスによる情報共有を補完するように進められた。現在では，パソコンとファックスを併用することによって，農家はリアルタイムにつまもの商品の出荷量と売れ行きを確認できるようになっている。市況に関する情報をリアルタイムに得ることができるため，各農家は㈱いろどりが日本全国の仲卸業者から受注した商品の生産が他の農家と重複して供給過剰にならないように，自ら出荷調整できるようになっている。その結果，商品の市場価格が下がらなくなっているという。また各農家は毎日の自分の売上高と全出荷者の中での日ごとおよび月ごとの順位を知ることができる。各農家は葉っぱビジネスに参加している農家全体の中での自分の位置を知ることができるのであり，これによって農家間の競争意識が向上しているという（横石〔2007〕98-105頁および130-139頁）。情報共有から生まれる商品の市場価格の安定や農家の動機づけに関する効果は，農業経営を農協に依存してきた上勝町の農家が自立的な経営を志向するための契機となるかもしれない。

　日本の農業が成長・発展してこなかった理由の1つとして，日本のほぼすべての農家が農業経営のあらゆる側面を農協に依存してきたことがよく指摘される。全国農業協同組合中央会を頂点として日本全国に連合会や子会社を有する農協（JA）グループは，営農関連事業として農家から収集した農産物の出荷・販売，農家のための生産資材の購入（補助），および農家への営農指導（生産技術指導や肥料配達など）を行っている。また金融事業として信用事業と共済事業（生命保険・損害保険）を行っている（例えば，神門善久〔2007〕『日本の食と農』日本の〈現代〉8，NTT出版，第3章を参照）＊。上勝町の農家も例外ではなく，これまで同町の農協に農業経営を依存してきた。その一方で，㈱いろどりの事業に関しては，農協が営農関連事業として行っている業務内容は，仲卸業者に対する販売を除いて，葉っぱビジネスに参加する農家の積極的活動に任されている。㈱いろどりが従事する販売業務に関しても，その情報はすべて上述

の仕組みに基づいて農家と共有している。また同社は農協が行っているような金融事業は行っていない。概して，日本の農村の地域社会と経済を活性化する㈱いろどりの経営は，農家が事業の積極的主体となるような仕組みを特徴としているといえる**。

* この他にも農協は，旅行代理業，冠婚葬祭業，および給油所の経営など，農業とは直接関係のない非農業関連事業にも従事している（神門〔2007〕第3章）。
** 以上のような特徴をもつ葉っぱビジネスによって，上勝町の農協は1990年に「朝日農業賞」を受賞し，1994年に同農協の彩部会が「国土庁長官賞」を受賞している。また㈱いろどりの情報システム・ネットワークは2003年に「日本ソフト化大賞」に選ばれている。さらに上勝町の農協職員として葉っぱビジネスを開発し，2005年から㈱いろどりの代表取締役副社長として同社のビジネスモデルの構築に取り組んできた横石知二は，「アントレプレナー・オブ・ザ・イヤー日本大会特別賞」(2002年)，「第2回ソーシャル・ビジネス・アワードITビジネス賞」(2006年) を受賞し，2007年には『ニューズウィーク日本版』で「世界を変える社会起業家100人」のひとりに選ばれている（横石〔2007〕144頁）。

## 3 環境経営としての葉っぱビジネス

環境経営の視点からみると，農家を積極的主体にして農村の地域社会と経済を活性化することに貢献する㈱いろどりの葉っぱビジネスは，事業活動それ自体が自然環境を保全し修復する機能をもっていることがわかる。第一にそのビジネスは，地域社会が共有する再生可能な自然資源（葉っぱや花木）を商品化して販売している。再生可能な自然資源を収益獲得のための手段とする事業にとって，自然資源を生態系に反する方法で使用することは自らの存続条件を掘り崩すことになる。そのような企業は再生可能性を持続するように自然資源を利用しなければならないのである。そのためには，事業活動そのものが自然環境を保全し修復する機能をもっていなければならない。

そこで第二に，葉っぱビジネスに参加する農家は多くの種類の苗木を植えることを生産者としての事業活動の一部としている。参加する農家の数は，上勝町の農協が葉っぱビジネスを開始した当時の4軒（1987年2月）から，44軒

(1988年4月), 134軒 (1989年8月) へと次第に増えており, 2007年9月現在では, 190軒の農家が㈱いろどりの葉っぱビジネスに参加している。参加する農家数の増大に伴って植えられる苗木の数と種類も増えてゆき, 上勝町の山の自然は次第に豊かになってきたという（横石〔2007〕77頁, 82頁および151頁）。植林は, 無計画になされたり間違った方法で行われたりすると生態系を害する危険があるため, 自然に関する専門知識を必要とする。農家の専門知識に基づいて植林を行えば, 生態系に反する耕地造成・土地基盤整備および森林伐採を行う危険を小さくすることができる。上勝町の農家の専門知識がなければ, ㈱いろどりが自然環境を保全して事業を継続していくことは不可能なのである。また葉っぱビジネスに参加する農家数の増大に伴って植えられる苗木の数と種類が増えることは, 単一種の農作物や林産物の大面積栽培（monoculture）および農業バイオ技術を原因とする生物多様性の危機を回避することにつながる。

　第三に, 葉っぱビジネスに参加する上勝町の農家は, 消毒と農薬散布をせずに虫食いや色あせのないつまもの商品を生産している。農業経営における土壌汚染や水質汚染の原因は, 一般的に化学肥料や農薬の大量使用に求められる。幾重もの虫除けネットを張ったビニールハウスの中での毎日の虫取り作業は労力を要するけれども（横石〔2007〕75頁）, 上勝町の農家が実践しているこのような生産方法には土壌や水を汚染する危険はない。

　第四に, ㈱いろどりの葉っぱビジネスは情報システム・ネットワークを活用して, 必要な葉っぱや花木を必要なときに必要な量だけ収穫する受注生産方式を採用している。専門知識に基づいた植林作業を行う一方でこのような生産方式を採用することによって, 自然資源を過剰に採取することを回避できる。また自然資源の過剰採取を回避することは再生可能な自然資源の持続的利用を可能にする。このような生産方法に基づいて㈱いろどりは, 上勝町の山にある自然資源を在庫として利用している。その在庫量の増大は自然環境を持続・拡張することに役立つであろう。

　これらのことから, ㈱いろどりの葉っぱビジネスは自然環境を保全し修復する機能をもつ事業であるといえる。

## 4 社会と企業が利害を共有し自然環境を保全すること：
　㈱いろどりの事例からの示唆

　以上に述べてきたように，上勝町の農家を事業活動の中心的な主体とする㈱いろどりの葉っぱビジネスは，農村の地域社会と経済を活性化すると同時に自然環境を保全し修復する機能をもっている。㈱いろどりは環境経営を大々的に宣言する企業ではなく，また同社の事業は上勝町内の葉っぱや花木を商品として販売するという極めて特殊なビジネスである。そうであるとしても，地域の社会と経済を活性化することと自然環境の保全を両立している同社の葉っぱビジネスから得られる示唆は，産業や企業の別を問わず重要である。

　その示唆とは，第一に，再生可能な自然資源を商品化する企業の事業活動は，それ自体が自然環境を保全する機能をもたなければならないということである。先述したように，葉っぱビジネスでは，自然に関する専門知識をもつ上勝町内の農家が生産活動を担っている。それらの農家は多くの種類の苗木を山に植えて，消毒や農薬散布を使用しない農法によって栽培している。また㈱いろどりは情報システムを活用して受注生産方式を採用しており，山にある自然資源を在庫として利用している。これらのことが，上勝町の自然資源の再生可能性を持続・拡張することに役立っている。

　㈱いろどりの葉っぱビジネスから得られる第二の示唆は，社会と企業が利害を共有することの重要性である。本章の冒頭で述べたように，㈱いろどりは上勝町の住民の希望によって設立された企業である。地域社会が同社の出資者になっており，また地域の住民が事業の運営費を拠出して積極的にその事業活動に参加している。同社の出資関係と上勝町の農家による事業活動の推進は，地域の社会と経済を活性化するという葉っぱビジネスの本来の目的に事業の成長を直結させる仕組みになっていると考えられる。

　このような㈱いろどりの事例から，企業は社会と利害を共有する事業を通じて自然環境を持続・拡張するような経営を実践できること，および地域社会は企業制度を利用して自らの課題を改善・解決できること，がわかる。

　総じて，㈱いろどりの葉っぱビジネスは自然環境を修復する機能と，上勝町

▶▶ *Column* ◀◀

**農業の多面的機能**

　「農業の多面的機能」という考え方が，持続可能な農業に関する議論において注目されています。それは，農業が果たす役割には食料の生産・供給という基本的役割だけでなく，雇用創出，自然環境や生態系の保全，および伝統文化の継承など様々な役割がある，という考え方です。この考え方が国際政治において公式に議論されるようになったのは1998年以降ですが，日本の農業政策においては1970年代後半から重視されてきました。

　しかし実際には，日本では工業を中心とする資本主義経済が成長・発展するにつれて，都市周辺の宅地造成など農地転用が進んだため，農業生産条件の制約が増大し続けてきました。また全国の農村地域から都市部へと労働力の移動が進んだため，農村の過疎化と高齢化が問題になっています。その結果，日本の農業が雇用創出や伝統文化の継承という機能を発揮することが困難な状況にあります。さらに，現在の日本の食料自給率はカロリーベースで40％以下になっています。このことは，国内の農業がその基本的役割である食料の安定的供給さえ十分に果たすことが不可能な状況にあることを意味します。

　このような状況に対して，日本の農業は生産性の向上を目的として，化学肥料，農薬，およびエネルギー多消費型の農耕機械を導入してきました。この課題と手段は日本に限定されるものではありません。背景となる事情はそれぞれ異なるものの，他の先進国や途上国も同様の課題に対して同じような手段で対応してきました。このことは農業が本来的にもっている機能である自然環境や生態系の保全と矛盾する結果を生んでいます。農業が多面的機能を発揮することは，地球環境問題を解決するための喫緊の課題となっています。

（参考文献）　北出俊昭（2001）『日本農政の50年』日本経済評論社，278-282頁。

と利害を共有して地域の社会と経済を活性化する機能をもっている。葉っぱビジネスの環境修復機能の源泉は，同事業の中心的な主体である農家がもつ，自然に関する専門知識である。すなわち，自然に関する専門知識を有する主体を事業活動の中心に据えることが，再生可能な自然資源を持続的に活用できるようにすることの条件であると考えられる。また㈱いろどりの事例にみられるように，社会と利害を共有する企業は，社会が抱える課題の改善・解決に貢献するような事業を経営することによって，社会とともに成長する。企業が社会的

課題の改善・解決に貢献するためには，事業活動を行う地域社会に完全に埋め込まれたローカル・ビジネスを構築することが重要であると思われる。

先述したように，㈱いろどりの事業活動によって上勝町の社会と経済が活性化し，同町の過疎化に歯止めが掛かり始めている。しかし，依然として上勝町の人口の2人に1人は65歳以上の高齢者である。このような状況の中で㈱いろどりの葉っぱビジネスに参加している農家の平均年齢は70歳を超えている（2007年9月現在）という（横石〔2007〕151頁）。㈱いろどりにとって今後の課題は，上勝町と協力して葉っぱビジネスの後継者の確保・育成を試みることを通じて，同町の農業全体の発展を図ることであろう。自然環境を修復する機能を有する㈱いろどりの葉っぱビジネスは，後継者に関する課題を解決することによって，持続可能な経営をより堅固なものにできるだろう。

[推薦図書]

横石知二（2007）『そうだ，葉っぱを売ろう！』ソフトバンククリエイティブ
　㈱いろどりの設立に至る経緯や同社の事業システム，および上勝町の農家の人々の変化を記述している。

S. L. ハート／石原薫訳（2008）『未来をつくる資本主義』英治出版
　サステナビリティ（持続可能性）を追求する企業経営の原理とモデルを，豊富な事例を紹介しながら議論している。

D. ボーゲル／小松由紀子・村上美智子・田村勝省訳（2007）『企業の社会的責任（CSR）の徹底研究』一灯舎
　社会と環境の問題に取り組む企業経営（CSR）の可能性と限界について，豊富な事例に基づいて議論している。

[設問]

1. ㈱いろどりの葉っぱビジネスの事例が提示する環境経営の原理と手法を整理してみよう。
2. ㈱いろどりの葉っぱビジネスの事例が提示する環境経営の原理と手法を，他の企業，他の産業，および他の地域はどのように応用・実践できるだろうか。あるいは応用・実践できないとすれば，それはなぜか。他の企業，他の産業，および他の地域の具体的な事例を挙げて考えてみよう。

（山田雅俊）

第Ⅲ部

サステナビリティとNPO・自治体

# 第9章
# 地球環境保全とグリーンピース

　国際環境NGO（非政府組織）と聞いて何を思い浮かべますか？「国内の市民運動より発言権が強い」、「外国人がたくさん出入りして活気がある」、「日本の文化や習慣に鈍感」、「過激な行動」——どれもグリーンピースについてよく語られる言葉です。この章では、最も有力な国際NGOの1つであるグリーンピースの活動実績を検証しながら、今後特に日本社会でNGOが果たす役割について考えていきます。

## 1　グリーンピースとは

### 1　誤解されやすいNGOの代表？

　「国際環境NGOグリーンピース」の名前を聞いたことがある人は多いだろう。国連でNGOに与えられる最も高い地位の1つである特殊協議資格をもっており、その活動実績から欧米諸国では有名企業より信頼できる団体として名前を挙げられるほどである（*Edelman Trust Barometer 2005*, Edelman）。しかし、環境を破壊する行動をとる企業や政府にはっきりと「NO」を突きつけるその活動姿勢から批判の対象となることも多く、最も誤解されやすい環境NGOの1つといえるかもしれない。この誤解は日本において特に顕著だ。

　本章では、グリーンピースによる環境保護活動の手法とその成果を具体例からみていきながら、その誤解を解くとともに、日本社会におけるグリーンピースという環境NGOの役割について述べたい。

### 2　グリーンピースの設立経緯

　グリーンピースは、核実験に抗議する運動の中から生まれた。1971年、当時アリューシャン列島のアムチトカ島で行われていたアメリカの地下核実験に

対し,「船で実験場の近くまで行って抗議しよう」と集まった人たちが,環境を守る「グリーン」と反核・反戦・平和の「ピース」の2つを結びつけて「グリーンピース」と名乗ったのがはじまりである。

　彼らは無線でメディアと交信を続けながら,チャーター船で核実験現場海域へと向かった。残念ながら核実験は行われてしまったが,現場からのニュースはカナダのみならずアメリカでも大きく報道され,実験反対の抗議運動やデモが広がって,アメリカ政府はその4カ月後に「政治的な理由その他で」核実験を終了すると発表した。

　これがグリーンピースの最初の成果だった。「環境破壊の現場に立ち会うという非暴力的な方法で（破壊行為を）止めようとする」活動が,見えないところで起こる環境破壊をメディア経由で多くの人に知らせ,それを身近なものにさせることによって世論を動かしたのだ。この「**非暴力直接行動**」の活動方針は,時代の流れに合わせて進化を続けているが,現在もグリーンピースの活動手法の中心を占める。

### ３　グリーンピースはどんな組織か

　設立から35年以上が経った2009年現在,グリーンピースは全世界に28の支部をもち,41カ国で活動している。包括目標として「地球の**生物多様性**保護」を掲げ,2050年までに「温室効果ガス排出を全世界平均で半減（先進国は80%以上削減）」,「環境を破壊しない経済と生産活動を創出」,「"進歩"概念の転換により地球規模の不安定要因を解消」,2020年までに「世界の原生林破壊を全面停止」,「遺伝子組み換え生物の環境放出を2008年レベルに抑制」,「地球の海の40%を海洋保護区に」といった中長期課題を挙げる。

　活動分野は,気候変動の抑止をはじめ,生物多様性を守るための森林および海洋の保護,遺伝子組み換え作物の栽培中止,有害物質の根絶など幅広い。ま

---

**非暴力直接行動**：話し合いだけでは解決の見通しが立たない場合,問題の所在を広く知らしめるために,暴力に頼らない直接的な方法で事態に介入すること。民主主義を補完する手段として,ガンディやキング牧師をはじめ多くの先人が実例を切り開き,市民社会の発展に寄与してきた。
**生物多様性**　→第8章137頁参照

た，「戦争は最大の環境破壊」として世界平和をめざす活動も続けている。

　活動資金は全世界290万人のサポーターと呼ばれる会員からの個人的な寄付によるもので，政府や企業からの寄付はまったく受けていない。財団からの資金提供が一部あるが，企業や政府の資金が入って，その影響が強い財団からの支援は受けない。資金源を個人に頼ることで，政府・企業・政党などから独立して活動を続けられる希少なNGOである。

　グリーンピースの本部（Greenpeace International）はオランダのアムステルダムにあり，世界に約1000名の専従スタッフがいる。科学調査を行う研究所をイギリスのエクセターにもつほか，世界を航海することができる3隻の船を所有・運航し，海洋環境調査や抗議活動などに使用している。国連の会議や，EUの政治の中心であるブリュッセルで政治家に政策提言をする弁護士や科学者もいれば，荒れた海で環境保護活動を行う船乗りや医師，そして元軍人のヘリコプターパイロットもいる。さらにオフィスでの事務作業や翻訳から現場での抗議活動まで，様々なグリーンピースの活動への参加という形で支援してくれるボランティアも，世界中に数百万人いる。こうした多彩なスタッフとボランティアが，アマゾンのジャングルから南極まで，人の目につかない秘境で起こる環境破壊の現場に立ち会うことだけでなく，その事実を非暴力による抗議活動などでストレートに議会や世論に訴えることを可能にしている。

　このような成果が認められ，グリーンピースは国連の協議資格（consultative status）をもつ。安全保障理事会などの例外を除き，総会を含むほとんどすべての国連会議にオブザーバーの資格で出席することができる。1997年，グリーンピース本部の当時の事務局長ティロ・ボーデは，環境保護団体としてははじめて国連総会の特別会合に招かれ，スピーチを行った。こうした影響力を活かし，環境を守るための国際規制の枠組みづくりを促進する働きかけを30年以上にわたって続けてきた。その結果，次のような国際条約・枠組みが締結されている。

・国際捕鯨委員会・商業捕鯨の一時停止（1982）
・国連・公海における大型流し網一時停止（1989）
・オゾン層を破壊する物質に関するモントリオール議定書（1989）

第Ⅲ部　サステナビリティとNPO・自治体

- 生物多様性条約（1992）
- ロンドン条約・放射性廃棄物海洋投棄全面禁止（1993）
- バーゼル条約・有害物質の越境移動の禁止（1994）
- 国際捕鯨委員会・インド洋・南極海クジラ保護区設定（1979, 1994）
- 包括的核実験禁止条約（1996）
- 環境保護に関する南極条約議定書（1998）
- 残留性有機汚染物質に関するストックホルム条約（2001）
- **気候変動枠組条約**・京都議定書（2005）

## 2　グリーンピースの活動成果とその影響力

　以下では，グリーンピースの主な活動成果を通じ，その活動手法と影響力をみていく。ここに紹介する成果例は，世界的によく知られたものと，日本で行われたものに限定している。したがって，ここで取り上げる成果例以外にも世界規模のもの，そして世界41カ国で活動するそれぞれの国レベルでのものなどがあるが，それはグリーンピース本部のウェブサイトや各国支部のウェブサイトをご覧いただきたい。

①フランスの大気圏内核実験の中止（1972年）

　1970年代当時，仏領ポリネシアのムルロア環礁では，フランスが依然として大気圏内核実験を強行していた（英，米，ソ連の3カ国は1963年，部分的核実験停止条約に調印し，将来の核実験はすべて地下核実験とすることで合意。フランスと中国は条約の批准を拒否していた）。

　1972年，小型帆船ベガ号に乗り込んだグリーンピースのメンバー3人は，

---

**国際捕鯨委員会**：略称IWC（International Whaling Commission）。1946年に採択された国際捕鯨取締条約に基づいて1949年に設置。現在，日本を含む81カ国が加盟する。鯨類の保護と利用に関する最有力の国際機関で，乱獲への反省から保護に傾く点に日本などは不満を募らせる。

**気候変動枠組条約**：全世界で温室効果ガスを削減するために1992年の地球サミットで採択され，1994年に発効した。現在，189カ国が加入。1995年にはじまった締約国会議は「COP」のあとに回数をつけて略称する。2012年までの削減目標を定めた京都議定書はCOP3で採択された。

第9章　地球環境保全とグリーンピース

フランスの核実験区域に入って抗議行動を続けた。この行動はヨーロッパのメディアで紹介され，世界的に核実験への懸念が高まった。

翌73年にもグリーンピースは実験海域に向かったが，そこでフランス海軍による襲撃を受ける。メンバーは非暴力の原則を守って無抵抗だったが，その1人は仏海軍の奇襲隊員に棍棒で意識がなくなるまで叩きのめされ，右目に重症を負った。ほかのメンバーも拘束され，仏軍基地に連行された。仏海軍は「グリーンピースのメンバーの怪我は彼自身の不注意によるもの」「当方は丸腰だった」と発表したが，そのとき現場で撮影された写真が決定的な証拠となり，グリーンピースの抗議行動と仏海軍の殴打事件が世界各地で報道された。

こうした中で1974年9月，ついに国連総会においてフランス政府は将来すべての核実験を地下で行うと発表した。グリーンピースによる不断の行動の成果だった。

②米核実験で死の灰を浴びた島民の脱出作戦と「虹の戦士号」爆破事件（1985年）

1985年，グリーンピースの船「**虹の戦士号**」は，核実験のために汚染されてしまった島の人々の「脱出作戦」を支援した。太平洋マーシャル諸島のロンゲラップ島は，1946年から58年まで少なくとも5回におよぶアメリカの核実験で死の灰を浴びた。この島がもはや住むに耐えないと判断した島民は，195 km離れたメジャト島への避難を決定。島民全員と家財道具の運搬をグリーンピースに依頼したのである。「虹の戦士号」は10日間で両島を4往復し，およそ300人の移住を完了させた。

この大仕事の後，グリーンピースは南太平洋でフランスが続行する核実験への大規模な抗議活動を計画していた。これに対し，フランス政府は情報収集のため諜報機関員をグリーンピースの事務所に潜入させた。グリーンピースの船「虹の戦士号」を爆破して抗議行動を阻止するため，破壊工作員を送り込んだ

---

**虹の戦士**：アメリカ先住民に伝わる予言によれば，地球に危機が訪れて環境破壊が進むとき，肌の色が異なる人々が戦士となって自然を守るという。グリーンピースの創設者たちが引用し，キャンペーン船の名前とした。「虹の戦士号」は現在，3代目の建造が計画されている。

のである。

7月10日深夜，ニュージーランドのオークランド港に停泊中の「虹の戦士号」に仕掛けられた2個の爆弾によって船は沈められ，乗船していたメンバー1人の命が奪われた。自国内ではじめて起きたテロ行為に対して，ニュージーランド警察は迅速に捜査を進め，爆破事件に関わったフランス人工作員を拘束。2カ月後には仏国防相の関与が判明し，仏政府は「虹の戦士号」爆破を認めて公式に謝罪した。

設立以来，非暴力直接行動で問題に向き合ってきたグリーンピースは，つねにより大きな力（国家権力や多国籍企業など）と対決してきた。この事件のように，「国家テロ」の被害者となることもあったが，挫けることなく，国益・私益にとらわれない立場で地球環境を守る活動を続けている。

フィクションのような「国家テロ」の実話は，後に様々な映画や本で取り上げられることになる。しかし日本では，グリーンピースがフランス軍の船を爆破したという，事実とはまったく逆の話になって誤解されることすらある。

③核のない海キャンペーン：タイコンデロガ事件を暴露（1989年）

グリーンピースは1987年，海の核軍拡競争をやめさせるため，海洋からすべての核兵器と原子力艦船をなくすことを目的に掲げて，世界的に「核のない海キャンペーン」を開始した。1945年以降の海軍事故を詳しく調べ上げる中で，1965年12月，アメリカの航空母艦が沖縄近海で水爆1個を攻撃機もろとも海に落とし，空母はそのまま横須賀に入港した（タイコンデロガ事件）という記録を発見した。明らかに「核の日本への持込み」を証明するこのニュースは，グリーンピースによって89年に発表され，**非核三原則**を国是としていた日本に大きな衝撃を与えた。

④ストップ・プルトニウム・キャンペーン：プルトニウム海上輸送計画の暴

---

**非核三原則**：日本は「核兵器を持たず，作らず，持ち込ませず」という原則。1967年に佐藤栄作首相が国会答弁で述べ，翌年の施政方針演説でも再確認したことにより，のちにノーベル平和賞を受賞した。前二則には複数の法的歯止めがあるが，米軍との関係で三則目は疑わしい。

露と世論喚起（1992〜93年）

　日本はイギリスとフランスに原子力発電所から出た使用済み核燃料を送り，**再処理**を委託している。1992年11月から93年1月にかけて，フランスで再処理された125発分の核爆弾に相当するプルトニウムが，日本に向けてあかつき丸によって海上輸送された。グリーンピースは，日本政府がひた隠しにしたこの秘密輸送の実態を暴き，その危険性を世界中に訴えた。

　日本の海上保安庁はグリーンピースに対し，輸送船を追尾して情報を公開するのは核物質防護上問題なのでただちに中止するよう要求した。しかしグリーンピースは，世界中が反対し，不安をもって注視する中，あくまでも輸送ルートを隠し続ける姿勢は国際社会の一員として責任ある態度ではないと，さらに追跡を続け，逐一その航行位置を世界中に通報した。これを受けてポルトガル政府は日本政府に対し，あかつき丸が同国の経済水域に入らないよう要請したことを発表した。

　この一連の行動は，グリーンピースの機動力と情報収集能力を日本社会に強烈に印象づけた。プルトニウムの危険な海上輸送こそ行われてしまったが，グリーンピースがベールに隠された輸送計画と航行経路を暴露し，その危険性を訴え続けたことにより，その後のプルトニウム輸送は行われていない（ただし，ウランとプルトニウムの混合燃料「**MOX燃料**」の海上輸送は99年以降も行われている）。

⑤日本海への核廃棄物投棄事件：投棄現場を暴露（1993年）

　旧ソ連時代から核のゴミを海に捨て続けていたロシア政府が，1993年10月17日，ふたたび日本海で核廃棄物投棄を行った。グリーンピースはその現場を押さえることに成功。投棄現場からの衝撃的な映像は，日本や韓国だけでな

---

**再処理**：原子力発電所で燃やした使用済み核燃料から，利用可能なウランとプルトニウムを取り出す工程。青森県六ヶ所村に国内初の再処理施設が建設され試験中だが，様々な問題でフル稼働は遅れ続け，核兵器原料のプルトニウムを大量に抱え込む可能性も高い。

**MOX燃料**：プルトニウムとウランを混ぜた特殊な核燃料。高速増殖技術（後述）の遅延により，前述の再処理工程で得られるプルトニウムが不要に蓄積してしまうことを避けるため，既存の原発や新しい専用原発でこのMOX燃料を燃やす計画があるが，うまく進んでいない。

く，アメリカ，ヨーロッパなどでも大きく報道され，ロシア政府は国際的非難の矢面に立たされた。

ロシアのエリツィン大統領の訪日直後だったこともあり，日本国内ではロシア政府に対する怒りが沸騰した。核投棄に反対する世論の高まりは，海洋投棄をめぐる日本政府の方針変更の呼び水ともなって，当時の細川政権は「放射性廃棄物海洋投棄の全面禁止」に賛成することを表明。11月12日，ロンドン条約の締約国会議で核投棄の全面禁止という歴史的決議が採択された。

このグリーンピースの活動は，特に日本におけるグリーンピースの評価を大きく変えた。それまでは捕鯨問題のせいで「日本たたき」の集団と否定的にみられがちだったが，これを機に環境破壊の現場に出かけていく行動力，国際的ネットワークを駆使した情報収集・分析能力，環境を守るための国際規制強化への影響力などが評価された。ちなみに，当時の武村正義官房長官は「グリーンピースに感謝している」とコメントしている。

⑥グリーンフリーズ・キャンペーン：オゾン層保護・地球温暖化問題への代案提示（1993〜2002年）

グリーンピースは，オゾン層を破壊し，**地球温暖化**を加速する化学物質フロン類の全廃に向けて代替案を提示するために，フロン類を一切使用しない家庭用冷蔵庫「グリーンフリーズ（緑の冷蔵庫）」の技術を開発した。その後，消費者の協力のもと，電気メーカーに「環境にやさしい冷蔵庫を作って！」と働きかけ，全世界に「グリーンフリーズ」モデルを普及させることに成功した。日本国内でも，松下電器産業株式会社（当時）を中心とした国内大手電機メーカーに積極的に働きかけ，2002年，ついに同社が「ノンフロン冷蔵庫」として国産グリーンフリーズ型冷蔵庫の発売を実現させた。このグリーンピースと松下電器の「協働」によるノンフロン冷蔵庫の開発秘話は，後の国内 **CSR** ブームにおいて成功例の代表格として取り上げられることとなる。また，「グリー

**地球温暖化**：二酸化炭素やメタンを含む温室効果ガスの大気中濃度が増すと，太陽からの輻射熱が宇宙に十分放出されず，地球全体が異常に温まってしまう現象。IPCC（気候変動に関する政府間パネル）の報告では，化石燃料の利用など人為的な原因で進行している可能性が高い。

ンフリーズ」技術を広く企業に普及させるために特許を取得せずに普及を推進したことなどが評価され，グリーンピースは 97 年に「国連環境計画（UNEP）オゾン保護賞」を受賞している。

⑦気候変動問題への取り組み（1990 年〜）

　グリーンピースが最も深刻な環境問題の 1 つとして最優先課題として取り組んでいるのが気候変動，いわゆる地球温暖化の問題である。「気候変動」も「地球温暖化」も言葉としてまだあまり知られていなかった 1990 年から，グリーンピース・ジャパンはグリーンピース本部の専門家スタッフらとともに，日本政府の関係省庁，国会議員，科学者，経済学者らと意見交換を行ってきた。日本は世界第 4 位の二酸化炭素排出国で，気候変動問題において重要な位置を占めるため，日本のきびしい規制の達成なしには温暖化を食い止められないとの判断から，国内でも市民に対する啓発活動，ビジネス界を対象にしたセミナーの開催，国際会議への参加，各種レポートの発表を含む積極的なキャンペーンを展開した。

　1997 年には，地球温暖化防止京都会議に向け，南極・北極での温暖化の影響の調査，議長国日本政府への働きかけなどを行い，会議期間中は会議の進行状況を逐次分析・発信。また，様々な形で温暖化防止をめざす具体的行動の必要性をアピールした（その活動については，その年の環境白書にも写真付きで紹介された）。

　翌 98 年には，京都会議中にも活躍した太陽光発電のデモンストレーション・カー「ソーラーキッチン」で全国をまわり，クリーンなエネルギーへの転換を地方自治体レベルでも促進するよう働きかけを行った。その後もこの問題に取り組み続け，2008 年には気候変動を抑止する代替シナリオを示すために，2050 年までに日本は電力の 60％ 以上を自然エネルギーでまかなえることを示す報告書『エネルギー［r］e ボリューション――日本の持続可能なエネルギ

---

CSR：「企業の社会責任」（Corporate Social Responsibility）の略。環境対策や地域貢献の面で企業の果たす役割の自覚が高まり，従業員のボランティア活動から本業での本格的な取り組みまで，積極的にコミットしようとする姿勢をさす。広報戦略にとどまる場合もある。

ーアウトルック』を発表した。

⑧ブレントスパー：沖合構造物の海洋投棄禁止とCSR概念の誕生（1995年）

世界的に企業の社会的責任（CSR）が重要視されるきっかけとなったグリーンピースの活動がある。それがブレントスパーだ。

1995年にロイヤル・ダッチ・シェル社（以下シェル）は，北海での石油採掘用に設置されている大型のプラットフォームが老朽化したという理由で，それを北海に海洋投棄する計画を発表した。このプラットフォームは，ブレント油田で採掘された石油を貯め，タンカーに積み出すための高さ137 m（海上部28 m，海中部109 m），重量1万5000トンの巨大な構造物である（長坂寿久〔2003〕「『企業の社会的責任』／『社会責任投資』とNGO」『国際貿易と投資』2003年秋号，No.53)。

グリーンピースは，石油採掘に使用された巨大な構造物が海洋に投棄されることの有害性を訴える目的で，このプラットフォーム上に座り込みをはじめる。また海洋投棄計画の見直しを訴えるために，シェルのガソリンスタンドで情報提供を行ったり不買運動への協力を求めたりした。当時開催されていたサミットでは，ドイツの首相がイギリス首相とこの問題について協議することになるなど，確実に関心は高まっていった。

こうした状況下，シェル社はプラットフォームでの座り込みをやめさせようと大型船を派遣し，座り込み中のグリーンピースの活動家やゴムボートに激しく放水して，抗議活動の強制排除を図った。この放水の模様がニュースで放映され始めると，ふだん人の目に入らない沖合数百kmにあるプラットフォームの映像がお茶の間に届き，シェル社への批判が急速に高まった。これによってヨーロッパ中にシェル社のガソリンの不買運動が広がり，シェル社は多大な損害を受けることとなる。

---

**エネルギー [r] e ボリューション**：グリーンピースが同名の研究報告で打ち出した持続可能なエネルギー・シナリオ。原子力から段階的に撤退しながら，自然エネルギーの飛躍的導入とエネルギー利用効率の大幅向上により，2050年までに全世界で$CO_2$排出半減，先進国では80％以上削減を実現する。

結局，シェル社はブレントスパーの海洋投棄を中止し，陸上で解体することを発表。グリーンピースは，その直後のオスロ・パリ会議（北東大西洋の環境問題を規制する国家間機構）の年次総会においても，ブレントスパーの事例をもとに，このような有害構造物の海洋投棄全面禁止を訴えた。その結果，加盟13カ国中11カ国が，沖合にある構造物の投棄は合意されるまで行わないこと（モラトリアム）に合意した。また，シェル社は企業理念の変革や組織改革を含めて本格的なCSR企業へと脱皮し，その成功例として紹介されるようにもなる（長坂〔2008〕）。

⑨核実験の完全禁止をめざして（1995～96年および1998年～現在）

1995年に誕生したシラク政権が，一時停止されていたフランスの核実験再開を発表すると，グリーンピースはただちに国際的なキャンペーンを展開。実験現場に船を送るなど，核実験反対運動の先頭に立った。これによって，かつてないほど大規模な国際世論を作り出し，当初8回予定されていた核実験を6回で断念させた。

同じく中国の核実験に対しても，中国国内に向けて核実験反対を訴える努力を試みた（95～96年）。こうした国際世論の盛り上がりの中，ついに1996年の国連総会において**包括的核実験禁止条約（CTBT）**が採択された。

98年にインドとパキスタン，そして2006年に北朝鮮が核実験を行った際も，いち早く抗議行動を組織し，核実験の全面禁止を訴えた。

⑩ゼロ・ダイオキシン・キャンペーン（1996～97年）

ダイオキシンの有害性についても，グリーンピースは早くから警鐘を鳴らしていた。塩素を含む化合物の生産過程や製品の使用中，および製品がゴミとして焼却廃棄される過程で，副産物として発生するこれら有機塩素による環境汚

---

**包括的核実験禁止条約（Comprehensive Nuclear Test Ban Treaty）**：宇宙空間，大気圏内，水中，地下を含むあらゆる場所での核実験と核爆発を禁止する。1996年の国連総会で採択されたが，当時必要だった44カ国のうち10カ国が未批准のため発効に至らない間に，イスラエル，インド，パキスタン，北朝鮮などの核保有も許している。

染は世界中に広がっているが，驚くべきことに日本では法的規制がまったく行われず，汚染は長年にわたり野放し状態だった。

　グリーンピースは1996年に「ゼロ・ダイオキシン」キャンペーンを始動。博多，大阪，富山，横浜などを船で周航し，世論の喚起を試みた。またそれに先立ち，13年にわたって50万トン以上の産業廃棄物が島外から持ち込まれ，不法に投棄されてきた香川県・豊島を視察。この問題の早期解決に向けて行動を開始した。

　アルミ加工工場から高濃度のダイオキシンを検出したというグリーンピースの調査報告（1997年）は，当時の環境庁の「ダイオキシン排出抑制対策検討会」にも大きなインパクトを与えた。そして，これら一連のキャンペーンを受け，97年8月，日本ではじめてダイオキシンに法的規制が設けられることになる。

　豊島問題はグリーンピースの訪問後，当時の菅直人厚生大臣が閣僚としてはじめて島を視察。グリーンピースは，その後も海外から専門家を招聘するなど，豊島の問題を国内外に広く発信し，2000年の地元住民と県の歴史的合意へと道を開いた。

⑪脱塩ビおもちゃキャンペーン（1998～2003年）

　グリーンピースは，環境中に**難分解性有機汚染物質（POPs）**を出さないことを求めた活動の中で，製造時にも焼却時にもダイオキシンが発生する塩化ビニル（塩ビ）の問題に焦点をあててきた。とりわけ，健康に対して非常に緊急性があるという観点から，幼児が使う塩ビ製のおもちゃをやめていこうというキャンペーンを1998年に開始した。

　実際に市販されているおもちゃの材質などの調査・分析，業界団体や各省庁，マスコミ，そして子どもをもつ親たちへの積極的な働きかけといった活動を通

---

**難分解性有機汚染物質**（Persistent Organic Polutants）：分解したり水に溶けたりしにくく環境中に長期間残留する反面，脂肪に溶けやすいため生体内に蓄積しやすく，大気や海洋経由で長距離を移動して，地球全体を汚染する可能性がある環境汚染物質。ダイオキシンやPCB，DDTなど環境ホルモン作用のある物質を含む。

第9章　地球環境保全とグリーンピース

じ，「塩ビのおもちゃはいらない」という世論を作っていった。その結果99年には，日本の大手のメーカーによる「脱塩ビ宣言」が出され，さらに2003年8月には塩ビ製おもちゃへの規制が発効して，乳幼児が口に入れるようなおもちゃには塩ビが使用されないことになった。

⑫東海村JCO事故への対応（1999年）

1999年9月30日，茨城県東海村で**高速増殖**実験炉「常陽」向けに燃料を製造中のJCO（住友金属鉱山の子会社）核燃料加工施設で起こった臨界事故に対し，グリーンピースはいち早く専門家による調査隊を派遣し，10月3日には現地調査を開始。7日にはその結果を発表した。

グリーンピースの専門性と機動力が注目される一方で，日本国内の核関連施設でのずさんな管理，事故発生時における政府の対応の遅さ，不十分な情報公開などの問題が明らかになった。多量の放射線を浴びた3人の作業員のうち2人が死亡する，日本の原子力利用史上最悪の事故だった。

⑬反MOXキャンペーン（1999〜2002年）

1995年末にナトリウム漏れ火災を起こした高速増殖炉「もんじゅ」の再開のめどが立たない中，プルトニウムを強引に利用するため，プルサーマル計画が進められようとしていた。プルサーマルとは，プルトニウムとウランを混ぜ合わせた核燃料（MOX）を，高速増殖炉ではなく通常の原子炉（軽水炉）で燃やす方法のこと。

1999年には，イギリスから核兵器に転用可能なMOX燃料が海上輸送された。92年のあかつき丸以来の危険な輸送に対し，グリーンピースは国際的な抗議活動を展開した。また，プルサーマル計画の予定地（福島，新潟，福井）への様々な働きかけを行い，最終的にこの三県では計画が撤回となった。

**高速増殖**：使用済み核燃料の再処理からつくられたMOX燃料に高速の中性子を当てて，消費するより多くのプルトニウムを生成するとされる工程。日本は再処理と高速増殖を国策とするが，実験炉「もんじゅ」のナトリウム火災事故などで頓挫している。

⑭マグロ漁船・便宜置籍船（FOC）問題への取り組み（1999〜2000年）

グリーンピースは海洋環境保護の一環として公海での漁業問題に取り組んできた。高度回遊性の魚種（マグロ類）に関してはいくつかの国際条約があるが，その規制をすり抜けるために利用されている便宜置籍船（FOC：各種漁業協定に加盟していない国に船籍を置くことで，規制に関係なく捕獲ができる）については問題が多いと，各政府や関係機関に対しその根絶を訴えてきた。

1999年，グリーンピースは国際運輸労連（ITF）および全日本海員組合（JSU）とともに，マグロ流通に携わるすべての者に対し，FOC漁船の獲ったマグロの売買と取り扱いを控えるよう関係者に強く働きかけた。その結果，三菱商事は，今後は便宜置籍船によって漁獲されたマグロを取り扱わないとする宣言を発表した。

⑮原生林保護キャンペーン（1998〜2001年）

世界に残された**原生林**にとって，最大の脅威は商業的な森林伐採である。グリーンピースは貴重な原生林の破壊的伐採を止めるために，北米やロシア，南太平洋，中南米をはじめとする様々な地域で活動してきた。同時に，木材製品の世界最大の消費国であるヨーロッパ各国やアメリカ，日本でも，原生林の樹木を原料とする製品の購入をやめるよう企業に要請してきた。

カナダのブリティッシュ・コロンビア（BC）州に残された世界最大級の温帯雨林は，伐採業者によるクリアカット（皆伐）の危機にさらされていた。そして，そこで伐採された樹木の多くは日本に輸入されていたため，グリーンピース・ジャパンは日本の企業と消費者に向け，原生林からの木材製品を拒否するよう呼びかけた。

伐採会社の顧客企業に対する働きかけの結果，70以上の会社が取り引きを中止。そしてついに2001年，BC州の伐採企業と環境団体による合意が達成され，BC州政府は自然保護と環境に対して責任ある伐採のための新しいアプ

---

原生林：人間の手がほとんど，あるいはまったく入らない森林の総称。産業革命以降，造船や製鉄，製紙などによって世界各地で乱伐が進み，現在ではかつての20％も残っていない。地球温暖化を抑止するためにも，これ以上の原生林破壊は中止すべきだ。

ローチの採用を発表した。

⑯反イラク戦争（2003年）
　グリーンピースはアメリカのイラク攻撃に反対し，国内外で抗議行動を展開した。「ひとりの人間として，いかなる理由であれ殺人，人権侵害，環境破壊を引き起こすこの攻撃は見すごせない」との趣旨で多数の賛同者を集めた「WORLD PEACE NOW」の呼びかけ団体として，積極的に政府・市民に働きかけた。
　2003年3月3日の『朝日新聞』に全面広告を掲載。イラク戦争に反対する人は，大きく書かれた白抜きの文字「NO WAR」に色を塗って厚紙に貼り，それを持ってピースパレードに参加しようと呼びかけた。この「ぬりえピースプラカード」は全国的に大きな反響を呼び，各地でこのプラカードを持って集会に参加する人たちが見られた。この広告は，同年の電通「公共広告準優秀賞」を受賞。社会的表現が評価され，日本の市民運動にも勇気を与えた。

⑰ゼロ・ウェイスト・キャンペーン（2003〜04年）
　日本には，世界中の**焼却炉**を合わせた数の3分の2以上の焼却炉が存在する。焼却炉は様々な有害物質を環境中に放出するだけでなく，ごみを安易に処理することで貴重な資源の無駄使いを促進してしまう。日本では焼却施設の建設・改修に年間約8000億円にものぼる莫大な税金を使用しており，また年々高額になる維持管理費は地方自治体の財政を圧迫している（R. マレー／グリーンピース・ジャパン訳〔2003〕『ゴミポリシー』築地書館）。
　一方で，カナダ，オーストラリア，ニュージーランド，アメリカの自治体では焼却炉を用いず，しかも埋め立て処分からの脱却をめざそうという活動が行われ，すでに最終処分量50〜70%の減量に成功している。この「ゼロ・ウェイスト」と呼ばれるごみ政策はなんら難しい技術を必要とせず，経済的・環境

---

**焼却炉**：ごみを燃やすと容積を減らせるため，国土が狭く埋立地が限られた日本では，焼却炉による処理が主流をなしてきたが，大量生産・消費・廃棄を促し，ダイオキシンなど有害物質を環境放出することから見直しが求められる。最近の溶融炉も本質的には焼却システム。

的・社会的にも焼却中心の政策より優れた政策として世界中の注目を浴びている。

　グリーンピースは、日本でも焼却炉の代案としてこのゼロ・ウェイスト政策を紹介するキャンペーンを展開。徳島県上勝町と協力し、2003年にはその第1号としてゼロ・ウェイスト宣言を採択。上勝町ごみゼロ（ゼロ・ウェイスト）宣言では、「未来の子どもたちにきれいな空気や美味しい水、豊かな大地を継承するために、2020年までに焼却、埋め立て処分をなくし、上勝町のごみをゼロにする」と謳われている。

　また2008年には、福岡県大木町が「2016年までにゼロ・ウェイスト」を達成すると宣言し、さらに本稿執筆時において神奈川県葉山町が2009年の宣言を予定しているし、東京都町田市や熊本県水俣市などもゼロ・ウェイスト宣言をめざしている。

　グリーンピースでは、ゼロ・ウェイストを実現する上で企業の生産者責任を問うことにも取り組んできた。その具体例としては、アサヒビール株式会社にペットボトルビール販売見直しを求め、認めてもらったというキャンペーンがある。企業の生産者責任があいまいなままペットボトルビールを販売し、そのごみ処理を自治体に任せることへの異議を唱えて、アサヒビールに計画の見直しを働きかけた。途中、アサヒビールがグリーンピースへの回答を拒み続けたため「CSR失格大賞」を贈るなどして対話を求めた結果、最終的にアサヒビールはグリーンピースの要請を認め、ペットボトルビールの発売を見合わせた。

⑱遺伝子組み換え問題への取り組み（2006年〜）

　グリーンピースは、持続可能性や生物多様性を守る食品を提供するという原則に基づき、**遺伝子組み換え**でない作物や食品を推進する取り組みを各国で行っている。2006年、グリーンピース・ジャパンは遺伝子組み換え食品を消費者が避けられるようにするガイドブック『TRUE FOOD GUIDE（トゥルー

---

**遺伝子組み換え**：農作物や食用動物に異なる生物の遺伝子を人工的に組み込むことにより、人間にとって望ましい性質を得ようとする技術。人間や家畜が摂取した場合の長期的な安全性が未確認のうえ、意図せぬ環境放散や生物多様性への悪影響、伝統農業の破壊などの懸念が強い。

フード・ガイド）——食べていませんか？　遺伝子組み換え食品』を発行。このガイドブックは，スーパーで一般的に購入できる様々な製品について遺伝子組み換え原料が使用されているかどうかを色分けし，製品の実名を明示したもので，受付け開始以来，消費者からの問い合わせ・注文が殺到して，2カ月で発送部数が5万部を超えた。これは，消費者が遺伝子組み換え食品に対する強い心配や不安を抱えていることを物語る。グリーンピースはさらに市民への情報提供を続ける一方，遺伝子組み換えについてあいまいな**日本の食品表示制度**を改善する法改正を求め，多くの関連団体とともに「100万人署名」を実施中。

⑲クジラ問題への取り組み（1989年～現在）

19世紀後半に近代捕鯨が導入されて以来，過剰な商業捕鯨により大型のクジラは激減してしまった。1987年にはすべての商業捕鯨が中止されたが，いまなお「調査」の名のもとで日本は公海で大規模な捕鯨を続けている。

グリーンピースは70年代から商業捕鯨の問題を指摘し，旧ソ連やオーストラリアなどの捕鯨国に対して抗議活動を続けてきた。しかし日本に対する抗議活動に関しては，捕鯨推進側の巧妙な宣伝のため，日本国内で長らく「日本（人）たたき」と受け取られてしまっていた。グリーンピース・ジャパンは，捕鯨に反対する理由，**調査捕鯨**の「調査とはいえない」実態，南極海という公海で日本だけが絶滅危惧種を含むクジラを捕殺し続けている事実などを日本国内に広くていねいに伝え，国内世論の形成に取り組んでいる。

2007年3月には，筆者が『日本はなぜ世界で一番クジラを殺すのか』（幻冬舎新書）を上梓。捕鯨問題を多面的に解説しながら，今後の解決策を提示した。

2008年5月には元捕鯨船乗組員の内部告発を受けて，日新丸の船員による鯨肉横領の事実を東京地方検察庁に告発した。グリーンピース・ジャパンの証

---

**日本の食品表示制度**：遺伝子組み換え原料に関し，現行制度では重量で上位3品目のみ，しかも5％以上の含有に限って表示義務を課しているため抜け穴が多く，消費者が明確な情報を得て選択することができない。また，加工品や家畜飼料も制度の枠外であるなど，改正が求められる。

**調査捕鯨**：国際捕鯨取締条約で加盟国に科学調査のための鯨類捕獲を認めており，日本政府は1988年からこれを根拠に大規模な捕獲調査を続けてきたが，科学の名を借りた商業捕鯨だとの批判は根強い。商業捕鯨はIWCの決議で1982年からモラトリアム（中止）状態。

拠入手方法の問題が大きく取り上げられたが、同時に天下り官僚が勤める財団法人に100億円以上もの税金を費やしてきた調査捕鯨の怪しさに対する批判も高まっており、当時の若林農林水産大臣も「ちゃんと調べさせます」と明言した。なお、このケースについては本稿執筆時において公判を含む攻防が続いている。

⑳日本のNGO活動への貢献：NPO法成立への取り組み

グリーンピースは世界40カ国以上で活動しているが、グリーンピース・ジャパンはその中で長らく法人格が取れない唯一の支部だった。政府のお墨付きをもらえる団体だけが「公益」に値する活動とみられていた時代から、グリーンピースは市民の経済的支援のみにより真の「公益」のために活動する市民団体として実績をあげてきた。同時に、そうした市民団体が法人としての登記をできず、法的にも経済的にも個人の責任に委ねられているという問題を国内外に訴え続けた。

95年の阪神大震災後、ボランティア活動が見直され、市民の非営利活動への理解が進んで、ついに**NPO（特定非営利活動促進）法**が1999年に成立した。グリーンピース・ジャパンは、この法律の成立に向けても、取りまとめ団体へ様々な情報や意見の提供を行うなどの貢献をした。

また、大学や地域社会、学会、ビジネス界をはじめ、様々な場所でNGO活動の紹介を行うとともに、毎年、多くの中・高生の訪問を受け入れ、若い世代のNGO活動への理解をサポートしている。

## 3　グリーンピースの特徴と日本社会での役割

日本に関わりの深い代表的な成果を紹介してきたが、こうしたグリーンピー

---

**NPO（特定非営利活動促進）法**：それまで公益法人の設立には主務官庁の認可が必要だったが、都道府県（複数にまたがる場合は総理大臣）の認証により、非営利で公益的な法人設立の簡易化が図られた。さらに寄付控除資格をもつ認定NPO法人を増やすなどの課題解決に向け、改訂が求められる。

スの活動実績を振り返ると，その特徴が浮かび上がってくる。それは「環境破壊の可視化」と「**当事者責任**の追及」といえよう。北極や南極へ出向くことができる船を3隻所有するなど，グリーンピースほどグローバルな環境破壊の現場に立ち会うことを重視し，環境破壊の生々しい画像や映像を世界に発信し続けてきたNGOはほかにない。また現場での動かぬ証拠を武器に，当事者の責任をグリーンピースほどストレートに実名で追及し，その行為の中止または代替案の採用を迫るNGOも珍しい。これこそ，企業や政府から寄付を受けないがゆえに可能なグリーンピースの特徴であり，具体的な成果を引き出せる強みでもある。そして，この「環境破壊の可視化」と「当事者責任の追及」を同時かつ効果的に行うことを支えているのが，本章で紹介した多くの例にもみられる「非暴力直接行動」という抗議手法だ。

　グリーンピースの「非暴力直接行動」とは，「環境破壊行為を行う当事者に，公の場で破壊行為について説明することを，暴力に頼らずに迫る」行為をさす。環境破壊を行っている当事者に，その行為をやめてほしいといくら理路整然と伝えても，その行為が止まることは現実的には非常にまれだし，当事者自身がそれをわざわざ公に発表することなどほとんどありえない。止めてもらえたとしても相当の時間を要し，結局は環境破壊が取り返しのつかないところまで進んでしまう場合が多い。NGO的な市民運動に参加したことがある人なら，環境破壊行為が簡単に止まらない現状を経験し，その歯がゆさを熟知しているにちがいない。

　ブレントスパーの例でも，もしグリーンピースが沖合数百kmにあるプラットフォームに座り込みをはじめなければ，シェル社が巨大な構造物を海洋投棄しようとしていたことは世間で話題にならなかったし，そもそもそのような構造物があるということすら知られなかっただろう。現場での座り込みを行わず，シェル社に話し合いだけで海洋投棄を中止してくれと申し入れても，シェル社は海洋投棄によって節約できるコストを考えればその計画を中止する必要性を

---

**当事者責任**：企業は外部コストを内部化したくないため，政府は行政無謬神話を守りたいため，日本社会では責任主体をあいまいにする伝統のためなど，不問に付されがちな問題や不正の責任の所在を明らかにすることこそ解決の鍵である。

理解せず，海洋投棄を実行していただろう。座り込みがニュースで取り上げられるようになったからこそ，シェル社の計画について公に議論され，不買運動が起こり，シェル社ははじめて海洋投棄の社会的なコストを計算した結果，「中止」という決断を迫られたわけである。

「非暴力直接行動」は，環境破壊活動を行う当事者とそれを問題視する者を，メディアや市民という第三者の注目する中で**「リングに上げる」**ことができる。を可能にする。そして「リングに上がった」両者には，聴衆に向かって説明する機会が与えられる。報道が中立的であることが前提だが，このとき聴衆にどちらが科学的かつ倫理的に正しいかをうまく説明できた方が支持されるという仕組みだ。このように見えない環境破壊を見えるものにすることで環境破壊を止めていく。

政府や企業から一切の寄付を受けず，それらに対して世間が注目する形で問題を指摘するグリーンピースは，日本では特異な存在かもしれない。目立たないことをよしとする日本文化の中で，積極的に問題を可視化してしまうからである。マスコミが企業や政府寄りの論調になりがちな日本では，グリーンピースのような団体には総じて批判が浴びせられるし，「出る杭は打つ」的な反応が一般からも多く寄せられる。

NGO（Non-Governmental Organization＝非政府組織）という言葉には，「政府とは立場の異なる」組織であることを明確に示すアイデンティティが含まれる。つまり，政府を監視し，批判し，代案を提示する組織こそNGOと呼ぶにふさわしいのだ。そうした本来の役割からしても，NGOは政府や企業の下請けのような存在になるのではなく，政府と産業界に緊張感を与える活動を期待される。それには，政府と企業を建設的に批判できる能力や資金源を持つべきだし，政府と企業に無視されない手法をそれぞれのNGOが特徴を活かして開発していくべきだろう。グリーンピースは，政府や企業と対等の立場で活動できる数少ないNGOとしてさらに成長すべく，不断の努力を続けている。

---

**リングに上げる**：日本語では「物議をかもす」「言挙げする」と換言してもよい。多くの場合，意図的に隠され，封じ込められている不正や問題のすみやかな解決をめざすには，あえて波風を立て，自ら火の粉を浴びる覚悟で当事者を名指し，衆人環視のもとで責任を問うことも必要。

## ▶▶ Column ◀◀

### NGOとグローバリズム

　経済のグローバリズムについて，NGO市民セクターでは一般にマイナス評価をすることが多いのはご存知のとおりです。南北間の格差拡大，政治腐敗の増長，多国籍企業による資源の収奪や人権・生活圏の侵害といったものが，公正・公平で持続可能な世界とは逆行するからです。しかし，たくさんの国々にまたがる国際NGOとして環境破壊を含むグローバリズムの弊害を是正しようとすると，国益がしのぎを削る様々な国際会議や，多国籍企業と地元住民が衝突する途上国の奥地など，NGO自身も政府や企業以上にグローバルなフットワークとネットワークを駆使して神出鬼没の働きをしなければなりません。その結果，国際NGOそのものがグローバリズムの申し子のように，巨大な組織と資金を効率的に動かす必要に迫られます。ある意味では，批判する相手と似てきてしまうわけです。実際，マネジメント手法，広報戦略，ITや会計システムの統合といった面で，先進的なグローバル企業の成功例から学ぶことも少なくありません。

　反対に，政府や企業の側もNGOのキャンペーン手法を取り入れることがあります。例えば，グリーンピースがしばしば抗議の船を出す南極海の調査捕鯨では，日本政府お抱えの捕鯨母船が船腹に「RESEARCH」（調査）とペンキで大書きしていたり，グリーンピースのヘリコプターが上空からクジラ解体の模様を撮影するときには甲板に「標本採取中」と英語のパネルを広げたり，どこか微笑ましい光景がみられます。南極海のような遠隔地からでもリアルタイムで世界に発信できるNGOの能力を利用して，国際社会への説明キャンペーンを試みているわけです。ただし，純粋な自然科学の調査船ならわざわざ「調査」と断る必要はないので，かえって不自然に映るかもしれません。

　最後に，グリーンピースの公式見解というよりは筆者個人の持論として，NGO市民セクターはメディアとともに「**第四権力**」の一翼を担うと考える。つまり，民主主義の三脚である立法・司法・行政の三権の外側から，三権の健

---

**第四権力**：近代民主主義の進展において，ジャーナリズムや言論界は古くから第四権 (the Fourth Estate) と規定されてきたが，現代はここにNGO市民セクターも加えるべきである。インターネットなどで自前の調査・発信が容易になり，両者の境目が薄れたことも関連する。
**アドボカシー**：字義どおりの意味は「権利の主張・擁護」だが，NGOや市民運動にこの言葉をつける場合は，市民の知る権利，消費者の選ぶ権利，国民が政府に憲法を守らせる権利といったものに基づいて，積極的な当事者責任の追及や代案提示を行う姿勢をさす。

全な働きを補完する重要な役割だ．とりわけ，現在の日本のように三権の分立さえ怪しい上に，主要メディアが第四権としての責任を忘却ないし放棄しがちな社会では，NGO 市民セクターによる政府監視は一層重みを増す．

　例えば災害現場に駆けつけたとき，メディアは報道に徹し，NGO は被災者に直接手を差し伸べるという違いはあるが，メディアと NGO 市民セクターには独特の分業が求められる．それは，第四権の責任を共有しつつ，適度な緊張関係と協働関係を結び，民主社会の発展と成熟を促すための役割分担といえるだろう．

　生い立ちから自前のメディア発信力を磨き続けてきたグリーンピースは，メディアと NGO 市民セクターにまたがるグローバルな第四権力の台頭を象徴する組織かもしれない．真の市民革命を経ていないせいか，国民が政府をつくり，監視し，より良く使う権利と義務を負うことが，いまなお共通認識になっていない日本では，グリーンピースのような**アドボカシー型 NGO** に違和感をもつ人が少なくない．しかし，着実に成果を積み重ねることにより，地球環境保全の分野で信頼を築きながら，日本社会のさらなる民主化にも貢献していきたい．

[推薦図書]

**長坂寿久（2007）『NGO 発,「市民社会力」』明石書店**
　「新しい世界モデルへ」の副題に沿って，国際経済と国際交流を熟知した著者が NGO の支える未来を提示．

**桐生広人（1999）『地球を守る』山と溪谷社**
　グリーンピース・ジャパン設立後 10 年の軌跡を写真と文で紹介．国際 NGO からみた日本の 21 世紀環境運動前史．

**星川淳（2007）『日本はなぜ世界で一番クジラを殺すのか』幻冬舎新書**
　水産庁が国営事業として行う調査捕鯨について，多面的かつ冷静に問題点を掘り下げた新しい「保鯨論」の決定版．

[設問]

1. あなたがもしグリーンピース・ジャパンのような国際環境 NGO で働くとしたら，①どの分野で，②何に，③どう取り組みますか（参考：http://www.greenpeace.or.jp/）．

2．日本では企業や政府（地方自治体を含む）と対立しない「パートナーシップ」こそNGO/NPO活動の主力であるべきだとする言説をよく聞きますが，グリーンピースが得意とする対決型アドボカシー活動と比較して，日本社会での実効性を論じてください。

（星川　淳）

# 第10章
# 温暖化防止と気候ネットワーク

地球温暖化問題を解決するためには，国際社会における合意，各国内の政策，地域レベルでの対策がすべて進展していく必要があります。それぞれの分野で**環境NGO**の果たすべき役割は大きいと認識されています。これまで環境NGOはどのような役割を担ってきたのでしょうか。また，国内の環境NGOの現状，組織体制と活動内容はどうなっているのでしょうか。この章では，気候ネットワークの経緯と活動を中心に，温暖化対策の動向，環境NGOの役割等も含めて説明します。

## 1　気候フォーラムから気候ネットワークの設立へ

### 1　COP3と気候フォーラム

1997年12月に開催されたCOP3を市民の立場から成功させる目的で活動した「気候フォーラム」の趣旨・活動を受け継いで，1998年4月に気候ネットワークは設立された。この気候フォーラムの経緯・活動内容等について紹介する。

1996年12月に気候フォーラムがスタートした。COP3は，ベルリンマンデートによって「気候変動枠組条約に基づく具体的な合意」ができるかどうか非常に重要な会議であった。国内の環境NGOが，国際会議の場で結集することは初めての経験であり，すべて手探りの状態で活動を開始した。当時は地球温暖化自体への一般市民の認知度も高くなくCOP3がどのような会議であるかも知られていなかった状況でのスタートであった。

---

**環境NGO**：NGOは政府以外の組織をさし，広義では産業界の組織等も含まれる。この章では，環境保護に関して市民の立場から活動している組織として「環境NGO」という語を使用する。通常はNPO（非営利組織）でもある。気候変動枠組条約の会議にはオブザーバー参加が認められている。

第10章　温暖化防止と気候ネットワーク

　気候フォーラムは，事務所もなくスタッフが1名の状況からの活動開始であったが，わかりやすい教材を作成し，学習会やセミナーを開催して情報や活動の輪を広めていった。シンポジウムの開催，キャンペーン等を行いながら参加者を増やし，徐々に関心を広めていくことができた。また全国の運営委員による学習会や啓発活動も温暖化問題に関する認識の浸透や活動の活性化にもつながった。

　COP3の準備会合である**AGBM**（ベルリンマンデート・アドホック・グループ）にも参加し，外国の環境NGOなどとも連携して，情報の収集や意見交換なども重ねていった。国内では多くの人が情報を求めていることがわかり，正確な情報を発信することで国内外での信頼性も高まっていった。そうすることで，一層の協力を得ることも可能になり，助成金やスタッフ数を増やしていくことができた。マスコミにも取り上げられる回数も増え，京都での会議開催が近づくにつれて気候フォーラムの活動にも注目が集まるようになった。

　COP3の期間中は，オブザーバーとして会議に参加すると同時に，イベント等も並行開催した。会議の状況を伝える「Kiko」の発行は，市民やマスコミへの効果的な情報提供手段となった。閣僚級会合が始まる前の日曜日（12月7日）には，「市民の大集合」と市内パレードを実施し2万人以上が集まり市民の強い想いを各国の政府代表団に伝えた。

　会議は難航し合意に至らない可能性もある状況でもあったが，会期終了予定の翌日である12月11日の午後，「京都議定書」が採択された。合意は政府代表団によるものであるが，世界のNGOと連携した気候フォーラムの活動は京都議定書の採択という具体的な成果につながったといえる。外国のNGOやマスコミからも高い評価を受けた*。

* 会議終了後の主要新聞で「環境NGOの貢献大きい。京都会議とNGOの活躍，NGO市民の声，国を動かす」等の見出しの記事が掲載された（気候ネットワーク〔1998〕『京都会議からの出発』気候ネットワーク）。

---

**AGBM**（ベルリンマンデート・アドホック・グループ）：1995年にベルリンで開催されたCOP1で決議された「ベルリンマンデート」に基づく特別会合で，COP3までに計8回開催された。

最終的には，気候フォーラムには225団体が参加し，スタッフは20名を超え，登録ボランティア数は550名にも上った。また，寄付や地球環境基金からの助成に加え，外国の財団や外国政府などからも財政的支援を得て，1億5000万円程度の規模の活動となった（山村恒年〔1998〕『環境NGO』信山社）。

### 2 気候フォーラムの成果と課題

国内の環境NGOが結集し様々な活動を展開し京都議定書の採択に貢献できたことは大きな成果であった。国際交渉を後押しするためのNGO・市民の役割の方向づけができたものであった。気候フォーラム関係者はもちろん，多くの環境NGOにもよい影響を与えたといえる。この成果は，CAN（気候行動ネットワーク）との連携によるものも大きく，情報収集や分析力が役立った。もちろん国内の環境NGOのこれまでの継続的な活動も成功要因であった。国内の様々な地域の多様な活動がなければ，気候フォーラムの活動が広がったり，影響力を与えたりすることは困難であったことは容易に想像できる。COP3以降，国内で環境に関する国際会議が開催される度に，同様の組織をつくる試みがなされてきた。市民・NGOが参加することが不可欠であり成功にもつながるものとの認識が定着した証である。

しかしながら，NGO先進国との格差は非常に大きく，専門性や影響力が不足していることは多くの関係者が指摘している。財政規模や専門スタッフの数が異なることはいうまでもなく，NGOを支える市民の数が圧倒的に少ないことは大きな課題である。

気候フォーラムの後継組織について必要かどうかの議論があったが，地球温暖化問題の重要性が増していくことと，京都議定書の発効が重要な鍵をにぎることが予測された結果として，後継組織への移行は必然であったといえる。

### 3 気候ネットワーク設立と初期の活動

気候フォーラムの趣旨・活動を受け継いで，1998年4月に気候ネットワークがスタートした。国際交渉，国内政策，地域の活動に取り組むことと広域的なネットワーク組織をめざした。活動内容は，情報収集と発信，調査・研究，

政策提言，セミナー・シンポジウムの開催，ロビー活動，キャンペーン，実践活動のモデルづくりなどである。

京都議定書は採択されたが，その具体的なルールを決定し，各国が批准し，発効\*させるという大きな課題があり，毎年開催される**補助機関会合（SB）**とCOPの会議への参加は重要な活動となった。国際交渉でNGOの意見を反映させることは重要であり，情報収集・調査などを継続しながら交渉に参加してきた。特にCANとの連携は重要で，情報の共有，専門的な分析，ロビーの効果など単独のNGOでは難しいことも可能になった。こうして気候ネットワークと国内のNGOが専門性を蓄えていくことができた。

\*　条約加盟国の55カ国以上の批准と，90年時点の先進国の二酸化炭素排出量の55％を超える批准が発効のための条件である。

しかしながら，国際交渉は極めて専門的な内容となっていき，交渉自体が困難であったこともあり，一般の人々の国際交渉への関心は低下していった。また第一約束期間が開始するのもかなり先のこととしてとらえられていた。初期のころは，温暖化に関する一般的な認識を広めることや，政策・対策に関する理解，身近な具体的活動を整理することが重要な活動であった。

①国内対策にも政策提言

国内の対策では，京都議定書の第一約束期間のマイナス6％をどのように達成するかが最も重要な焦点である。温暖化対策の基礎となる「地球温暖化対策推進大綱」が1998年に策定され，その後，地球温暖化対策推進法が施行された。気候ネットワークは国内での対策を重視し，京都メカニズムや森林吸収源にたよらないで6％削減を達成することが重要であると主張してきた。

データ収集や研究を重ね，適切な政策を導入していけば，実用化されている技術のみを活用することで，国内で6％削減の達成が可能であるという冊子をまとめた。「政府に反対意見を述べるだけ」というNGOのイメージを払拭することにつながる政策提言活動となった。政策提言については，シンポジウ

---

**補助機関会合（SB）**：気候変動枠組条約に基づいて設置された補助機関で，「実施に関する補助機関（SBI）」と「科学上及び技術上の助言に関する補助機関（SBSTA）」がある。締約国会議の補助的な役割をもち，通常は毎年2回開催されている。

ムを開催し，政府，産業界等，他のセクターとも意見交換を行っている。

②情報収集と調査研究は活動の基盤

　温暖化問題に関する情報提供も当初から取り組み，「気候ネットワーク通信」の発行，FAX・メールニュースの発行を行ってきている。セミナーを開催して学習や意見交換の場も定期的につくった。「自然エネルギー普及」「エコオフィス」の研究会を発足させ，内部での学習，調査・研究を積み重ね，最新の動向把握や専門性の蓄積をめざしてきた。

　1998年の12月に，COP3を記念するという意味も含めて「市民が進める温暖化防止」シンポジウムを2日間，開催した。全国からの参加があり「京都議定書を発効させ，温暖化対策を進める」という熱意が継続している時期での開催であり，気候ネットワークの1年の活動の節目となるシンポジウムであった。その後，毎年テーマや内容を変え，12月頃に「市民が進める温暖化防止」と題するシンポジウムを開催してきている。

　情報の蓄積・分析に基づき，2000年には書籍『よくわかる地球温暖化問題』（中央法規）を出版した。これは，地球温暖化の現状から国際交渉，国内対策，NGOの活動まで幅広く記述し，用語解説も含めた書籍である。気候ネットワークにとっては情報収集と調査研究は活動の基盤となるものととらえて継続している。

## 2　組織体制の強化と活動の活性化

　2～3年の活動を経て，気候ネットワークの事務作業・活動内容も定着化し，対外的な信頼性も増してきた。国際交渉での情報発信，国内の対策に関する状況把握や政策提言，地域での活動成果などが評価されてきた。対外的には地球温暖化問題に取り組む環境NGOの代表的存在としてとらえられるようになってきた。スタッフの数も徐々に増え，自治体などからの委託事業も増えていった。

第10章 温暖化防止と気候ネットワーク

## 1　NPO法人に移行

　1999年12月に「NPO法人気候ネットワーク」に移行した。気候ネットワークは任意団体からNPO法人となり、活動内容等についての変更はなかったが、法的な位置づけができた。当初は、手続きや書類提出などの作業が増加し、追加的な人手を割かなければならないことから、NPO法人格をもつメリットもほとんど実感できなかった。しかし、行政との契約、入札資格登録などの際に、法人格があることで、信用を得ることも容易で、契約主体となりえることはメリットとして考えられるようになった。社会的にはNPO法人格をもつことの意義はあるといえる。

　気候ネットワークをはじめ、環境NGOが全国レベル、地域レベルで活性化してきてはいるが、環境NGOが社会的な影響力をもち継続的な活動が可能になるためには、NPO法の改善も含めて社会的な支援制度を充実させることが不可欠である。

　気候ネットワーク設立後は、何事も試行錯誤の連続であり、常に財政的な課題はつきまとっている。現在でも毎年の活動費を捻出することは最重要課題である。当初から、スタッフの人件費を節約することと、専門家やNGOによる無償の協力、大学生を中心としたボランティア活動が、気候ネットワークの存続と成果に大きく貢献してきている。

## 2　京都議定書の救済に向けた活動

　国際交渉で大きな転換点になったのが、京都議定書の消滅の危機に直面した時期であった。2002年の発効をめざしていたところ、COP6（ハーグ会議、2000年11月）が決裂し、翌年にはブッシュ前アメリカ大統領が京都議定書から離脱することを表明した。これにより、京都議定書は消滅の危機に直面した。気候ネットワークは、ハーグ会議決裂後に「環境の世紀へ変えよう！」キャンペーンに取り組んだ。京都議定書が採択されたことで安心してしまっていた人々に危機を訴え、専門的な議論が続いていた国際交渉に関するわかりやすいパンフレットを作成し、各地での学習会や地方議会への働きかけ、国会議員やマスコミへの働きかけ等を行った。京都議定書への関心を再度高め、草の根的な輪

も広がる成果を得た。

　2001年7月にドイツのボンで開催された「**COP 6 再開会合**」では，日本からのメッセージをクタヤールUNFCCC事務局長(当時)に届け，国際的なNGOと連携して活発な活動を展開した。ここでは，日本が交渉の鍵を握る国となったことから，日本のNGOに期待された役割は大きく，情報の収集・発信，ロビー活動の中心的役割などを担った。EUや途上国の交渉も功を奏して，「**ボン合意**」がなされた。アメリカの離脱により，各国の危機感が増して，より柔軟な態度で交渉が進んだとも評価されているが，市民・NGOの活動もボン合意につながったと評価できる。

　2002年8～9月に南アフリカのヨハネスブルグでヨハネスブルグサミットが開催された。世界的な環境への関心を高めたブラジル・リオデジャネイロで開催された「**地球サミット**」から10年の節目で，京都議定書の発効も期待されていた。しかし，ロシアの批准が間に合わず，ここでも発効の要件を満たすことにならなかった。その後もロシアの批准は遅れ，またしても京都議定書が消滅の危機を迎えた。この間も気候ネットワークは，CANと連携しながらの批准の働きかけを行ってきた。

### 3　地域の活動が活性化

　気候ネットワークは，国内外の地域の先進事例を調査しながら，実際に活動につなげることに取り組んできたが，この時期に，地域レベルの活動が成果をあげはじめた。温暖化の危機の認識から実践行動につながり，地域で省エネ，自然エネルギー普及，温暖化防止教育などの活動が活性化した。気候ネットワーク単独の活動ではなく，他の組織や主体と協働で取り組んだ活動も増えて

---

**COP 6 再開会合**：2000年11月に開催されたCOP 6で京都議定書の具体的ルールに関する合意ができなかったが，発効の条件を整えるための交渉を決着させるために，2001年の7月にボンで再開会合を開催した。
**ボン合意**：COP 6再開会合で，京都議定書の運用ルールの大枠が政治的に合意された。この合意が，次のマラケシュ合意，EUや日本の批准につながっていった。
**地球サミット**：1992年にブラジルのリオデジャネイロで開催された「環境と開発に関する国際連合会議」のこと。首脳レベルの国際会議であったが，多数のNGOが参加し，多彩な活動を展開した。

## ①環境家計簿・エコライフ普及の活動

　気候ネットワークは，京都市と連携して，市内の家庭を対象として環境家計簿の取り組みを行っている。環境家計簿を一方的に配布するのみでなく，通信簿の返送や学習会・意見交換会の開催で双方向の取り組みを進めてきた。地域組織や企業，学校を巻き込みながら参加者の輪を広げてきた。これまで，削減のためのノウハウや情報提供の手法などを蓄積してきた。

　この活動から「省エネ相談所」の活動を発展させてきた。家庭におけるエネルギー使用量や削減の可能性は世帯ごとに大きく異なる。そこで，家庭ごとに異なるアドバイスができるよう，対面式の省エネ相談に取り組んだ。簡単な用紙に記入してもらうと，その場で診断書が印刷される。それを使って，研修を受けたアドバイザーが省エネに関するアドバイスを行うことができる省エネ相談所を環境イベント等で開設してきた。京のアジェンダ21フォーラム，京都市等と連携して，京都市内の全区役所・支所で開設した結果，予想以上に多数の相談者があり，一般市民も省エネ情報を求めていることがわかった。

## ②市民共同発電所の取り組み

　自然エネルギーを普及する活動にも取り組んできた。自然エネルギーの特徴は「小規模分散」「市民所有」である。これらの特徴に即した自然エネルギー利用が，地域の資源（太陽の光や風，水の流れ等）を地域で活かすことになる。

　京都では，太陽光発電を共同で設置していくことを模索した。多くの市民が節電に取り組み，それで節約できたお金を「基金」に寄付をして，太陽光発電設備を設置する形で取り組んだ。太陽光発電は設置費用を回収するのに20年以上かかることから，出資の形態は成り立たない。多くの人から寄付をつのることも難しい。そこで参加する機会や人を増やす仕組みを考えた。気候ネットワークも参加して，「きょうとグリーンファンド」を設立し，市民共同発電所の設置に取り組んだ。保育園・幼稚園を設置場所として決定してその関係者や

---

京のアジェンダ21フォーラム：京都市を持続可能な都市に移行するための行動計画である「京のアジェンダ」の推進組織として，1998年に設立された。行政・事業者・NGO・大学・地域組織等が参加して，具体的な活動の実施を行うと同時に，政策・ビジョンについて検討している。

周辺の住民を巻き込むことができるようにした。設置場所が確定すると、そこで地球温暖化や省エネの学習会を開催し、設置のときには地域の人々も参加する点灯式を行う。また設置後も継続した学習会などを行うと同時に環境活動も活性化している。これは、「市民共同発電所」設置による副次的効果であり、地域を巻き込んだ活動となっている。2000年に1号機が完成しその後、毎年1～2機増設され、11号機まで設置されている（2008年9月時点）。

## 3　京都議定書の発効と停滞する国内対策

　2004年11月にロシアが批准し、2005年2月16日に京都議定書が発効した。何度かの消滅の危機を乗り越えての発効であり、アメリカが参加しない状況でも発効できたことは多国間による交渉の成果として大きな意義がある。京都議定書の発効を目標の1つとして活動してきた気候ネットワークはそれを達成したこととなった。発効の日には、京都市内で記念パレード(**写真**)を実施しNGO集会を開催した。気候ネットワークの役割と活動も次の段階に移っていった。

**写真**　京都議定書発効記念パレード

第**10**章　温暖化防止と気候ネットワーク

## 1　京都議定書の目標達成は？

　日本は，京都議定書を批准していることから，その約束を守ることが最重要課題である。議定書の発効に伴い，地球温暖化対策推進大綱が京都議定書目標達成計画に移行した。気候ネットワークは，この計画に関して詳細な分析を行い，政策提言も行ってきた。その成果を集約して書籍『地球温暖化防止の市民戦略』（中央法規）を2005年に出版した。

　この時点で第一約束期間が近づいてきているにもかかわらず国内の排出量は増加傾向にあり，約束達成は困難な見通しとなってきた。気候ネットワークは，国内で効果的な政策が導入されていないことが大きな原因であると指摘してきている。特にエネルギー転換部門の増加が顕著で，電気の排出係数が悪化することで民生部門の省エネ努力が相殺され，排出増加の大きな要因となっている。産業界の大規模排出事業所に対する削減政策が導入されず，大きな削減の余地を残しているままである。

　気候ネットワークは中央環境審議会委員としても参加し，関連する審議会も傍聴して，評価・分析に基づいた意見を伝え，提言をだしてきた。しかしながら，審議会での議論，パブリックコメントによって政策はほとんど改善されることなく，森林の吸収源と京都メカニズムに依存した数字合わせの計画，市民の自発的な取り組みに依存する施策に留まっている。

## 2　国内対策促進の働きかけ

①情報開示請求と国内初の温暖化訴訟

　気候ネットワークは，省エネ法に基づく特定排出事業者が報告したデータを開示するよう求め，分析を行ってきている。国に報告されたエネルギー使用量に関する情報を分析することで企業の排出実態が把握でき適切な温暖化対策が可能となる。気候ネットワークは，2003年度から毎年開示請求を行い，2003年度と2005年度のデータをもとに分析を行った（第1章参照）。しかし，一部の事業所が開示を拒んだため，温暖化対策にとって必要な情報であり秘匿する理由がないとして，東京，名古屋，大阪の地方裁判所に開示を求める訴えを行った。一審ではすべて勝訴したが，控訴後に，大阪高裁では敗訴，名古屋高

裁では勝訴した。前者では気候ネットワークが，後者では国が上告している（2008年9月現在）。これらの活動によって，国内の排出実態について新聞や雑誌で取り上げられ，情報の公開が進むことにつながってきている。

②2020年30％削減が可能

産業部門での分析・提言を進めると同時に，2006年には，民生部門に焦点をあて，中期的な削減が可能かどうか検討し，『2020年の削減社会ビジョンを描く〜家庭・業務部門の削減シナリオと政策提案』という冊子を作成した。この活動でも研究者や専門家の協力を得て，制度や技術に関するアドバイスを得ながら，分析・提案をまとめた。家庭・業務部門の排出の現状を把握し，2020年の予測を行った上で，社会ビジョンと30％削減シナリオおよび政策・措置について検討した。現状の対策の延長では30％削減は非常に困難であるが，住宅・建築物対策や省エネ技術の大幅普及，自然エネルギーの大幅導入などができれば，可能であるとの結論を得た。本来なら，これらの提案が早急に検討され，可能なものから導入が進められるべきであると考える。

3 地域の先進事例の広がり

地域での活動も普及啓発だけでなく，削減効果のある活動や仕組み作りが現れてきた。気候ネットワークは，地域レベルの取り組みを進めるために，先進事例の調査，制度・政策に関する研究に取り組んできた。調査やセミナーを通じてネットワークも広がり，取り組みのノウハウやコーディネート力も蓄積することができた。これらの成果をまとめて，2005年には，冊子『地域の温暖化対策先進事例・提案集』を作成した。調査結果や先進事例の報告を行うセミナーを開催し，他の地域の取り組みにもつながっていった事例もある。2007年には，書籍『市民・地域が進める地球温暖化防止』（学芸出版社）を出版した。

## 4 地域のパートナーシップ活動の重要性

地球温暖化はすべての人々に被害を及ぼす。また特定の組織や主体だけで解決できるものでもない。特に地域の活動は，顔の見える関係を通して異なる主

体が連携・協働して活動することで成果を大きくすることが可能である。気候ネットワークも関わってきた地域レベルのパートナーシップによる活動を紹介する。

[ 1 ] 家電製品の省エネラベル

　家電製品の省エネラベルの活動は，地域の活動が国の制度にも影響を与えた事例である。エアコンや冷蔵庫等の家電製品の省エネ化が進んでいたにもかかわらず，店頭で省エネ度を消費者にわかりやすく伝える手段はなかった。2002年に東京都が独自のラベルを作成して家電販売店で表示する取り組みを行った。これを受けて，京都では，多くの主体が参加して，新しい省エネラベルを作成して地域密着型の活動を行った。省エネ効率を5段階に分けたランクと販売価格，電気代，その合計額がラベルに含まれた。店頭でエアコンと冷蔵庫に表示し，消費者が購入する場で省エネ効率が判別できるようになった。このラベルの貼付に加えて，販売員向けセミナー，消費者向けセミナーも実施し，一層の効果をあげるよう取り組んだ。実験店舗では，省エネ製品の販売が増加したとの結果を得ることができ，地域の拡大や内容の充実をすすめながら継続した。

　このような地域の活動の成果と広がりを受けて，政府が新しい省エネラベルについて検討し，「統一省エネラベル」の貼付を義務づけることとなった。これは，地域の活動が国の制度に影響を与えた事例として評価されている。

[ 2 ] 京都市地球温暖化対策条例への協働提案

　2003年に，京都市が自治体として最初の温暖化対策に特化した条例を策定することを発表した。京都で温暖化防止に実効性のある条例ができることは先駆的なものであり，他地域にも波及することが期待できた。京都市が環境審議会の部会で検討を進めるのと並行して，京のアジェンダ21フォーラムがプロジェクトチームをつくり「協働提案」をだすための検討を進めた。これは，これまでのフォーラムの成果を一層たかめ，課題を乗り越えることができるような内容が盛り込めることを目的とした。また，市民の意見も幅広く取り入れることにも取り組んだ。このプロジェクトのコーディネート役を気候ネットワー

クが担った（平岡俊一・田浦健朗〔2005〕「市民参加による地球温暖化防止条例の策定を目指して」『月刊自治研』45 巻 531 号）。

　学識経験者，フォーラム関係者が中心となって，条例の内容について検討して「協働」の提案づくりを行った。この提案の内容も反映されていて，枠組み条例としての役割を果たすものになったと評価している。また，他の自治体でも地球温暖化対策条例が策定されているが，京都市の条例の内容と似通ったものも多く，モデル的な役割を果たしている。

## 5　2013 年以降の合意と国内対策の推進に向けて

### 1　高まった温暖化問題への関心

　2006 年 10 月にスターン・レビューが発表され（第 1 章 23 頁参照），その衝撃も大きく，アル・ゴア元アメリカ副大統領による『不都合な真実』も話題になり，温暖化問題への関心は急速に高まっていった。翌 2007 年の初めからこの映画が日本でも上映され，2 月から，IPCC の第四次評価報告書が公表され始めた。新聞やテレビで温暖化問題に関する報道が増加し，出版物も相次いで出るようになった。一般の人々の認識も大きく変わった時期であった。

　この流れを受けて，2007 年 12 月にインドネシアのバリで COP 13/CMP 3 が開催された。次期枠組みに向けた重要な交渉の本格化であり，日本から近い場所での開催であったので，多数が参加し，京都からの声を届けるなどの活動を行った。ここで合意された内容は，2009 年末のコペンハーゲン会議の合意に向けて重要なステップとなった。

### 2　気候保護法の市民提案

　国内では，第一約束期間の開始にあたっても，効果的な政策の導入は見送られたままであった。EU では排出量取引制度が第二段階に入り，2007 年に政権が交替したオーストラリアでは，京都議定書を批准し排出量取引等を含む意欲的な政策導入・計画づくりが進んでいる。アメリカでも大幅な削減の仕組みを含めた法律が提出され国会で議論されている。東部と西部では排出量取引制度

の導入が具体化している。

　これらに比べて国内の状況は遅々として遅れていて「政策のラストランナー」になりつつある。気候ネットワークは，欧米の法律・制度を翻訳し冊子にまとめた（気候ネットワーク〔2008〕『気候変動に関する欧米の法制度』気候ネットワーク）。さらに，この内容について検討・意見交換を続けている。これを経て，「気候保護法案」を2008年4月に提案した。これは，中長期の削減目標や経済的手法，市民参加と情報公開，気候変動委員会（仮称）の設置などを含んでいる温暖化防止のための基本法案である。

3　MAKE the RULE　キャンペーン

　地球温暖化問題に関心が高まり「エコ」や「省エネ」が一種のブームとなってきている。しかしながら，排出量は削減できていないという現実があり，その原因はやはり削減のための仕組みがないということにつきる。気候ネットワークは，他の環境NGO等と連携し全国的なキャンペーンを2008年8月に開始した。このキャンペーンの目的は，国内で中長期目標を明確にすることと，その目標達成のための仕組み（ルール）をつくることである。キャンペーンでは，ホームページや印刷物を活用して情報提供を行う，各地で学習会を開催する，環境関連イベントと連携する，などの活動を行っている。

　今後，地球温暖化の影響を受けながら生活し社会をつくっていく若い世代への喚起を1つの目標としている。これまで環境NGOや政策提言などと接点がなかった人たちにも参加を呼びかけている。同時に，気候保護法の成立という専門的で政治が関係する活動も大きな目標である。これが，2009年末のコペンハーゲンでの「2013年以降の削減合意」につながり，国内の政策の転換点になることをめざしている。

## 6　気候ネットワークの成果と課題

1　専門性，ネットワークが成果

　気候ネットワークのこれまでの活動の成果とその要因について整理する。継

続的な調査・研究を積み重ねて専門性を蓄積し，情報発信や政策提言を行ってきたことは大きな成果であった。国際交渉から国内政策，地域の活動までカバーし，それらをつなげる役割をもって活動してきた。研究者，NGO関係者など多数の協力を得ることができたことも大きな要因である。発信する情報への信頼性も増し，一定規模の活動を続けてきていることで，環境NGOの活動と運営の「モデル」的な役割を果たしてきたともいえる。

　行政，企業，研究者，NGO等の人材のネットワークの役割も果たしてきた。環境NGOの立場から，国や企業，自治体に対して厳しいコメントや提言を行ってきていると同時に，連携できるところは連携し，信頼関係も築いてきている。これは活動の範囲が広く固定観念に捕らわれないで関係をつくり保っていることができているからだといえる。自治体間の情報共有や，研究者の新たな接点をもつことにもつながった例もある。

　パートナーシップの取り組みも大きな成果を生んできた。自治体や地域のパートナーシップ組織などとの連携で，相互の持ち味を活かした活動ができ，成果につながった。

2　社会的な影響力と市民的な広がりが課題

　気候ネットワークが本来ネットワークの機能を発揮し，多数の市民から賛同・支援を受けることができれば政策提言などの影響力を大きくすることが可能となるが，これまでは到達できていない。調査・研究に基づき，政策提言を行ってきているが，一部で取り上げられることはあっても全面的な支持がひろがり制度として導入されることはほとんどなかったといえる。

　社会的な影響力とも関係するが，団体間のネットワークの機能は十分に発揮できていないという課題は続いている。関係する環境NGOや地域組織は，気候ネットワーク以上に財政不足・人材不足の状況であることが多い。ドイツの**BUND（ドイツ環境自然保護連盟）**のような全国的なネットワーク組織として連

---

BUND（ドイツ環境自然保護連盟）：1975年に発足したドイツ最大の環境NGOで，会員は39万人にものぼる。16の州支部と2000を超える地区事務所があり，ドイツの環境政策に大きな影響を与えてきている。

携ができたり，他の組織に支えられながら全国ネットワークの機能を発揮することは難しい状況である。

社会的な位置づけとして，企業の活動・経済規模，マスコミの発信能力などと環境NGOのものを比較すれば圧倒的な規模の差がある。社会的な利害対立がある大きなテーマの課題を乗り越えるためには，ここでも市民が結集し，すでにある組織と連携しながら，影響力を増していく必要がある。

## 7　環境NGOの役割の今後と脱温暖化社会の構築

### 1　環境NGOの課題解決に向けて

環境NGOにとって，安定的な活動基盤と体制づくりは常に課題であって，社会全体のNGO支援や市民の意識が問われている。社会の課題を解決する効率的で安定的な基盤ともなりえるNGOを社会全体で支える構造が望ましい。イギリスの気候変動法の制定を求めて大きなキャンペーンを行ったのも「Friends of the Earth UK」という環境NGOである。国際交渉の進展の後押し，国内政策への関与，地域活動の推進などでNGOが果たすべき役割は大きい。日本で温暖化防止のための社会変革の中で，主要な役割をもつ主体と位置づけるべきであろう。

NGOと行政，民間企業，研究機関等との人材の交流も活性化されるべきである。一定期間自治体や企業からNGOに出向する制度，行政や企業が専門性を有するNGO経験者を積極的に採用することや，逆に自治体や企業での経験を活かすべくNGOに転職できる条件を整えることなどが考えられる。

お金の流れも重要である。温暖化対策へのお金の流れは増加傾向にあるが，NGOの財政基盤が整うような制度づくりが重要である。千葉県市川市が「市民活動団体支援（1％支援制度）」に取り組んでいる（千葉光行〔2005〕『1％の

---

FoE（Friends of the Earth）：FoEは，国際的な環境NGOのネットワークで，69カ国にメンバー組織があり，全世界で200万人を超えるサポーターが参加している。オランダのアムステルダムに事務局がある。イギリスには，FoE UKがあり，日本にはFoE Japanがある。（ホームページ：http://www.foei.org/）

## ▶▶ Column ◀◀

### ボランティア・インターンの活躍

　気候ネットワークでは，設立当初から大学生・大学院生のボランティアが活動を支えています。スタッフ数が少ないのをカバーして様々な活動に取り組んでいて，活動内容は事務作業，パソコン入力，チラシやニュースレターのデザイン，プロジェクトの企画，温暖化防止教育，シンポジウム運営，調査・研究等多岐にわたります。

　ボランティアが参加しやすいプロジェクトに温暖化防止教育「お手紙ワークショップ」があります。これは小学校にグループで出向いていくので，比較的気楽に参加でき，徐々に重要な役割につくことが可能です。メインの話者を担う場合は，しっかりと学習をするとともにプレゼンテーションの能力もつけなければなりません。経験をつみながら上達でき，教師からも感謝されるという喜びがあります。

　国際交渉に参加するボランティア・インターンもいます。スタッフの補助をしながら，政府代表団と会話をしたり，外国の同年代の人たちと交流したり，様々な体験を行っています。

　最初は，人手不足を補うことでボランティア・インターンに協力していただいていたのでしたが，様々なスキルを身につけたり，学生自身の研究に結びつけたり，知識や経験を深めていく学生もあらわれ，双方にメリットがあることがわかりました。

　スタッフは通常の業務が忙しく十分な対応ができないという悩みもありますが，可能な限り積極的に受け入れるようにしています。中には気候ネットワークの雰囲気になじめなかったり，環境NGOの弱点が目につき落胆してしまった人も少なからずいたのだろうと思います。

　ボランティア・インターンの期間は様々で，2～3週間という短期間から4年以上の場合もあります。毎年何人かが卒業し新しい場所に移っていきます。温暖化に関連する職業に就いてもらうと大変喜ばしいし，そうでない場合も，それぞれの立場から温暖化防止に貢献していただいているものと期待しています。

向こうに見えるまちづくり』ぎょうせい）。これは，市民が，市民税の1％を市民活動に支援することが選択できるという制度である。2008年には，1943万3692円の届出があり，104団体へ1330万1524円の支援金が交付されたと報告されている（市川市：http://www.genki365.com/ichikawa/ichikawa_volunteer/

nouzei.htm　9月7日アクセス)。今後，同様の制度，あるいはより効果的な制度が他地域にも広がることが求められる。

　「温暖化防止基金」の創設がいくつかの自治体で検討されているが，この使途をNGOの基礎的な資金（人件費・事務所費）に使用することができるような制度にすべきである。活動のための助成金などは増加してきていて，助成を受け，管理・運営するコーディネーターと場所が確保されれば安定的・発展的にNGO活動が展開できる。そのための制度として基金が整備されることが期待される。

### 2　「気候保護法」の実現から脱温暖化社会を

　脱温暖化社会への移行は，まさに社会・経済の大きな転換が必要であり，そのための基盤となる法律が策定され，生活レベルで理解され実行されることが重要である。気候ネットワークが提案している気候保護法は，脱温暖化社会の骨格を表すものであり，政治的なレベルのみでの成立をめざしているものでもない。市民参加による民主的な合意によって，脱温暖化社会を築いていくためにも，気候保護法が望ましい内容で成立することが重要である。

　環境NGOが役割を発揮し，社会・経済の転換を進めていくためには，真の意味での民主主義が問われている。これは，市民が責任をもって社会に参加し，公平な権利のもとに公共の利益を最大にしながら，合意形成を行うプロセスである。このプロセスを切り開いていくことも大きな環境NGOの役割であり，脱温暖化社会の方向に進んでいくことができる道でもある。

### 推薦図書

和田武・田浦健朗（2007）『市民・地域が進める地球温暖化防止』学芸出版社
　　市民・地域主導の地球温暖化防止活動の概要，成果と課題などが，省エネ，自然エネルギー普及などのテーマごとに記述されていて，温暖化政策の整理や実際に取り組みをすすめる上での参考となる。

宇都宮深志・田中充（2008）『事例に学ぶ自治体環境行政の最前線』ぎょうせい
　　自治体環境行政の基礎，条例・計画，市民参加，マネジメントについて詳しく記述されている。国内外の自治体レベルの温暖化対策の先進事例も参考になる。

**M. A. シュラーズ／長尾伸一・長岡延孝監訳（2007）『地球環境問題の比較政治学』岩波書店**

 地球規模の環境問題に対応する政策の概要，環境 NGO の組織体制や活動内容，国内政治と地球環境の関係等について，日本とドイツ，アメリカを比較・分析した結果を記述している。

設問

1. NGO 先進国における環境 NGO の温暖化対策に関する活動内容，社会への影響力について調べてみましょう。
2. 国内の環境 NGO と他組織や他セクターとの協働による活動の実態，成果や課題について調べてみましょう。

（田浦健朗）

# 第11章 ウミガメ保護と日本ウミガメ協議会

ウミガメ類は絶滅の危機に瀕しています。徳島の産卵地では，世界に先駆けて 1950 年代から保護に取り組んできたにもかかわらず，産卵回数は減り続けています。「環境の悪化」という言葉で片づけられてしまいがちですが，具体的に何が問題なのでしょうか。本章では，日本の渚を代表する野生動物であるウミガメを例に，保護とそれを取り巻く諸問題，さらに，それに向き合ってきた NPO の活動とめざすところについて紹介します。

## 1 ウミガメという動物

ウミガメ類は，海で生活するカメの仲間の総称で，現存するウミガメ類は 7 種である。このうち日本では，アカウミガメが福島県以南の太平洋側で，アオウミガメが小笠原諸島と屋久島以南の南西諸島で，タイマイが奄美諸島以南の南西諸島でそれぞれ産卵する。

浦島太郎にも登場するウミガメは，本来は日本人になじみの深い動物のはずである。しかし，涙を流しながら卵を産むことや，絶滅が危惧されていることなどを除き，その生態はほとんど知られていない。以下にその特徴をかいつまんで説明する。

### 1 カメらしくないカメ

カメの仲間には，**甲羅**を持つという共通する特徴がある。これは，体の基本構造として内骨格を選択したはずのセキツイ動物の中において，極めて特異的

---

甲羅：甲羅は骨と鱗の二重構造である。真皮内にできる皮骨が肋骨と脊椎骨を結合して一体化した上に，大きな板状の鱗板が骨板の継ぎ目を覆い隠すように重なることでできている。

である。一般的にカメの仲間はドーム型の頑丈な甲羅を持つが，ウミガメ類では水の抵抗を減らすために甲羅を薄く滑らかな流線型にした。また，水中での推進力を得るために四肢を鰭状に変化させた。そのため，ウミガメ類は，四肢と頭を甲羅の中に隠して防御することができなくなった。カメは奇妙なセキツイ動物であるが，ウミガメはカメらしくないカメということになる。

② 爬虫類としての性（さが）

　防御力と引き換えに広い海を泳ぐ能力を獲得したウミガメ類だが，爬虫類であるがゆえに厄介な制約を受けている。その1つが呼吸である。爬虫類の呼吸器官は肺である。そこで，ウミガメ類も定期的に海面に浮上して息継ぎをしなければならない。呼吸の問題は親に限った話ではない。爬虫類は卵も水中では息ができない。そのため，ウミガメも産卵の時だけは陸に上がらなければならない。そこで，砂浜に上陸して，波の被らないところに穴を掘りそこへ卵を産むことになった。これらの特徴は，後述するウミガメ類に対する現在の主な脅威に直接関わってくる。

　爬虫類としての性には，プラスに働いているものもある。塩分代謝はその例であろう。セキツイ動物は体内の塩分濃度を1％程度に保つ必要がある。しかし，海で暮らしていると，餌を通じて余計な塩分が否応無しに体内に入ってくる。そこで，これを体外に漉し出すための器官を発達させた。ウミガメ類は涙腺にその機能をもたせた。産卵しながら涙を流しているように見えることがあるが，あれは余分な塩分を排出しているのである。しかし，人は感情が高ぶった際に涙を流す動物であるために，その姿に心を打たれる。もしも，ウミヘビ類のように，唾液腺で塩分を漉し出す動物だったならば，人はウミガメに特別な感情は抱かなかったかもしれない。

③ 産卵地への強い固執性

　産卵地への強いこだわりも，人を惹きつける特長の1つである。産卵期のメスは，数週間の間隔をあけて同じ砂浜で繰り返し産卵する。数年後に再び繁殖する時にも同じ砂浜にこだわる。その固執性は，サケが生まれた川に遡上して

産卵する「母川回帰」を連想させることから，ウミガメも生まれた砂浜，すなわち「母浜」に回帰して産卵するのではないかという仮説につながった。「母浜回帰仮説」である。生まれた砂浜を含む地域内に回帰していることは**ミトコンドリア DNA** の研究結果から確認されているが，生まれた砂浜への回帰が直接実証された例はない。仮説の真偽は別にしても，人は，何度も同じ砂浜に戻ってくる健気さにいとおしさを感じ，ウミガメが辿った長旅に思いを馳せ，子ガメを見送りながらその行く末を案じ，回帰を信じ願うのである。

### 4 大規模回遊

ほとんどすべてのウミガメ類は，成長とともに生活場所を変える。とりわけ，日本の砂浜で生まれたアカウミガメは，最も長い距離を旅する海洋動物の1つである。生まれた時は，体重はわずか20グラム程度で泳ぎも拙いが，地磁気を感知して進むべき方向を修正する能力が備わっており，太平洋を横断してカリフォルニア半島沖まで自力で渡る。そこで豊富な餌を食べて成長すると，再び太平洋を横断して日本をめざす。日本の周辺にいったん戻ってくると再び太平洋を横断することはないが，餌場と産卵地の間を数年おきに往復する。宮古島の砂浜で産卵したアカウミガメがメコン川の河口で見つかり，翌年に再び同じ浜に戻って産卵した例などもある（佐渡山安公・亀崎直樹・宮脇逸朗〔1996〕「宮古島で産卵をしたアカウミガメのベトナム海域での再捕例」『うみがめニュースレター』第29号）。

このようなダイナミックな動きをするために，研究者の興味は尽きない。その一方で，いくつもの国や地域をまたいで移動することから，適切な保護のためには国や地域を越えた連携が必要で，問題を複雑にする原因となっている。

### 5 長　寿

「万年」とはいかないが，ウミガメも比較的長寿である。例えば，アカウミ

---

ミトコンドリア DNA：細胞小器官であるミトコンドリア内にある DNA。ミトコンドリア DNA は常に母親から子へと遺伝し，父親からは受け継がれない。特定の部分の塩基配列を見比べて，産卵地に特有のものがみつかれば，母浜回帰の有力な証拠になる。

ガメの場合，成熟して卵を産むようになるまで30年ほどかかる。なかには，50歳になってもまだ一度も卵を産んでいないメスもみつかる。そこそこ長寿であるがために，人為的影響を受けてある生育段階で数が減りはじめたとしても，それが産卵回数の減少として目に見える形で現れるまでには相当の年月を要する。逆に，一度数を大きく減らしてしまうと，完全に回復するまでにも相当の年月を要する。

⑥ 温度依存性決定

ウミガメ類には温度依存性決定という特徴があり，卵が経験する温度によって雌雄が決まる。概ね29℃を境にしてそれより高いとほとんどメスになり，逆に低いとほとんどオスになる。したがって，急激に温暖化が進むと，メスばかりが生まれるようになり，子孫が残せずに絶滅する危険性が指摘されている。

## 2　ウミガメ保護の歴史

① 利用から保護へ

有史以前から人類は様々な形でウミガメと関わり，そして利用してきた。ペルシア湾沿岸では約7000年前の貝塚からウミガメの骨が出土しており，当時から食用としてきたことがうかがえる（J. Frazier〔2003〕"Prehistoric and ancient historic interactions between humans and marine turtles", Lutz, Musick, Wyneken eds., *The Biology of Sea Turtles II*, CRC press）。砂浜に上陸したウミガメは俊敏な陸上動物に比べて捕獲が容易で，利用しやすかったことであろう。日本においても，亀卜（きぼく）と呼ばれる占いにウミガメの甲羅を用いてきた。しかし，大規模な流通を伴わないこれらの利用は持続可能な範囲に留まっていたと考えられる。

近世になり人間の活動範囲が拡大するとウミガメの利用・消費も規模を増していく。アオウミガメの場合，大航海時代にカリブ海で利用が広まる。船上で長期間活かしておくことが可能だったことから保存食として重宝されたほか，美味だったことから高級食材として欧州へも盛んに運び出された。ヒメウミガ

## 第11章　ウミガメ保護と日本ウミガメ協議会

メは主に皮革製品の材料として捕獲され，タイマイは剥製にしたり鱗板を宝飾品としたりするために捕獲された。特に，鼈甲細工の技巧が発達した日本では，材料としてタイマイの鱗板を世界中から輸入した。1950年から92年までの輸入総量は，200万個体分に相当すると見積もられている（M. Donnelly〔2008〕"Trade routes for Tortoiseshell", *SWOT Report* Vol.3）。卵は，現代に至るまですべての種において利用されており，精力剤としての効能が期待されている地域が多い（L.M. Campbell〔2003〕"Contemporary culture, use and conservation of sea turtles", Lutz, Musick, Wyneken eds., *The Biology of Sea Turtles II*, CRC press）。

過去の資源状況を評価するのは容易ではない。しかし，様々な記述や状況証拠から，近世以降に展開された直接的な消費の多くは「乱獲」であったことがうかがえる。例えば，ケイマン諸島では，コロンブスらによる発見当初，周囲の海には船が座礁しそうなほどたくさんのウミガメが生息していたが，18世紀に毎年1万3000頭ほどのペースで捕獲され卵も採取され続けた結果，19世紀初頭にはここでの産卵個体群はほぼ壊滅してしまった（O.G. Davidson〔2001〕"Fire in the Turtle House" Public Affairs）。

このような持続可能な限度を超えた利用に対して，具体的かつ積極的な行動を起こしたのは，フロリダ大学のArchie Carrである。Carrは，アオウミガメの一大産卵地として知られるコスタリカのトルチュゲロ海岸で，1954年に保護調査プログラムを開始した。その後は，国際的な環境保護機運の高まりもあり，**国際自然保護連合**が作成した**レッドリスト**や，**ワシントン条約**，ボン条

---

**国際自然保護連合**：1948年に創設された世界最大の自然保護団体で，通称名は「IUCN」。国家，政府機関，NGOなどを会員とする。6つの専門委員会を有し，各分野の第一線で活躍する専門家約1万人がボランティアで委員を務める。

**レッドリスト**：IUCNの種の保存委員会が作成する，野生動植物の絶滅の危険度をまとめたリスト。絶滅の危険度の高いほうから順に，絶滅危惧ⅠA類（CR），絶滅危惧ⅠB類（EN），絶滅危惧Ⅱ類（VU）などのカテゴリーがある。オサガメ，タイマイ，ケンプヒメウミガメはCR，アカウミガメ，アオウミガメ，ヒメウミガメはENに位置づけられている。　→第2章44頁「レッドデータブック」も参照。

**ワシントン条約**：「絶滅のおそれのある野生動植物の種の国際取引に関する条約」の採択地を冠した通称。略称は「CITES」。絶滅危惧種の国際取引を規制することで，原産地での採取・捕獲の抑制をめざす。日本は1980年の加盟後も，国内産業保護のためにタイマイなどについて留保し，1992年まで輸入を続けた。

約の付属書Ⅰに，それぞれウミガメ類が掲載されて絶滅の危険が認識されるようになり，現在に至る。国レベルでも保護の流れは進み，例えばアメリカは 1973 年に絶滅危惧種保護法を制定し，タイマイやオサガメなどを積極的な保護対象としてきた。保護の手段としては，捕獲や卵の採取の規制，産卵地や生息海域の環境保全，卵の保護や人工孵化，**ヘッドスターティング**なども含まれる。1980 年代以降は漁業による混獲の回避が中心課題の 1 つとなってきている。これについては，詳しく後述する。

### 2 国内における取り組み

世界的には無視されてきたが，現在まで続く活動として最も古いウミガメ保護は，実は日本で行われたものである。小笠原諸島では 19 世紀後半の入植以降，利用目的で積極的にアオウミガメを捕獲してきた。しかし，1910 年には資源低下を憂慮して，卵の人工孵化および子ガメの放流事業が開始された。太平洋戦争とその後の占領時は中断したものの，1976 年には再開され，現在まで継続されている。徳島県美波町（旧日和佐町）大浜海岸で，アカウミガメの亡骸をみつけて心を痛めた地元中学の教師と生徒たちにより，保護調査研究がはじめられたのは，1950 年のことである（近藤康男〔1968〕『アカウミガメ』海亀研究同人会）。活動は地元自治体に引き継がれ，ウミガメの産卵地として国の天然記念物の指定や「日和佐うみがめ博物館」の設立につながる。阿南市の蒲生田海岸においても，児童らによる上陸痕跡調査が 1956 年に開始され，59 年には県の天然記念物に指定されている。和歌山県みなべ町（旧南部町）では，千里の浜と後背地を開発しようとする動きを封じるべく，1964 年に県の天然記念物に指定されている。宮崎では，1970 年代初頭，ほとんどの卵が盗掘されていたが，宮崎野生動物研究会によって保護調査活動が展開され，70 年代

---

**ボン条約**：「移動性野生動物種の保全に関する条約」の採択地を冠した通称。世界的には，英語の頭文字から「CMS」と呼ばれる。ウミガメのように国境を越えて回遊する動物を関連国で連携して保護するための枠組み条約。日本は非加盟。

**ヘッドスターティング**：死亡率の高い幼児期を飼育環境下で安全に乗り切ってから自然界に放逐する保護手法。1970 年代末からアメリカでケンプヒメウミガメを対象に盛んに行われたが，効果などに疑問があり否定的に受け止められている。

末には盗掘はほぼなくなった。屋久島では，戦後まもなく卵採取権の入札制度がはじまり，ウミガメの卵が地元で消費されていたが，1973年には町の自然保護条例により歯止めがかかり，78年に保護監視員制度が導入されて卵の利用は実質的に終焉を迎えている（大牟田幸久〔2002〕「屋久島永田地区におけるウミガメ調査保護活動の夜明け」『うみがめニュースレター』第51号）。このような日本の地方における自主的な取り組みは，むしろ早い段階で行われたものとして評価されるべきであろう。

その一方で，これらの取り組みには自ずと限界があった。海外では1970年代以降，ウミガメの研究が飛躍的に進み，最新の知見に基づいた科学的な保護が実践されるようになっていった。これに対し，国内では研究機関に所属する関係者はほとんどなく，また，関係者同士はほとんど接点がなかったため，海外の最新の知見を知り得なかった。卵の利用は食い止めた。しかし，侵食による産卵地環境の劣化などの問題に対しては，抗うすべがなかった。また，海の中での脅威については知る由もなかった。

## 3　日本ウミガメ協議会

### 1　設　立

1980年代中頃までに，国内の主要な産卵地では生態調査が行われるようになっていたが，上述の通り，情報交換の場はなく，日本のウミガメの全体像は見えないままであった。そんな事態が1988年に新展開をみせる。海外から専門家数名を招待してのシンポジウムが日和佐で開催された際に，当時の状況を憂える2人の若者が出会った。小笠原海洋センターの菅沼弘行と，京都大学の亀崎直樹である。2人は意気投合し，関係者の情報交換・共有を促進する場として，菅沼が1989年に専門雑誌『うみがめニュースレター』を創刊し，亀崎が翌年，日本ウミガメ協議会を設立した。それぞれ，ウミガメの国際専門雑誌『Marine Turtle Newsletter』の創刊から13年後，国際ウミガメシンポジウムの開始から10年後のことである。

## 2　日本ウミガメ会議

　日本ウミガメ協議会の具体的な活動は，1990年の第1回日本ウミガメ会議（鹿児島会議）の開催にはじまる。亀崎と菅沼の呼びかけに賛同した全国の関係者が一同に会し，調査結果を見せ合った。そこで，日本のウミガメの全貌がはじめて明らかになった。参加者の1人はその時の様子を「まるで自慢大会だった」と回顧する。しかし，各々がどのようなフィールドで，何に悩み，何に興味を抱き，どのような活動を展開しているかなど，共通認識をもつことができ，会は大いに盛り上がった。ウミガメの産卵生態調査は，春から秋まで続く長丁場で，なかには毎晩夜通し浜を歩く猛者もいる。同じ苦労を背負った者同士，連帯感が生まれ，活動を継続するモチベーションにもなった。会議は成功し，以後毎年開催されることとなり，日本ウミガメ協議会の中心的事業となった。回を重ねるごとに規模も大きくなり，近年では400名前後の関係者が集う。多くの研究発表や活動報告が行われ，小さな学会の様を呈している。

## 3　調査手法の統一

　第1回の日本ウミガメ会議では，それ以後の学術調査の基礎となる重要な取り決めがなされた。標識の統一，標識放流データの取り扱い，計測手法の統一である。ウミガメの**個体識別**は，識別番号を刻印した短冊形の標識を四肢に装着することで行う。しかし，当時は各地で独自の標識を用いていたために，混乱が生じる恐れがあった。そこで，日本ウミガメ協議会で標識を作成し，装着機具とともに各地の関係者に配布するとともに，連絡窓口を一本化した。標識放流個体が再発見された際には，放流者に発表の優先権を与えることにした。ウミガメの体の計測方法も統一し，専用の大型ノギスを配布した。

## 4　市民生物学としてのウミガメ研究

　日本ウミガメ協議会は設立以来，頑なに守ってきたことがある。砂浜を歩き

---

**個体識別**：野生動物を調べる際，個体ごとに履歴を追うために形態的特長や標識などにより他の個体と区別すること。例えば，ザトウクジラの場合は尾鰭の模様や形を手がかりに個体識別する。

産卵生態調査を実施する関係者の立場を尊重し，その活動を支援することである。彼らは研究機関に所属するいわゆるプロの研究者ではない。ボランティアである。市民生物学者と呼んでもいいかもしれない。プロの研究者や調査会社，行政機関の中には，市民生物学者らの調査結果を自分たちの研究や業務の中に組み入れて発表，報告しようとする不届きな輩がいる。搾取である。残念ながら，かつて一部の心無い研究者によって，これに近いことが行われた。その後遺症もあり，未だにプロの研究者に対し不信感を抱く市民生物学者は少なくない。再び搾取を許せば，日本のウミガメの調査研究は衰退してしまう。

このような背景から，日本ウミガメ協議会は，各地で得られた貴重な関連情報を，彼らの知的所有権を尊重しながら他の研究者たちにも引用できるように整理し，そして出版してきた。必要に応じて人的支援，技術的支援，財政支援も行い，各地の活動の育成・発展を助けてきた。

### 5  その他の役割

専門的見地から，水産，海岸管理，環境などの当局に協力したり，提言や助言をしたり，メディアや市民からの問い合わせに答えたりすることも，当会が担うべき社会的責務である。ウミガメ類は国境を越えて回遊するため，問い合わせは，他国のNGOや当局からも及ぶ。必要に応じて彼らとの連携プログラムも推進している。各地のウミガメ関係者には高齢者が多いため，後継者の育成にも力を入れている。その他に，各種調整，学生の受け入れと研究指導，漁業者との連携，書籍の編集・出版なども担当している。

### 6  NPO法人

このように担うべき役割が多様化する中で，新たに「ウミガメ類の研究及び保護活動を育成・発展させること」をも活動目的に加え，1999年にNPO法人（大阪府承認，のち内閣府承認）と組織を改めた。全国でウミガメの保護調査や研究に関わる市民生物学者，研究者，行政関係者などで構成される。大阪府枚方市に事務局を構え，八重山諸島に附属研究所をもつほか，各地に事務局直轄の調査基地を併設し，活動を展開している。

## 4　ウミガメと取り巻く諸問題

　日本のウミガメの全体像が見えて視野が広がりだしたところで，ウミガメに対する脅威やその背後にある本質的な問題が次第に明らかになってきた．以下に，日本ウミガメ協議会が直面し解決に向けて特に苦心している問題について紹介する．

### 1　減り続けるアカウミガメ

　砂浜におけるアカウミガメの保護活動に関して，わが国は世界に誇るべく歴史があることはすでに述べた．しかし，保護活動が始められたころに生まれた子ガメたちはすでに成熟したと思われるが，未だに上陸・産卵回数に回復の兆しはない．徳島県の蒲生田では1950年代末に年間約800回の上陸が記録されているが，その数は減り続け，90年代後半以降は50回を超えることはなくなった．このような減少傾向は，四国・紀伊半島で顕著である．回復がみられないということは，保護活動の方法が不適切であったか，その効果を相殺するような要因がどこかで働いているか，あるいはその両方ということである．いずれにしても，砂浜だけでの保護活動の限界を示す結果であり，早急に原因を明らかにして，努力の向きを修正しなければならない．

### 2　死亡漂着の実態

　アカウミガメの産卵が減少する一方で，日本の沿岸では死んで漂着する個体が目につくようになった．体系的なデータ集積が行われるようになったのは今世紀以降であり，過去の状況はわからない．しかし，例えば，2007年には全国で216個体のアカウミガメの死体がみつかっている．この年，日本の砂浜で産卵したアカウミガメのメスは1400頭程度と推定される．少なく見積もっても，漂着死体数は推定産卵個体数の15％に相当する．打ちあがらなかった死体もあるだろう．現在，日本の沿岸では，無視できないほどの数のアカウミガメが死んでいる．上陸・産卵回数の回復を抑えている要因の1つは，ここにあ

るかもしれない。

　漂着死体は，激しく腐敗していることが多い。死因を突き止めるのは困難である。しかし，手がかりになりそうな特徴はある。まず，致命傷と思しき外傷を負ったものは希である。アカウミガメの死体を解剖して消化管内を精査しても，一般にいわれているようなプラスチック類がみつかることは希である。あったとしても，死因になったとは考えにくいものばかりである。また，胃や食道からは未消化の餌がみつかる例が少なくない。このような状況は何を物語っているのであろうか。

### 3　漁業による混獲

　海外に目を向けると似たような事例がある。1970年代から90年代にかけて，アメリカ沿岸でアカウミガメとケンプヒメウミガメの死体が大量に漂着した。年間5万頭も打ち上がった年もある。主な原因は，エビトロール網に入り溺死することと判明した。網に入ったウミガメが自力で脱出できる装置を開発し，すべてのエビトロール網への装着を義務づけたところ，漂着死体は減り，一時は絶滅寸前であったケンプヒメウミガメが奇跡的な回復を遂げている。因果関係を疑う余地はない。

　近年の調査により，日本においても，刺網，旋網，底曳網，定置網などにウミガメが混獲され，その中には溺れて死ぬものもいることが明らかになってきた（小島孝夫〔2003〕「漁業の近代化と漁撈儀礼の変容」『日本常民文化紀要』第23号；塩出大輔・川原林奈美・東海正〔2006〕「大型定置網へのウミガメ入網に関するアンケート調査の結果について」『ていち』第109号）。中層に沈んだタイプの定置網の中には，7カ月半の間に115頭もウミガメが死んだものもある（山下訓右〔2007〕「三重県における中層定置網とウミガメ」『うみがめニュースレター』第71号）。なるほど，溺死であれば，死の直前まで餌を食べていても，外傷がなくても不思議ではない。もちろん，他にも様々な要因が考えられよう。しかし，少なくとも，クラゲと間違えて飲み込んだプラスチックを詰まらせて死んでいるものより，漁網などによって混獲され溺死しているものの方が遥かに多いと考えられる。

このように漁業による混獲が，アカウミガメの回復を妨げる主な原因の1つだとわかってきた。しかし，漁具，漁法，海域によって状況が異なることが予想される中で，一律の規制をすれば，無駄に零細漁業を逼迫させることになりかねない。効果的な対策を講じるには広く情報を収集する必要があるが，漁業者はなかなか語りたがらない。ウミガメ保護と漁業の妥協点を探る道のりは長い。

## 4 産卵地の機能を失う砂浜

ウミガメ類の卵にとって安全な環境は，ハマヒルガオなど海浜植物が生えている際から海側へ数メートル，深さにして30〜60 cmの範囲に限られる。近年，日本ではこのような空間が砂浜の侵食により急速に失われてきている。あるいは，消波ブロックなどが障壁となり，存在してもウミガメには利用できなくなってきている（**写真①**）。

侵食の原因は，ダム建設や川砂採取などに起因した河川からの砂の供給量の低下だけではない。港湾施設や**離岸堤**などにより沿岸の**漂砂**が変化することも原因となる。具体例として，愛知県田原市の赤羽根漁港の写真を示す（**写真②**）。漁港の堤防が東側から流れていた砂をせき止めたため，西側では砂の供給が途絶え侵食が進んだ。離岸堤を設置することで一時的に砂が回復したものの，今度はその西隣の砂浜が侵食され，またそこへ離岸堤を設置して，以下同じことの繰り返しがどこまでも続いた。侵食対策で設置されたはずの離岸堤が新たな侵食を引き起こしていくことは，皮肉な結果である。同じような現象は各地で見られるが，特に宮崎港北側の住吉海岸や鵜殿港北東側の井田海岸で深刻である。

連鎖的な侵食の原因の1つは，いわゆる「縦割り行政」にある。砂浜はある程度の広がりの中で互いに作用しあう1つのシステムであるのに，それを複数

---

**離岸堤**：沖合に海岸線と平行に作られる構造物。波の勢いを弱めて陸上への波の進入を食い止めるとともに，波により砂が沖に運ばれるのを防ぎ，背後に砂をためる効果がある。
**漂砂**：波または海に発生する様々な流れによって生じる土砂の移動，あるいは移動する土砂のこと。漂砂をコントロールするために，導流堤，突堤，離岸堤などが設置される。

第11章　ウミガメ保護と日本ウミガメ協議会

**写真①　上陸を妨げられたアカウミガメの足跡**
消波ブロックが障壁となり，ウミガメは卵にとって安全な場所である植生際付近を利用できない。
（写真提供）　表浜ネットワーク

**写真②　赤羽根漁港**
漁港の堤防が東側から流れていた砂をせき止めたため，西側では砂の供給が途絶え侵食が進んだ。離岸堤を設置することで一時的に砂が回復したものの，今度はその西隣の砂浜が侵食され，またそこへ離岸堤を設置して，以下同じことの繰り返しがどこまでも続いた。（筆者撮影）

の行政当局が分断的に所管しているのである。最近は，ようやく総合的な海岸管理計画が策定されるようになってきたが，直ちに改善できるものでもない。また，現在の海岸工学では，的確な未来予測ができていないことも，原因の1つである。砂浜の侵食とこれに関連した砂浜環境の悪化は，アカウミガメに対して中長期的に続くであろう大きな脅威である。

### 5 放流会の功罪

　産卵地の中には，子ガメの放流会を実施しているところが少なくない。保護に役立つ活動と思われがちだが，少なくとも以下の3つの理由により，逆効果であることがわかっている。

　①地表へ脱出したばかりの子ガメはとても活発な状態で，捕食者の多い沿岸域を素早く離れ，外洋に泳ぎだす。この活発な状態は数日間で終わってしまうため，その間，子ガメを保管することにより，放流後の生存率の低下が予想される。

　②子ガメは，捕食者の目を避けて，夜のうちに地表へ脱出する。しかし，放流会は昼間に行われるため，捕食者にみつかりやすくなり，生存率の低下が予想される。

　③ウミガメは砂浜のいろいろな場所に散らばって産卵するので，子ガメも様々なところから海に向かい，危険は分散される。しかし，放流会ではいつも特定の場所から放されるために，それを学習した捕食者により狙われやすくなる。

　科学的な保護の観点から，日本ウミガメ協議会は放流会を実施する団体に中止や縮小を呼びかけてきたが，なかなか受け入れてもらえない。参加料などを徴収している団体は特に反発が強い。そうでないケースでも，感情的になることが少なくない。放流会の主催者は，無意識のうちにウミガメの保護より，メディアに露出したり大勢の前で自分の正義を語ったりすることの方に興味がうつってしまったようである。保護を謳わずに，教育目的を前面に打ち出す例もある。しかし，アカウミガメは，レッドリストにおいてジャイアントパンダと同レベルにランクされる絶滅危惧種である。これを危険に晒すからには，それ

に見合うだけ大きな効果が期待できなければならない。

## 5　今後の展望とウミガメ保護のその先に

### 1　アカウミガメの保護の展望

　今，日本がウミガメ保護に何ができるか問われている。2005年にIUCN種の保存委員会が発表した「世界のウミガメ保護における10の緊急課題」の中に，太平洋のアカウミガメが入れられた。成長海域にあたるアメリカとメキシコでは，禁猟区を設けたり，混獲しにくい漁具にかえたり，漁船に監視員を乗船させたりするなどして漁業による混獲削減に取り組んでいる。北太平洋で唯一のアカウミガメの産卵地である日本への注目は否応無しに高まり，相応の努力が求められると予想される。しかし，われわれはどうやって応えることができるだろうか？

　沿岸で多様な漁業が営まれているわが国は，アメリカやメキシコとは事情が異なる。混獲の可能性のあるすべての漁業に画一的な対応を求めるのは現実的ではない。特に影響の大きい網から順次対応するのが効率的であろう。日本ウミガメ協議会は，すでにいくつかの漁村において漁業者と連携し，危険な網を安全な網に戻すための準備を進めている。製網会社などの協力も得られれば，ある程度までは対処していけるかもしれない。

　砂浜の修復は行政に頼らざるを得ない。しかし，修復のたびに被害を増大させてきた経緯から，新たな人工構造物の設置は厳しく監視していく必要がある。特に，今残されている好適な砂浜は，優先的に守らなければなるまい。海岸管理には新たな動きもある。2006年に豊橋市の海岸で消波ブロックが一部試験的に撤去され，ちょうどその場所にウミガメが上陸して産卵するということがあった。防災上の問題をクリアーしてこのような邪魔なブロックの撤去を推進できるのであれば，産卵地環境についての見通しは明るくなる。

　放流会はどう対処すればいいだろうか？　自主的に中止していただくのが望ましい。市民やメディアから疑問の声が上がるのを期待し，それでも無理なら，最終的には行政から指導してもらうしかあるまい。

▶▶ **Column** ◀◀

### メディアの欺瞞とウミガメ保護

　1990年から91年にかけて，公共広告機構のキャンペーンで，「海がめの無念」という広告が，多くの媒体を通じて流されました。「生まれ故郷である日本の海岸に死んで打ち上げられる海ガメがいる」「死んだ海ガメの76%が好物のクラゲと間違えて，ビニールやプラスチックを食べていた」という，ショッキングな内容です。このキャンペーンの広告効果は絶大でした。打ち上げられたウミガメの解剖に出向くと，取材に来た地元の新聞記者からは，いつも決まって「死因は，やっぱりビニールでしょうかねえ？」との質問を受けます。最近は少し減ってきましたが，若い記者が増えただけのことでしょう。いまでも多くの人が，ウミガメはプラスチックを食べて死んでいると信じていると思われます。

　ところで，あの広告の内容には，いささか首を傾げたくなる点があります。まず，クラゲを好物としているウミガメはオサガメという種類で，日本では産卵しません。日本で産卵するのは，アカウミガメ，アオウミガメ，タイマイの3種です。アカウミガメはクラゲも食べますが，むしろ海底のヤドカリなどを好みます。アオウミガメは草食性ですし，タイマイはカイメンばかり食べています。また，国内でアカウミガメの死体を解剖した研究報告をあたると，プラスチックが見つかったのは，21例中わずか1個体だけで（亀崎直樹〔1995〕「海洋廃棄物とうみがめ」佐尾和子・丹後玲子・根本稔編『プラスチックの海』海洋工学研究所出版部），76%には遠く及びません。

　科学的な真偽は別にして，自然保護や環境保全に少しでも効果があったのならば，「方便」として受け入れもしましょう。しかし，あれから18年。日本の海岸に漂着するゴミも，ウミガメの死体も減ったでしょうか？　最近流行りのエコバックを購入した際に，ふっと，あのキャンペーン広告のことを思い出し，しばしその意義とメディアの責任について考えたのでした。

## 2　ウミガメ保護のその先に

　野生動物の保護活動がめざすところは，対象種をレッドリストから外すことにある。生息個体数の回復は，その際の1つの目安となる。アカウミガメの場合，1950年代に徳島の産卵地で近年の10倍以上の産卵があったことに照らし，取りあえず全国で5万回の産卵回数まで回復させることを1つの目標とし，同様に，アオウミガメは1万2000回を目標としたい。

現在ウミガメに脅威となっている主な問題を解決して，十分に個体数を復活させ，レッドリストから外したその先にはどのような世界が広がるのだろうか？　われわれが思い描くのは，もともと長い間存在したであろう，地方で暮らす人々とウミガメの多様な関係である。ウミガメを食べる人，ウミガメに救われた祖先の遺言を忠実に守りウミガメを食べない人，ウミガメの卵を食べる人，タイマイの鱗板から眼鏡の縁を作る職人，網にかかったウミガメに酒をふるまう漁師，死んだウミガメを哀れみ埋葬する漁師，ウミガメが枕にしていた流木を神棚に祀る漁師，ウミガメの足跡を真似て砂浜で遊ぶ子どもたち，ウミガメを囲みいじめる子どもたち，それを制してウミガメを助ける若い漁師。このような多様な価値観を許容する豊かな自然を取り戻すことが，本来の進むべき方向であると思う。

[推薦図書]

吉岡基・亀崎直樹（2000）『イルカとウミガメ』岩波書店
　　ウミガメの生物学的特徴，最新の研究成果の概要，保護の歴史，現状および将来などウミガメについて体系的に学ぶことができる最適の一般書。

大牟田一美（1997）『屋久島ウミガメの足あと』海洋工学研究所出版部
　　アカウミガメの最大の産卵地で長年保護調査活動を実践してきた著者が豊富な経験を基に綴った屋久島の自然とウミガメの生態と活動の裏話。

堂本暁子・岩槻邦男編（1997）『温暖化に追われる生き物たち』築地書館
　　地球温暖化により野生動植物が受ける影響について，現場でその兆候を察知し危惧している生物学者たちによるレポート。

[設問]

1. 都会で暮らす市民が，ウミガメのためにできることを，期待される効果とともに3つ以上あげてください。
2. 伝統的にウミガメを食してきた一部の地域では，今日も限定的に捕獲が許可されていますが，保護のための努力を相殺するとしてこれに反対する意見もあります。ウミガメの伝統的な利用のあり方について，サステナビリティの観点から論考して下さい。

（松沢慶将）

# 第12章

# 照葉樹林と宮崎県綾町

1992年の**リオ地球サミット**で「**森林原則声明**」などが宣言されました。地球環境を持続可能にするために，森林の保護・保全が提案されました。そのトレンドを先取りするように，宮崎県綾町の郷田實町長は1967年に国有林の交換要請を拒否し，照葉樹林の保護を訴え続けてきました。照葉樹林文化論が登場しはじめた時期，直感的に綾の森林の大切さをとらえた理念は，注目するに値します。それが現在，綾の照葉樹林復元プロジェクトとして，国有林政策の大きな柱になっています。

## 1 照葉樹林保護のはじまり

郷田實は1966年に町長に選ばれた。綾町は，宮崎市の西北方20 kmに位置する（図12-1）。総面積9521平方キロメートルのうち山林が80%を占め，うち52%が国有林である。綾町はその山林の麓の畑地と，綾北川・南川が合流して本庄川となる河川敷水田で支えられる農村であった。その水田は，台風に伴う豪雨のたびに水害を受けていた。その水害常襲地に対し，高水位堤防の河川改修事業を実施し，永久橋を架橋し，宮崎市への道路を整備し，町のインフラストラクチャーを整備してきたのが1965年までの町政であった。

綾町の農業社会に国有林事業と綾川総合開発事業が厚みを加えてきていた。宮崎県は，国の開発計画に対応し，1953年に綾川総合開発事業を計画し，実

---

**リオ地球サミット**：酸性雨の被害地のストックホルムで1972年に国連人間環境会議が開かれ，10年ごとに同種会議が開かれている。92年にはブラジルのリオで開かれ，持続可能な世界が討議され，100カ国以上の元首が参加した。この会議をリオ地球サミットという。

**森林原則声明**：森林に関するはじめての世界的合意である。法的拘束力はないが，世界の森林保全と持続可能な経営がその後討議されている。熱帯林の保全は地球温暖化と関係しており，無法伐採に対しては認証制度の導入が図られている。日本の国有林行政も対応している。

第12章 照葉樹林と宮崎県綾町

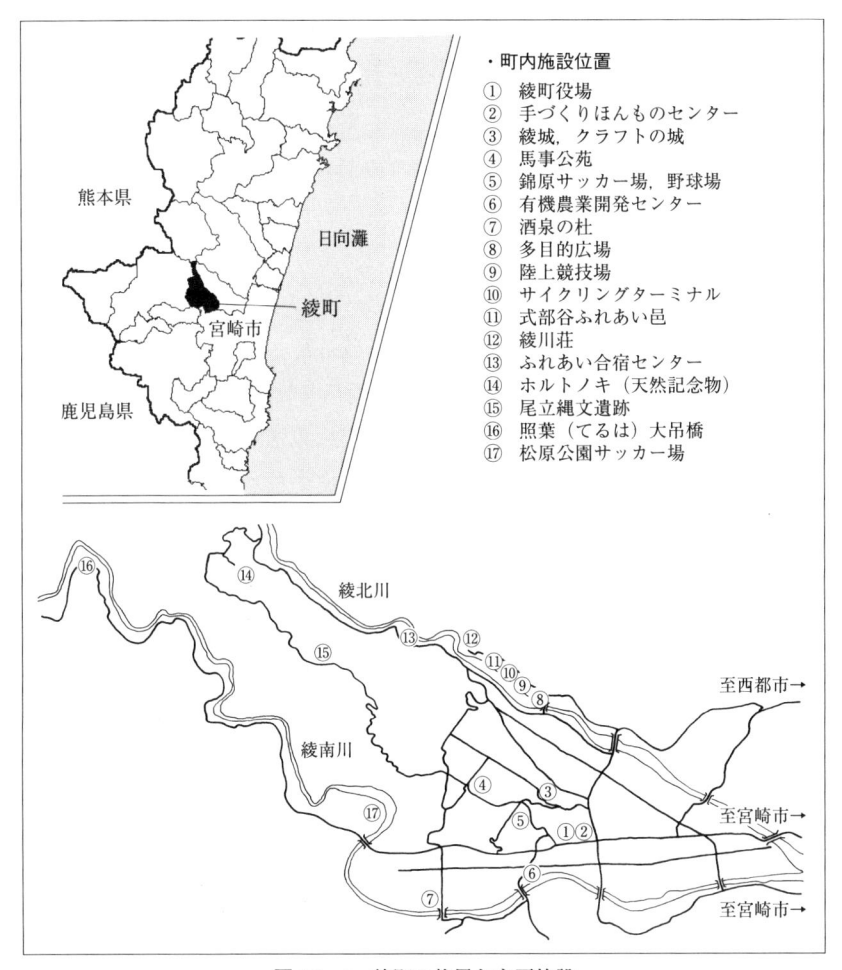

・町内施設位置
① 綾町役場
② 手づくりほんものセンター
③ 綾城，クラフトの城
④ 馬事公苑
⑤ 錦原サッカー場，野球場
⑥ 有機農業開発センター
⑦ 酒泉の杜
⑧ 多目的広場
⑨ 陸上競技場
⑩ サイクリングターミナル
⑪ 式部谷ふれあい邑
⑫ 綾川荘
⑬ ふれあい合宿センター
⑭ ホルトノキ（天然記念物）
⑮ 尾立縄文遺跡
⑯ 照葉（てるは）大吊橋
⑰ 松原公園サッカー場

図12-1 綾町の位置と主要施設

施に踏み切った。以上の事業は50年代に変容した。国有林の経営は，50年代後半からチェーンソーをはじめとする機械化で合理化されるとともに，広葉樹をパルプ原木にするクラフトパルプが登場し，伐採，運搬の方法が急変し，林業労働者を減少させた。加えて綾川総合開発事業は60年に終了し，建設関係の労働者は引き揚げてしまった。このために綾町の人口は減少した。綾町の人口は1950年の9137人から，ピークの58年には1万2322人になっていたが，

70年には7748人になり、この結果綾町は過疎地域の指定を受けることになった。郷田が町長になった頃、夜が明けるとあそこの店が無くなっているということで、郷田は綾町を「夜逃げの町」と評していた。そうした町の事情を背景として、国有林の換地問題が登場してきたのである。その状況を郷田は自著の『結いの心』で次のように述べている。

「昭和41年7月、私は町長に就任しました。それから2カ月ほどたって『何としても木工加工の町にならにやいかん』と、そんなことを考えておりましたところ、営林署長がやってこられ『あの山を伐る』とおっしゃるのです。

『あの山』というのは、現在、世界一の歩道吊り橋のある自然林のことです。綾北川ぞいに旧川崎財閥の山林があり、その山林の立ち木を製紙会社が伐採し尽くした。その禿げ山と自然林の立ち木とを交換することになったというのです。」（郷田實〔1998〕『結いの心』ビジネス社、15頁）。

この交換について町民の意見は2つに分かれた。賛成の意見に対し郷田は、「伐採したら、山肌がむき出しになった裸山が残るだけではないか。……『伐るのは困ります』と申し上げたのです。」（郷田〔1998〕16頁）。郷田は第二次世界大戦中、華南戦線を転戦していく過程で、綾の自然に似た風景の中で心が癒され、死線を越えてきた原体験をもっていた。その原体験が自然林の保護に傾かせたという。郷田は、役場の職員に県の図書館から山や自然に関する本を借り出させ、猛勉強をし、中尾佐助の『栽培植物と農耕の起源』（岩波新書、1966年）に遭遇した。その中の20頁の内容に惹かれた。それが郷田の一生を規定したという。その内容は照葉樹林複合農業であった。郷田の原体験に一致する農耕文化が描かれていたのである。この中尾説に支えられて、郷田町政は1つのトレンドに向かって走っていった。

## 2 郷田町政の比較異性

### 1 郷田町政の基本理念

郷田は、照葉樹林保護の思想的究明から1つの理念を得た。それは自然生態系という理念である。郷田は自然林をみて、化学肥料も農薬も使わないのに、

何百年もの年輪をもつ巨木と下層植生，動物そして鳥類が共生的に繋がっていることを学んだ。郷田は，1963年から始まった農業構造改善事業に疑問をもち，独自発想の自然生態系農業を確立すべきだと覚り，町政の基礎理念として，次のような町是を提起した。

「綾の場合はまず住民がつくることによって生活文化を楽しむことが前提で，その楽しんでつくっているさまを楽しんで見てもらえる町を目ざすのです。そこで照葉の大自然を大切に，その中で生活文化を楽しむ人づくり，町づくりを町是として掲げました。」（郷田〔1998〕50頁）。

この基本理念のもとに次のような事業が提起されていった。

## 2 「一坪菜園運動」・「一戸一品運動」

郷田は，農村の町でありながら野菜を他地域から買い入れているが，これを自給自足体制にするとともに，野菜を売り出す町にしていかねばならぬと考えた。町長に就任した翌年，郷田は「一坪菜園運動」を町民に提案した。庭先の小さな土地であっても，そこに自給自足の野菜を作ろうという運動である。その際，一坪菜園の土づくりを大切にすることを注文づけた。郷田はこの「一坪菜園運動」で，昔からあった「結いの心」を喚起しようと考えたのである。

一坪菜園に続いて郷田は「一戸一品運動」を提案した。必ずしも農産物だけでなく，工作物や工芸品や美術品でもよく，自分の家で自慢できる一品を作ろうというのである。この運動に対し郷田は，自治公民館活動の秋の行事として「一戸一品文化祭」を催し，お互いに合評しあい，気に入れば譲り合うようにした。これを郷田は「自治の精神」の養成と位置づけた。こうした町民の活動の盛り上がりの結果として，「手づくりほんものセンター」が役場に隣接する地に建設された。一坪菜園の野菜，ほんものの素材を加工した弁当や工芸品な

---

**比較異**：比較異は郷田實の独自の言語である。郷田はよその町と比較して異なる町づくりを核にしてきた。それは単に異なるというだけでなく，近未来に広く共感が得られる内容でなければならぬ。それはニーズに応えるのではなく，トレンドから生まれる。

**結い**：1950年代まで日本の農村には特殊な相互扶助の習慣があった。田植や稲刈や屋根葺などを共同労働で行い，楽しく成果をあげていた。その相互扶助のことを「結い」と称していた。高度成長の過程で，機械化がすすみ「結い」はすたれた。

どの加工品が店内に並べられている。宮崎市の市民をはじめ，綾町を訪れた人に評判の良いセンターに成長している。

### 3 有機農業の町づくり

郷田は1978年に「自給肥料供給施設」をつくり，屎尿から生ゴミまでのすべてを回収して肥料化して，土づくりの基礎にしていった。その土づくりは生ゴミと家畜の糞尿の堆肥化，人間の屎尿の液肥化によって支えられる。人間の屎尿の液肥化には町民は戸惑った。水洗便所化していく時代にあって，液化施設で処理することに賛同できなかったようである。しかし郷田は錦原の一画にその施設を作り，バキューム車で田畑に液肥を配布していった。郷田は有機農業化を促進するために，「有機農業開発センター」を設置し，有機農業の技術指導を行った。その農産物を販売していくためには「綾の有機野菜」への信用，信頼が必要である。このために町独自の有機農業の認定基準を設定し，次のような等級づけを行った。

「有機農業のグレードを，金，銀，銅の三段階として，土づくりを第一に重視しました。まず金ですが，化学肥料，農薬を三年以上使用しないで栽培したものとし，銀は2年間慣行農法の80％減，銅は70％減として，それぞれのシールを貼ることにしたのです。認定にあたっては有機農業センターの中に認定のための委員会をつくりました。」（郷田〔1998〕167頁）。

有機野菜の販売には農協の協力が必要であった。郷田は1982年に自然生態系農業条例を制定し，農協の系統出荷への背景をつくった。農協は「産直方式」をとって販路拡大に踏み切り，東京や北海道にまで販路を見出していった。郷田の有機農業の町づくりは，ようやく形が整っていった。

### 4 観光拠点づくり

郷田は九州脊梁山地の国定公園化の動きに対し，綾の照葉樹林9000 haを飛び地として申請地域に加えてくれという要求を，1968年に提出していた。その結果，82年に3000 haが承認された。その国定公園化に併せて，83年に「世界一の歩道大吊橋」を現在地に完成させた。郷田は予算化に苦労したが，

第**12**章　照葉樹林と宮崎県綾町

表12-1　綾町への入込み客数と主な施設設置

| 年 | 入込み客数<br>（千人） | 主な施設設置 | 年 | 入込み客数<br>（千人） | 主な施設設置 |
|---|---|---|---|---|---|
| 1980 | 210 | | 1993 | 418 | |
| 1981 | 220 | | 1994 | 508 | |
| 1982 | 245 | 九州中央山地国定公園指定 | 1995 | 723 | 綾ワイナリー |
| 1983 | 251 | | 1996 | 1,140 | 杜の麦酒工房 |
| 1984 | 452 | 綾の照葉大吊橋 | 1997 | 1,151 | |
| 1985 | 500 | 綾城 | 1998 | 1,121 | |
| 1986 | 360 | 綾国際クラフトの城 | 1999 | 1,113 | |
| 1987 | 378 | | 2000 | 1,112 | |
| 1988 | 383 | | 2001 | 1,056 | |
| 1989 | 395 | 手づくり本物センター・水 | 2002 | 1,023 | |
| 1990 | 452 | の郷綾酒泉の杜 | 2003 | 1,010 | |
| 1991 | 467 | 式部谷ふれあい広場・花時計 | 2004 | 1,006 | |
| 1992 | 476 | | 2005 | 1,008 | 観光案内所 |

（出所）「綾町プロフィール」より。

　強引に町議会を説得し，吊り橋建設の有力な協力者を得て，予想以上に安い費用で建設することができた。参観者が予想以上に多く，数年にして元をとることができた。

　綾町には**山城**跡があった。記録によれば細川氏に足利尊氏から褒賞として国富の庄が与えられ，綾に城を築いた。その後，伊東と薩摩の勢力争いに巻き込まれ，最終的には薩摩藩の領地となった。その城跡に山城の復元を計画し，日本城郭研究会の協力を得，地元の欅材を主柱とする山城を築いた。1984年のことであった。その城の西側に「綾国際クラフトの城」を設置し，工芸の里の見本展，実習館とした。

　1985年には「日本名水百選」に選ばれ，これが契機で「酒泉の杜」の建設が実現した。綾町には河川漁業の振興のための内水面漁業試験場があった。こ

---

**山城**：平安時代から武士が力を示す時代になる時，群雄割拠の姿が生まれ，地方豪族が末端政治を行うようになる。その争いの中で難攻不落の砦の立地として展望の良い小高い山頂が選ばれた，その城を山城という。その後，大阪城のような平地城に発展した。

れが閉鎖されることになり，その敷地の利用を検討していて，雲海酒造と意気投合したのである。雲海酒造は，奥高千穂の五ヶ瀬町の酒造家で，ソバ焼酎で有名になった会社である。宮崎市周辺には小さい焼酎醸造家があったが，それを統合する流れがあり，雲海酒造がうまく統一して綾の百選の水を酒原とする大焼酎会社を設立した。郷田は第三セクターの「酒泉の杜」を立ちあげ，雲海酒造に一任した。

　綾町は以上のような観光拠点を，町長が長となり，観光課が事務局となる綾町産業活性化協会を設置して運営している。しかし「酒泉の杜」の登場で100万人以上の入込み客数を数える観光地になったが，町長を辞任して後，日本経済のバブル崩壊後の経済停滞の波をうけて，観光客の減少傾向の中にある（**表12-1**）。いま綾町は大きな曲がり角にあるのかもしれない。

### 5　綾の照葉樹林文化シンポジウム

　郷田は広く綾の照葉樹林の価値を認識してもらうために，「照葉樹林都市・綾」の宣言をすることを企画した。その宣言をするイベントをどうするか，その相談が「宮崎の自然を守る会」にもちかけられた。そのイベントは京都大学の照葉樹林文化論者に会ってから考えようということで，郷田に京都に行ってもらった。帰宮した郷田は，イベントの費用として400万円を予算化して，「守る会」に委託してきた。「守る会」は「照葉樹林文化を考える会」を新たにつくり，その会が実行委員となって，1985年に第1回シンポジウムが開催されることになった。

　第1回は85年3月30日，佐々木高明教授の基調講演「照葉樹林文化の道」を受け，「日本文化の古層」というテーマのシンポジウムが開かれた。以後シンポジウムは5回を重ね，第2回は小山修二，第3回は坪井洋文，第4回は佐原真，第5回は網野善彦といった有名人をゲストに迎え，盛大に開催された。各地からの参加者があり，日本全国への発信の契機になった。第5回が最後のシンポジウムになった。郷田は町長を辞任し，前田穣が町長になり予算化が絶えた。

## 3 綾の照葉樹林復元プロジェクトの誕生

### 1 照葉樹林シンポジウムの再建

　1997年，綾町を巻きこむ事件が発生していた。原発の余剰電力利用の小丸川**揚水発電所**の高圧送電鉄塔の問題であった。この事態を受けて，郷田實の娘美紀子や「手づくり本物の里」に惹かれて移住してきた人たちが，「綾の自然と文化を考える会」を結成し，市民活動を展開しだした。その中で前田町長に代わってからの10年間を「失われた10年」と考え，2001年4月手づくりシンポが川中キャンプ場で開かれ，綾のNGOに勇気を与え，来年もということになった。筆者は第1回シンポの折，「佐々木さんと吊り橋の上で照葉樹林を見ながら話したが，佐々木さんは20年以上保護されたら大したものだ」と語られたことを伝えた。美紀子たちは第2回シンポの基調報告者として佐々木先生を招き，新しい局面をつくりだした。

　第2回シンポの朝，美紀子は町長と佐々木の3人の話し合いの場を設定していた。その席で佐々木は「東の横綱が白神のブナ林であれば，西の横綱は綾川の照葉樹林で，世界遺産としての価値がある」と，町長に語りかけたということであった。シンポが終わって，宮崎市の時計店の社長がスイスのオーデイマ・ビゲ財団の有力者が綾の運動に関心をもち，援助したいと7月に来訪されることを提案してきた。綾町以外からのイベント計画であり，「照葉樹林ネットワーク・宮崎」を立ち上げ，県内の森林に関係するNGOの連携組織を作り，綾の「考える会」との共催で子ども中心のシンポを実施した。佐々木発言，綾町以外への運動の広がり，国際的関心の高まりをうけ，「綾の森を世界遺産にする会」結成が話し合われた。

　9月30日に総会を開き，2カ月間の署名運動に入ることになった。美紀子は高山市の稲本正氏らを通じて有名人の支援賛同者を募り，全国的な規模の署名

---

**揚水発電所**：原子力発電は操業中止がきかず，夜間も発電している。その余剰電力を山間地に送電し，谷の水を中腹に造るダムに揚水し，昼になると発電する。それを揚水発電という。小丸川の揚水発電は，川内原発の3号機用といわれている。

で14万人の署名を集め，12月に環境省に陳情書を提出した。環境省は好意的に受けとめてくれた。環境省と林野庁は，2003年2月から世界遺産候補地の検討委員会をひらいた。1万件以上の中から綾は最終委員会の7候補地の中に入っていた。しかし面積が狭いので，復元拡大を期待するということで，今後に課題が残された。

「照葉樹林ネットワーク・宮崎」は，世界遺産検討委員会の結果の反省の上で，宮崎海岸平野を取り巻く国有林内の照葉樹林の回廊構想を固め，県政への陳情運動に移っていった。宮崎県の**官民有境界査定区分**は，西南戦役で遅れ，1886（明治19）年から行われた。これに対し，延岡藩の領域は耳川を境にした反対運動で民有林地域になり，尾鈴山以南の林地は軒先まで国有林といわれる囲い込みを受けていた。東日本の山域には国有林の連続がみられるが，西日本では宮崎の国有林が唯一の連続性をもっている。その山域に残っている照葉樹林を綾の照葉樹林を核として「緑の回廊」にしようという構想である。これは青森営林局が奥羽山脈の八甲田から蔵王までの400kmの回廊計画をたてたことに学んだのである。この計画を2003年11月に県知事に渡し，知事室で説明した。この回廊構想を実現するために，NGOの連絡協議会を結成し，九州森林管理局に陳情にいく準備がはじまっていた。

### 2  綾の照葉樹林復元プロジェクトの誕生

2004年10月，突然九州森林管理局から話し合いをもちたいという申し出が，筆者たちのNGOの事務局にあった。会議を開いたところ，管理局として10カ所以上の候補地を検討してきたが，アカヤ方式の大規模森林プロジェクトを綾の照葉樹林を対象に立ち上げたいという要請であった。早速，管理局，町，県，日本自然保護協会，てるはの森の会（照葉樹林ネットワークを改称）の五者の検討委員会の会議を重ねていった。

林野庁の政策は，行政改革の影響で大きく変わってきていた。1990年の行

---

**官民有境界査定区分**：明治政府は財政基盤として地租改正法を制定した。各藩の検地で利用されていた国土を国有地と民有地（公有地と私有地）に区分して地租を徴収した。南九州は西南戦役で遅れ，宮崎県は明治19年に始まり，23年に終わった。

| 凡例 | | |
|---|---|---|
| 小エリアNo | 主たる扱い | 面積 ha |
| ① | 保護林指定 | 326 |
| ② | 保護林指定 | 1,184 |
| ③ | 人工林からの復元 | 394 |
| ④ | 保護林指定 | 373 |
| ⑤ | 人工林からの復元 | 1,897 |
| ⑥ | 二次林からの復元 | 735 |
| ⑦ | 保護林指定 | 627 |
| ⑧ | 環境教育等への利用 | 717 |
| ⑨ | 環境教育等への利用 | 708 |
| ⑩ | 持続的林業経営 | 416 |
| ⑪ | 持続的林業経営 | 1,330 |
|  | 国有林計 | 8,706 |
| ⑫ | 県・町有林 人工林からの復元（約200haは持続的林業経営） | 813 |
| 合計 |  | 9,519 |

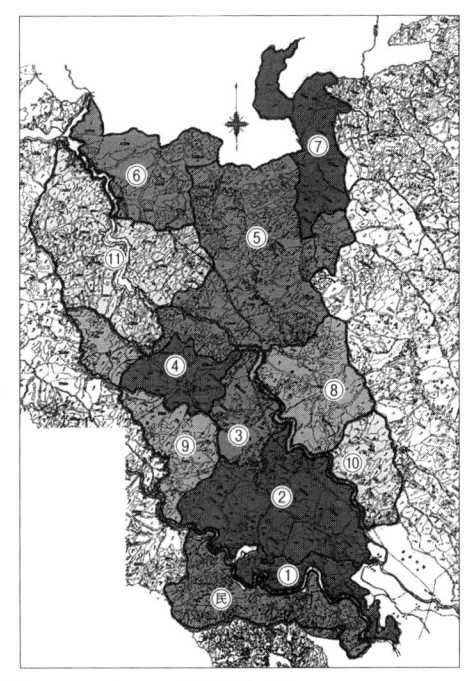

図12-2 綾の照葉樹林復元プロジェクト機能別計画図
（出所）「綾の照葉樹林プロジェクト」パンフレットより。

政改善審議会の答申で，国有林野経営改善大綱が策定され，森林の機能類型別管理経営が登場してきた。2001年には森林・林業基本法の改正が行われ，「国民の森林」という理念で，営林という経営から管理という姿勢に変わっていった。その基本理念に基づく政策目標を次のようにかかげていた。

「森林の有する機能については，個々の森林が有する機能や地域の住民へのニーズなどを総合的に勘案し，国民が期待する機能が高度に発揮される森林をつくっていくことが重要です。このような観点から，基本計画においては，重視すべき森林の機能に応じて森林を『水土保全林』，『森と人との共生林』，『資源の循環利用林』の三つに区分し，区分ごとに期待される機能が高度に発揮されるような望ましい森林に誘導していくことを目標として掲げています。」（第11条）

九州森林管理局は国の政策の変化を踏まえて綾の計画を提起してきたのであ

る。このために基本的考え方の一致があり，検討会は短期間にみごとな計画をつくり，2005年5月の調印式で実施に移っていくことになった。その計画が**図12-2**である。その後の経過も踏まえて説明をしておきたい。

計画区分の①は，「郷土の森」で綾町の責任分野である。②は2008年3月に**森林生態系保護地域**に指定された。④と⑦は植物群落保護林である。問題は③と⑤の人工林の復元，⑥の自然林の復元であり，この完成で「緑の回廊」が実現される。⑧と⑨は共生林，⑩と⑪は循環型森林である。綾南川の南面の県有林は県の施業計画で復元される。現在は，綾町民の参加による森林利用の在り方がワーキング・グループによって追究されはじめたところである。

## 4　「綾らしさ」の維持

### ［1］　現実主義的な町政の変化

1990年に郷田町長から前田町長に代わってから，大きな変化が出てきた。郷田が理念派として先を読むトレンド町政を展開したのに対し，前田は現実派として町民の声を吸い上げていく町政を展開しはじめた。

例えば，シンポジウムに対し，町民のためのシンポではなく，町外の人のためのシンポではないかという批判が，郷田に対して向けられていた。前田はそれを受けとめ，シンポジウムの予算を計上しなかった。郷田はハウス農業に対し批判的で，ハウス農業の推進を渋った。前田は農協長の経験があり，農民の声を聞き入れる立場をとり，ハウス農業の展開を容認した。前田の有機農業への姿勢が郷田よりも弱いためか，有機野菜の金，銀，銅のシール貼りは守られず，「生産管理記録簿」を挿入することで認定機関を通れるようになった。前田は郷田路線を全面否定するのではなく，柔軟に受けとめ現実味を加える対応を示してきた。

前田が力を入れた町政は，スポーツ誘致と福祉施設の充実であった。町政要

---

**森林生態系保護地域**：林野庁は1989年に保護林政策を見直し，森林生態系保護地域，森林生物遺伝資源保存林，林木遺伝資源保存林，植物群落保護林，特定動物生息地保護林，特定地理等保護林，郷土の森を保護区分とした。生態系保護は最高位の保護林である。

覧の「綾町プロフィール」の「綾町のあゆみ」から拾ってみると，次のような実績があげられている。

スポーツ関係としては，陸上競技場竣工（92年），式部谷ふれあい体育館，テニスコートオープン，ふれあい合宿センターオープン，サッカー場，野球場オープン（96年），綾てるはドーム竣工（04年）などがある。96年のふれあい合宿センターの開設は，競技施設の整備とあいまって，プロの団体，高校や大学のクラブの合宿訓練を可能にし，遠く北海道からの利用もあり，合宿センターの壁には記念のメモリーが無数に貼られている。これは一種の滞在型観光であり，綾町の産業観光の一環に組み入れられている。教育，福祉関係としては，特別養護老人ホームやすらぎの里開所（91年），シルバー人材センター設立（92年），シルバープラザ落成（95年），ケアハウスうるおいの里オープン（97年），児童館，子育て支援センター合同竣工（99年），公共下水道事業供用開始（05年）。

以上の施設は，町民の声に耳を傾ける前田町政の姿を反映している。これに対し，郷田の農業政策の継承としては，94年の資源活用クリーンセンター落成，97年の有機農業開発センター竣工，液状堆肥工場施設運転開始，2000年の新規就農者受け入れ施設，育苗センター合同竣工などがある。郷田時代の施設の改良が主で，郷田路線の継承の面を示している。この間，前田町政とNGOとの関係は絶えていた。その前田町政に対し，変化が表れだしたという意見が町民の間に聞かれるようになった。

### 2　新しい前田路線の背景

前田町政に変化がみられるようになるのは，鉄塔問題への対応からである。「綾の自然と文化を考える会」が誕生し，対立するとともに，NGOとの関係が登場してきた。「考える会」はシンポジウムを再建した。第2回シンポには補助金がでた。この補助金の支えで佐々木高明氏の招致が結果し，前田と佐々木の会談になったのである。しかも前田は，シンポジウムの開会挨拶をするようになった。

「世界遺産にする会」が結成され，この検討委員会が開かれたが，最終的に

第Ⅲ部　サステナビリティとNPO・自治体

▶▶ *Column* ◀◀

**照葉樹林文化の経緯**

　「照葉樹林ちゃなんね」，これは「世界遺産にする会」が署名運動をしていたとき，宮崎市民からだされた質問です。毎日見ている雑木の林が，照葉樹林とは気がつかなかったのです。高校の地理教育の地図帳の植生図をみても，温帯常緑広葉樹林として示されているだけです。この言葉が一般に知られるようになったのは，中尾佐助『栽培植物と農耕の起源』（岩波新書，1966年刊）からです。中尾さんは今西錦司先生の**マナスル偵察**\*に同行し，ヒマラヤ山麓地域に日本と同じ森林があり，共通の食文化があることに興味をもちました。それからアッサム，雲南省と調査を進めていくうちに，共通の文化が連なっていることを発見しました。それはマレー半島経由のいも農業（根栽農業）とアフリカ起源の雑穀農業（播種農業）が複合して誕生した照葉樹林複合農耕文化と考え，上記書で世に問うたのです。照葉というのは，カシ，クス，ツバキの葉にみられるように，葉が光っているからです。

　これを受けて，京都大学の哲学者の上山春平さんが主になって，人類学，生態学，作物学などの専門家と共同研究をして，『照葉樹林文化』（中公新書，1969年）を世にだされました。そしてこの文化は縄文文化に連なる日本文化の古層文化だと主張したのです。私たちは納豆，醤油，モチ系の穀物，米麹の酒，漆，絹などを昔から使っていますが，それは前4000年頃から渡来した文化です。それらは照葉樹林の中で育まれた素材を利用したものです。この中で，日本の稲作の起源と渡来が遺伝学で問題にされ，長江中流域という説になり，現在もこの照葉樹林文化説は進化しています。

　　\*　マナスル偵察：インドが独立すると（1947年），保護国であったネパールは鎖国を解いた。今西先生たちはマナスル偵察にむかい，登山許可を受けた。日本山岳会は槇有恒を隊長にして登頂に成功した（1956年）。日本初の8000m級登山であった。照葉樹林論はこのときから始まる。

　7地区に絞られた中に綾が入っていることがわかり，町としても綾の照葉樹林の価値に驚かざるをえなかった。さらに拍車をかけたのは，「綾の照葉樹林復元プロジェクト」の登場である。前述のように五者による準備会，そして調印という運びの中で，綾町は一者として重要な地位を占めていた。調印後は毎月の調整会議，年2回の連携会議にも出席が要請され，連携会議には町長が出席した。前田には討議の過程で綾の照葉樹林の将来図が見えてきたはずである。

町としては,「郷土の森」の調印後,その利用のあり方に責任をもつことになった。さらに綾町は森林セラピーの指定をうけた。町は08年度からセラピー計画の実施に入る。プロジェクトの復元事業だけでなく,綾町独自の森林利用の責任が問われている。林野庁のプロジェクトは,機能林に対応した管理だけでなく,森林利用による地域振興を要請している。プロジェクトは,地域振興事業として町民参加のワーキング・グループを編成し,その歩みをとりはじめた。

以上の展開の過程で,「平成の大合併事業」が出てきた。前田は宮崎県内の町村会長をひきうけ,さらに合併特例法下で自立をえらんだ九州・沖縄の50町村で構成する「九州地区自立町村ネットワーク」の会長を引き受けた。前田の合併への姿勢は,「綾町は永久に自立的でなければならない」ということである。前田はそれを自覚し,自信に満ちた声で主張している。その結果として,前田に郷田路線の柔らかな継承者という評価が町民の間に出てきたのであろう。

綾町の今後の課題として2点あげたい。第一は経常収支比率が89.9％であることである。75％以上は財政硬直状態といわれている。はたして合併に抗していけるか心配される。第二は郷田が期待したエコーツアーの実現である。スポーツを基盤にした滞在型観光は実現された。綾町は産業観光の旗印を掲げている。郷田は「工芸の里づくり」を町政の柱にしていた。誘致運動を大々的に行わなかったが,綾の魅力にひかれて工芸家が移住してきた。現在,染色工房6,ガラス工房1,竹,木材工房20,陶芸工房13,食品工房7,計48の工房が制作活動をしている。11月末には大工芸展もひらかれている。以上の産業をベースに農林業を含めた産業観光ツアーが課題である。

[推薦図書]

**郷田實・郷田美紀子(2005)『結いの心』(増補版)評言社**
　　昔の「結い」の伝統を復活し,物質文明の流れに対し精神文化を基調にした生態系農業の確立を提起した本。

**佐々木高明(2007)『照葉樹林文化とは何か』中公新書**
　　稲作の誕生に遺伝学からの新しい視点が登場し,照葉樹林文化の異説をも超えようとした現代版照葉樹林文化論。

上野登（2004）『再生・照葉樹林回廊』鉱脈社
　日向の照葉樹林利用の歴史，拡大造林による自然林減少の歴史，保護運動の歴史の結果としての「緑の回廊構想」。

設問

1．照葉樹林について自分の生まれ育った地域を思い浮かべて，どこにそういう森林あるいは杜があったか考えてください。日本の北方にも海岸に近いところに見られるとすれば，なぜかを考えてください。
2．自治体行政の中で緑を育てる政策は，どれくらいの重みをもつのでしょうか。その緑ですが，どういう緑の組み合わせが必要なのか，自分なりに考えてください。現在，ガーデニングが流行していますが，人工と素自然の関係を人間の行動範囲との関係で考えてください。

（上野　登）

# 第13章

# 環境教育とホールアース自然学校

　いま,私たちには持続可能な社会の構築が求められています。この社会を実現するためには,企業経営を持続可能なものにするとともに,私たち一人一人の意識や行動を変えていかなければなりません。そのためには何をすべきでしょうか。その1つの鍵は「環境教育」にあります。本章では,持続可能な社会の構築における環境教育の役割と,環境教育におけるNPOの役割について考えてみましょう。

## 1　環境教育の必要性：持続可能な社会と環境教育の目的

　地球環境はすべての生命の生存基盤である。しかし,この地球環境が人間の経済活動により損なわれつつある。20世紀,人々は大量生産・大量消費・大量廃棄型の経済活動によって物質的な豊かさを実現してきたが,その過程で資源の浪費や大規模開発を招き,限りある地球環境を損なってきた。このままの経済活動を継続すれば,地球環境に深刻な影響を及ぼすことになるであろう。

　この問題に対処するためには,**「持続可能な開発」** を可能とする社会の構築が不可欠である。この持続可能な社会の実現には,生産活動を担う企業の活動を持続可能なものにする必要がある。しかし同時に,企業の製品を用いるわれわれ市民の一人一人が,地球環境に関心をもち,人間と環境の相互作用関係について理解し,自己の生活様式と社会の変革に向けて行動しなければならない。

　地球環境問題については学校教育において学習し,また新聞等のメディアで日々取り上げられているため,関心をもつ人は多いであろう。しかし,関心を

---

**持続可能な開発**：1987年の「環境と開発に関する世界委員会」の報告書で明確化された概念であり,「将来世代の欲求充足能力を損なうことなく,現在世代の欲求を満たす開発」と定義される。この持続可能な開発を実現する社会を持続可能な社会という。

第Ⅲ部　サステナビリティとNPO・自治体

もつだけではなく，地球環境問題の具体的内容・解決方法を理解し，自ら積極的に実践している人はどの程度いるであろうか。**図 13-1** は，内閣府による地球環境問題に対する個人の関心と個人の取り組みについての調査結果である。同図に示されているように，地球環境問題に関心をもつ人の割合（「関心がある」，「ある程度関心がある」の合計）は，1998 年の 82.0% から 2007 年には 87.1% に増加している。また，地球温暖化に対して積極的に取り組んでいる人の割合も，7.7%（1998 年）から 15.4%（2007 年）に増加している。しかしながら，「できる部分があれば取り組む」と回答した人々の割合は，2007 年においても 69.9% に及んでいる。これは，環境問題に関心をもつ人は多く，積極的な取り

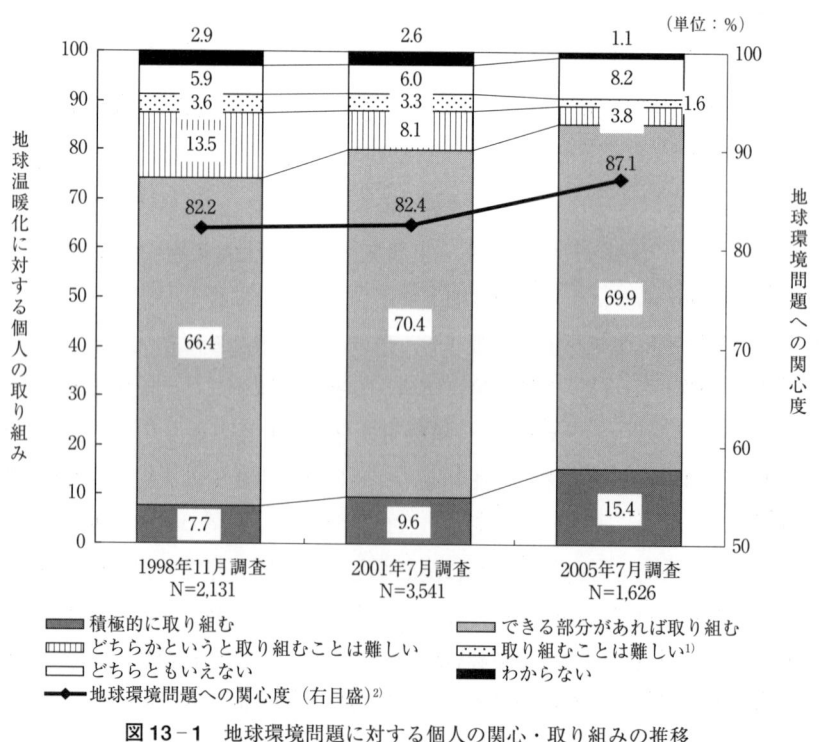

**図 13-1　地球環境問題に対する個人の関心・取り組みの推移**

(注) 1) 1998 年 11 月調査では，「個人の日常生活へのしわ寄せは反対」となっている。
　　 2)「関心がある」，「ある程度関心がある」の合計。
(出所) 総理府（1998）『地球環境とライフスタイルに関する世論調査』；内閣府（2001）『地球温暖化防止とライフスタイルに関する世論調査』；同（2005）『地球温暖化対策に関する世論調査』より作成。

組みも徐々に進んでいるが，具体的な行動に至っていない人も多いことを示している。

持続可能な社会の実現には，人々が環境問題に関心をもつだけでなく，環境問題に対する意識を向上させ，その解決に向けて実践していかなければならない。環境教育の目的は，「経済的・社会的・政治的・生態学的な相互依存関係に関心をもち，その基本的な関係についての知識，および環境の保全に対する態度・技能を身につけ，自らの意識と行動を変革するとともに，社会変革における意志決定に積極的に参加する人材を育成すること」にある（ベオグラード憲章，トビリシ勧告〔本章後掲〕を参照）。したがって，環境教育の充実は，持続可能な社会の実現における重要な方策なのである。

以下では，この環境教育における **NPO・NGO**（以下，NPO と表記）の役割について検討する。まず，環境教育と NPO の関係を歴史的に検討した上で，NPO による環境教育の実践例として「ホールアース自然学校」の事例を検討しよう。

## 2　環境教育の歴史と NPO の役割

### 1　環境教育前史：NPO による自然保護・公害教育の推進

日本で環境教育が登場するのは 1970 年代であるが，それ以前にも自然保護教育，公害教育という形で環境についての教育は行われていた。前者の自然保護教育が行われ始めたのは，開発等による自然破壊に対抗する市民運動が行われた 1950～1960 年代であり，NPO が自然保護教育を担った。例えば神奈川県三島半島では，生物教育集団による掠奪的な採取・採集行為への危惧から，1955 年に「三島半島自然保護の会」が結成された。同会の目的は，自然を荒らす可

---

**NPO**（Non-Profit Organizations：非営利組織）：広義には社団法人や医療法人，学校法人等を含むが，狭義では社会的使命に基づき非営利で活動する民間のボランティア団体を意味する。特定非営利活動促進法で認定された団体は，NPO 法人と呼ばれる。

**NGO**（Non-Governmental Organizations：非政府組織）：社会的使命に基づき非営利で活動する民間のボランティア団体であり，日本では国際的活動を行う団体をさすときに用いられる場合が多い。国連憲章に基づく NGO は，「国連経済社会理事会（ECOSOC）」との協議資格をもつ。

能性のある採集ではなく自然を観察する方法を取り，生態学的な見地から自然との接し方を身につけることであった。また，日本有数の渡り鳥の飛来地であった千葉県行徳の干潟を守るために，1967年，市民や学生によって「新浜を守る会」が結成され，そこから「自然観察会」が生まれた。この団体は，自然に対する知識だけではなく，自然破壊を進める政治・経済の仕組みや行政と企業の接触の仕方等，人間の側にある環境問題の原因と対処の仕方を学ぶために，自然破壊の現場や予定地を訪ねる活動を続けた（小川潔〔2002〕「自然保護教育」川嶋宗継他編著『環境教育への招待』ミネルヴァ書房，8-16頁）。

　後者の公害教育もまた，公害の発生・悪化を契機に進められた。四大公害等の大規模な公害問題が発生した当初，企業やそれを指導する国・地方自治体は公害の発生原因を曖昧にし，被害者に原因を転嫁しようとした。これが，公害教育の端緒となったのである（高橋正弘〔2002〕「公害教育の経験」川嶋他編著，前掲書，18頁）。例えば1960年代の沼津・三島地区では，石油コンビナートの進出を危惧した市民が自ら公害の科学を学習し，調査することで政府調査を批判する活動が行われた。また四日市市では，市立教育研究所による公害に関する報告書の公刊が差し止められたことを契機に，教師たちが公害教育を自主編成する動きが強まり，公害教育研究組織の編成やカリキュラム研究を進め，公害の発生原因の社会科学的・自然科学的認識と人権の思想を子供たちに教えるという教育目標を形成していった。さらに1950年代に発生した熊本水俣病では，新日本窒素（1965年，チッソに社名変更）が原因を究明していたにもかかわらず実験結果を隠蔽し，問題の製造工程を1968年まで稼働させた。この現実に子供たちの目を向けさせ，現実分析を通して日本の社会と自然・地域の関係を考えさせる教育が行われた（高橋〔2002〕19-23頁）。

　こうしてNPOや現場の教師によって進められた自然保護・公害教育は，偏向教育と受け止められる場合もあったが，1970年の「公害国会」で文部大臣が指導要領等の修正を明言し，学習指導要領が修正されたことで全国的に実施されていった（「第64会国会衆議院会議録第5号」1970年12月3日）。

第13章　環境教育とホールアース自然学校

2　環境教育・持続可能な開発のための教育におけるNPOの役割

　1970年代になると，自然保護・公害教育は，国際的な動向の影響を受けつつ環境教育として推進されていった。1972年，スウェーデンのストックホルムで，環境問題に関する大規模な政府間会合としては世界初となる「国連人間環境会議」が開催され，共通見解として「人間環境宣言」が採択された。この宣言では，環境教育を「個人，企業および地域社会が環境を保護向上するよう，その考え方を啓発し，責任ある行動を取るための基盤を広げるのに必須のもの」であるとし，その普及と実践を「国際連合教育科学文化機関（UNESCO）」に委ねた（環境庁長官官房国際課〔1972〕『国連人間環境会議の記録』21,171-172頁）。これを受けてUNESCOは，「国連環境計画（UNEP）」と共同で「国際環境教育計画（IEEP）」を開始し，その一環として1975年，旧ユーゴスラビアの首都ベオグラードで「環境教育国際ワークショップ」が開催された。この会議で採択された「ベオグラード憲章＊」は，環境教育の目的・目標を明記した世界初の文書であり，環境教育の枠組みが提示された。また1977年には旧ソビエト連邦グルジア共和国の首都トビリシにおいて「環境教育政府間会議」が開催され，環境教育に関する国際的合意事項となる「トビリシ宣言」および「トビリシ勧告＊＊」が採択された（中山和彦〔1993〕「世界の環境教育とその流れ——ストックホルムからトビリシまで」佐島群巳・中山和彦編著『世界の環境教育』〔地球化時代の環境教育4〕国土社，8-28頁）。

　＊　ベオグラード憲章では，環境教育の目的を「環境やそれと関連する諸問題に気づき，関心を持つとともに，現在の問題の解決と新しい問題の未然防止に向けて，個人的，集団的に活動するための知識，技能，態度，意欲，実行力を身につけた人々を世界中で育成すること」とし，「気づき，知識，態度，技能，評価能力，参加」を具体的目標として定めている（The Belgrade Charter : A Global Framework for Environmental Education）。
　＊＊　トビリシ勧告では，環境教育の目的を「①都市や地方における経済的・社会的・政治的・生態学的相互依存関係に対する明確な気づきや関心を育成すること，②全ての人々に環境の保護と改善に必要とされる知識，価値観，態度，実行力を得るための機会を与えること，③環境に対する個人・集団・社会全体の新しい行動パターンを創出すること」とし，「気づき，知識，態度，技能，参加」を具体的目標としている（UNESCO

〔1977〕Intergovernmental Conference on Environmental Education : Final Report, Tbilisi)。

　これらの動向を受け，日本においても環境教育に関する議論が進められた。1977〜1979年に小中高等学校と順次改訂された学習指導要領において，「公害防止の大切さと，国等の対策」（小学5年社会科），「環境の保全に役立つ森林の働き」（同），「自然と人間」（中学理科第2分野）等の単元が盛り込まれ，環境教育を推進する土台が整備されていった。しかし，環境教育の実践は必ずしも順調に進まなかった。厳しい規制の実施等による公害対策で高い成果を上げた環境庁（1971年発足，2001年，環境省に改組）が，1981〜1984年の『環境白書』において4年連続で「一時の危機的な状況を脱した」と報告したことが，公害・環境問題の終結宣言として受け止められ，問題の状況が改善したのであれば環境教育は必要ないと捉えられたのである（市川智史・今村光章〔2002〕「環境教育の歴史」川嶋他編著，前掲書，37頁）。

　しかし，1980年代後半になると，環境教育の重要性が再度認識されるようになった。1980年代半ば，生活排水による水質汚濁や騒音・振動等の都市生活型公害，リゾートブーム等に起因する開発と自然破壊，および地球環境問題が深刻化した。それまでの自然破壊や公害では，加害者と被害者の関係が比較的明確であったが，都市生活型公害や地球環境問題ではそれが必ずしも明確ではなく，企業活動に起因すると同時に人々の生活様式が直接・間接に原因となり，その被害を自らが被るという関係にある。そこで，人々の意識と行動を変える必要性から，環境教育の重要性が再認識されたのである（市川・今村〔2002〕38-39頁）。こうした中，1986年に「環境教育懇談会」が設置され，1988年に提出された報告書において，環境教育の必要性・考え方等が示され，1990年度版『環境白書』に「環境教育」の項目が追加されることとなった（環境庁編〔1989〕『平成元年版環境白書』大蔵省印刷局，公害の状況および公害の防止に関して講じた施策，第1章第8節）。

　1990年代に入ると，環境教育は持続可能な開発との関連で捉えられるようになった。1992年，環境と開発をテーマとしてブラジルのリオ・デジャネイロで「国連環境開発会議」が開催された。この会議では，持続可能な開発を実

現するための行動計画である「アジェンダ21」が採択され，環境教育の重要性と，環境教育プログラムの開発・実施におけるNPOの貢献，およびNPOを含めた多様な主体間の連携の必要性が明記された（United Nations〔1992〕Agenda 21 : Earth Summit - The United Nations Programme of Action from Rio, chap. 36)。また，1997年にギリシャのテサロニキで開催された「環境と社会に関する国際会議」において採択された「テサロニキ宣言」では，「環境と持続可能性のための教育」として環境教育が明確に位置づけられ，NPOを含む多様な主体間の連携の必要性，およびNPOに対する十分な制度的・財政的支援を勧告している（UNESCO〔1997〕Declaration of Thessaloniki)。さらに，2002年の「第57回国連総会本会議」においては，2005～2014年を「**持続可能な開発のための教育**のための10年」とすることが採択されている。

日本においても同様の傾向がみられる。1993年に制定された「環境基本法」を受けて翌年に閣議決定された「環境基本計画」では（2006年，第三次環境計画が閣議決定されている），循環・共生・参加・国際的取り組みが環境政策の長期的な目標とされ，参加を促すための施策として環境教育が位置づられた。また，2006年に策定された「わが国における『国連持続可能な開発のための教育の10年』実施計画」では，地域の特性に応じた取り組み，地域発展につながる取り組み，およびNPOを含む多様な主体による実施と連携の重要性が盛り込まれている。実際に内閣府による2007年の調査をみると，29.3％のNPO法人が定款に環境保全活動を記載し，11.8％が環境保全活動を主な活動分野としており，これは保健・医療，職業能力の開発に次いで多い割合となっている（図13-2)。また，環境省の調査では，環境NPOには環境教育を活動分野とするものが最も多い（図13-3)。これらは，多くのNPOによって環境教育が推進されていることを示しているといえるであろう。

以上のように，日本における環境教育は，NPOや現場の教員の主導による自然保護・公害教育を基礎として，1970年代の国際的な議論の影響を受けて

---

**持続可能な開発のための教育**：持続可能な社会を実現すべく，人々の意識と行動の変革を導くための教育である。日本の環境省は「1人ひとりが世界の人々や将来世代，環境との関係性の中で生きていることを認識し，行動を変革するための教育」と定義している。

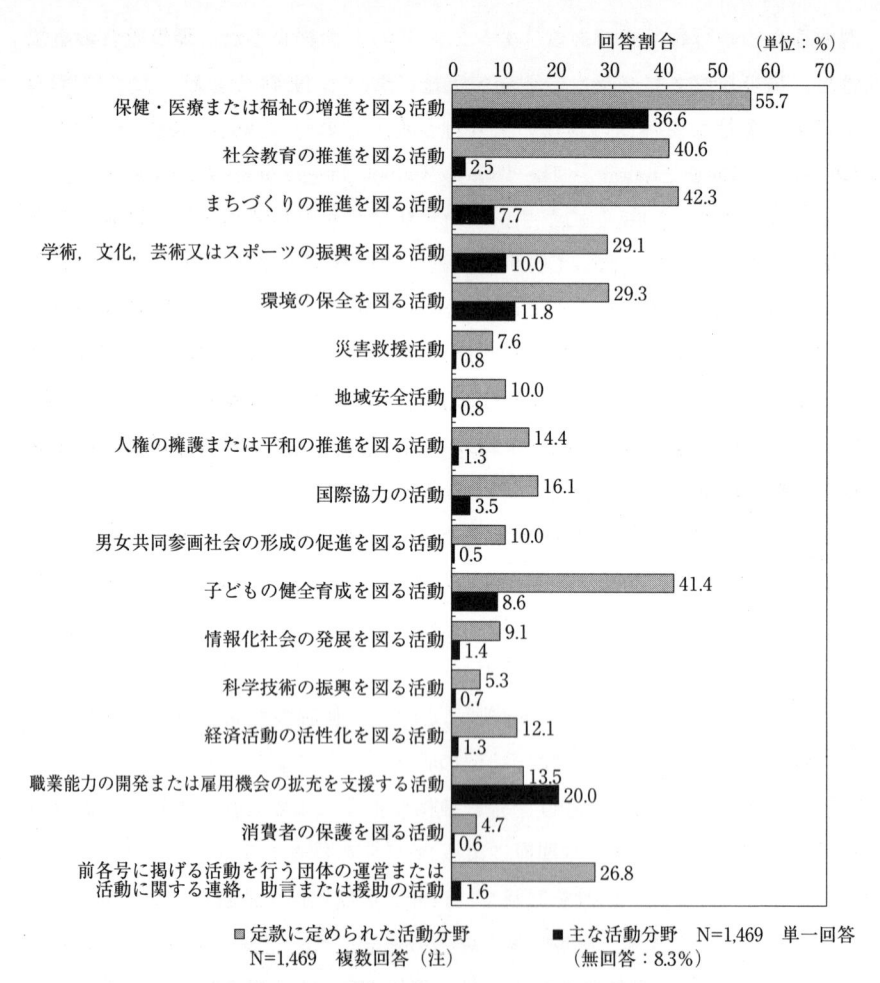

第Ⅲ部　サステナビリティとNPO・自治体

| 活動分野 | 定款に定められた活動分野 (複数回答) | 主な活動分野 (単一回答) |
|---|---|---|
| 保健・医療または福祉の増進を図る活動 | 55.7 | 36.6 |
| 社会教育の推進を図る活動 | 40.6 | 2.5 |
| まちづくりの推進を図る活動 | 42.3 | 7.7 |
| 学術，文化，芸術又はスポーツの振興を図る活動 | 29.1 | 10.0 |
| 環境の保全を図る活動 | 29.3 | 11.8 |
| 災害救援活動 | 7.6 | 0.8 |
| 地域安全活動 | 10.0 | 0.8 |
| 人権の擁護または平和の推進を図る活動 | 14.4 | 1.3 |
| 国際協力の活動 | 16.1 | 3.5 |
| 男女共同参画社会の形成の促進を図る活動 | 10.0 | 0.5 |
| 子どもの健全育成を図る活動 | 41.4 | 8.6 |
| 情報化社会の発展を図る活動 | 9.1 | 1.4 |
| 科学技術の振興を図る活動 | 5.3 | 0.7 |
| 経済活動の活性化を図る活動 | 12.1 | 1.3 |
| 職業能力の開発または雇用機会の拡充を支援する活動 | 13.5 | 20.0 |
| 消費者の保護を図る活動 | 4.7 | 0.6 |
| 前各号に掲げる活動を行う団体の運営または活動に関する連絡，助言または援助の活動 | 26.8 | 1.6 |

N=1,469　（無回答：8.3%）

**図13-2　2007年におけるNPO法人の活動分野**

(注) 定款には複数の活動分野が記載されているため，合計は100%にならない。
(出所) 内閣府国民生活局（2008）『平成19年度市民活動団体基本調査報告書』17頁。

環境教育へと発展した。また，1990年代には，持続可能な開発との関連で環境教育が理解されるようになった。そしてその過程では，環境教育の実施主体としてのNPOの役割，およびNPOとの連携が重視されている。特に環境教育においては，自然への感性と理解を育み，また他者との関わりを通じて価値観・文化の相互理解を促進する上で，体験学習が重視される（見上一幸

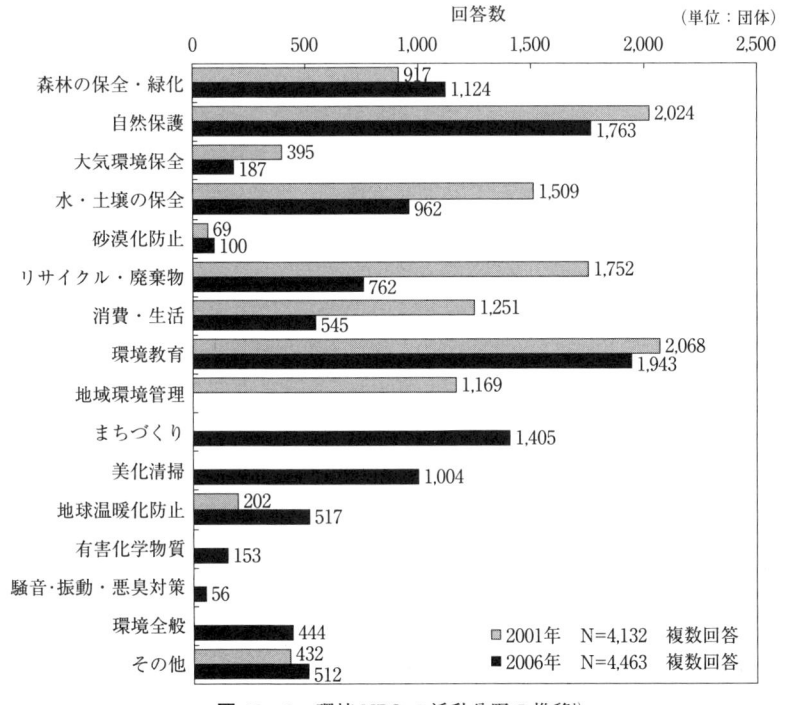

図13-3 環境NPOの活動分野の推移[1]

| 活動分野 | 2001年 | 2006年 |
|---|---|---|
| 森林の保全・緑化 | 917 | 1,124 |
| 自然保護 | 2,024 | 1,763 |
| 大気環境保全 | 395 | 187 |
| 水・土壌の保全 | 1,509 | 962 |
| 砂漠化防止 | 69 | 100 |
| リサイクル・廃棄物 | 1,752 | 762 |
| 消費・生活 | 1,251 | 545 |
| 環境教育 | 2,068 | 1,943 |
| 地域環境管理 | 1,169 | — |
| まちづくり | 1,405 | — |
| 美化清掃 | 1,004 | — |
| 地球温暖化防止 | 202 | 517 |
| 有害化学物質 | — | 153 |
| 騒音・振動・悪臭対策 | — | 56 |
| 環境全般 | 444 | — |
| その他 | 432 | 512 |

2001年 N=4,132 複数回答
2006年 N=4,463 複数回答

(注) 1) 原典では、NGOと表記されている。
(出所) 環境省環境総合政策局編『平成20年版環境統計集』 http://www.env.go.jp/doc/toukei/contents/index.html (2008年8月27日アクセス) より作成。

〔2002〕「体験型プログラム」川嶋他編著,前掲書,132-133頁)。NPOには,非権力・非営利の立場から,環境に対する専門知識・経験に基づいて地域の自然を舞台に体験学習を提供するものが存在する。学校や自治体,企業においても体験学習は可能であるが,こうしたNPOと連携することにより,体験学習の効果を高めることが可能であろう。次に検討する「ホールアース自然学校」は,この環境教育と組織間連携を実践するNPOである。

## 3　NPOによる環境教育と組織間連携の実践例:ホールアース自然学校

　ホールアース自然学校は,静岡県富士郡芝川町を本拠に自然体験型環境教育

等を行う任意団体である。同団体の職員は，株式会社ホールアース，およびNPO法人ホールアース研究所（略称，NPOホールアース）に所属し，ホールアース自然学校の一員として活動している。同校が主催する事業数は年間約650件であり，各種プログラムへの参加者は年間約8万人（受入団体数約350団体）にのぼる。また，年間約65件の受託事業を行い，主催事業と合計で年間約3億円の収入を得ている。以下では，同校の歴史と事業内容について具体的にみていこう（以下の記述は，主にホールアース自然学校の総合パンフレット，および同校ホームページ　http://wens.gr.jp/index.html（2008年8月30日アクセス）に基づいている）。

## 1　環境教育の歴史とホールアース自然学校のあゆみ

1982年，ホールアース自然学校は，創業者の広瀬敏通により「動物農場」として設立され，自給自足型の**有畜複合農業**が行われていた。当時は畜産業が大規模化・工業化し，動物が工業製品のように無機質化された環境で多頭飼育され，他方で農家の庭先での飼育が減少していった時代であった。この状態への疑問から動物農場が始められたのである。この活動は「自然体験・動物体験が乏しくなった子どもたちに心温まる体験を」との思いにつながり，1983年に「遊牧民キャンプ」を，翌年には学校団体向けの自然体験教室が開始された（広瀬敏通〔2000〕「ホールアース自然学校」日本環境教育フォーラム編著『日本型環境教育の提案（改訂新版）』小学館，346-347頁）。このキャンプは好評を博し，動物農場は観光地化していった（1994年に学校団体向け自然体験教室の実施数で全国1位の実績を上げている）。しかし，環境教育の意義が見直され始めた1980年代後半，広瀬は動物農場の観光地化への疑問と環境教育への熱意から動物農場を閉鎖し，1987年，環境教育を行う場としてホールアース自然学校と株式会社ホールアースを設立したのである（広瀬敏通〔2002〕「20年を振り返って」『ホールアース自然学校通信』第46号，6頁；広瀬敏通・大武圭介〔2007〕「ホール

---

**有畜複合農業**：畜産と耕種を組み合わせた循環型農業のことである。家畜の糞等の畜産副産物を有機農業の肥料として用い，そこで得られた収穫物や籾殻等の副産物を家畜の餌として用いるといった例が挙げられる。

アース自然学校の 25 年間とこれから」『ホールアース自然学校通信』第 71 号，1 頁）。

　ホールアース自然学校は，持続可能な開発の実現における環境教育の重要性が認められた 1990 年代初頭からエコツーリズム研究を開始した（本章コラム参照）。1992 年，「日本環境教育フォーラム（1987 年，清里環境教育フォーラムとして発足，1997 年，環境庁所管の財団法人日本環境教育フォーラム〔JEEF〕に改組）」のメンバーと「エコツーリズム研究会」を開始し，1994 年にはカムチャツカ，ボルネオ，オーストラリア等でエコツアーの開発に携わった。なお，翌年の阪神淡路大震災では，東灘小学校ボランティアセンター本部を設置して災害救援にあたっている（この他，新潟県中越地震〔2004 年〕，スマトラ等沖地震〔同年〕，新潟県中越沖地震〔2007 年〕，ペルー沖地震〔同年〕において災害救援活動を実施している）。

　1990 年代末以降，ホールアース自然学校は全国に拠点を展開していった。1998 年，「ホールアース自然学校沖縄校（2002 年，がじゅまる自然学校に改称）」を開校し，日本初の「環境負担金」制度を導入した。これは，沖縄校の自然体験プログラムへの参加費用の一部（200 円／1 人）を積み立て，年 1 回集計して地元地域や適切な NPO に寄付し，環境保全活動に役立てるというものである（1998〜2007 年の実績は，約 680 万円であった）。また 2002 年には，ホールアース自然学校のノウハウを他の地域に転化・活用することを目的に，NPO ホールアースが設立された。主たる事業所は，静岡県富士郡芝川町に置かれ，2006 年に沖縄県那覇市と新潟県柏崎市に，2007 年には岡山県備前市に事業所を開設し，国や自治体，企業等の依頼による調査研究事業を推進する一方で，環境負担金制度やエコツアーによる環境負荷低減活動の体系整理等の活動を行っている。この体制の下で，2007 年に新潟県柏崎市で開園した「柏崎・夢の森公園」の「環境学校」を運営し，2008 年には，国の特別史跡・重要文化財である岡山県備前市の「閑谷学校」に隣接する「岡山県青少年教育センター閑谷学校」の運営支援を開始した。

　ホールアース自然学校のこれらの活動は，国からも高い評価を受けている。2004 年，環境大臣を議長とする「エコツーリズム推進会議」は，エコツーリズムの普及と定着のために「エコツーリズム憲章」，「エコツアー総覧」，「エコ

ツーリズム大賞」,「エコツーリズム推進マニュアル」, および「モデル事業」から成る5つの推進施策を策定した。ホールアース自然学校は, このモデル事業の1つである六甲地区において, 2004～2006年の3年間, 事業を行った。また, 2005年の第1回エコツーリズム大賞で優秀賞を, 2007年の第2回エコツーリズム大賞では大賞を受賞している。その際には, 全国的かつ長期にわたるエコツーリズムへの貢献, ルール・ガイダンスの整備と環境保全・地域貢献のレベルの高さ, 先端的取り組み, 各地域の状況に合わせたエコツーリズムを展開するための拠点作り等が評価されている（環境省〔2005〕『第1回エコツーリズム大賞』6頁；同〔2007〕『第2回エコツーリズム大賞』4-5頁）。

これらのことから, ホールアース自然学校は, 日本における環境教育の進展とともに先進的な活動を担ってきたNPOであるといえるであろう。

### 2 環境教育と組織間連携

ホールアース自然学校の事業は, 自然体験型環境教育プログラムの開発・実施, 地域資源の調査・研究, 人材育成, 災害救援活動, 国際交流, 観光交流による地域振興, CSR（企業の社会的責任）支援等である。特に自然体験型環境教育プログラムの開発・実施, 人材育成, CSR支援は, 環境教育および組織間連携の事例として示唆に富んでいる。そこで, 以下ではこれらの事業をより具体的に検討していこう。

①自然体験型環境教育プログラムの開発・実施

自然体験型環境教育プログラムは, 大きく団体向けと個人向けから構成される。団体向けプログラムでは, 学校の修学旅行や課外活動, 塾や青少年団体の研修旅行等に対応した自然体験プログラムに加え, 室内でのプログラム, 学校や宿泊施設への出張を行っている。プログラム内容は, 洞窟樹海探検等の「富士山フィールドプログラム」, ロープワーク教室等の「体験学習プログラム」の他,「食プログラム」,「イベント用プログラム」と多岐にわたる。

個人向けプログラムの内容はより多彩である。清流シャワークライミング等の「アウトドアプログラム」, 富士登山等の「エコツアー」,「遊牧民キャンプ」,「親子の時間プログラム」,「ライフスタイルプログラム」, 四季や生き方・暮ら

し方を通年で学ぶことのできる「自然学校講座」等がある。特に，様々な年齢の子供たちが両親から離れて参加する子供キャンプは，自然体験型環境教育の優れた実践例である。

②人材育成

　ホールアース自然学校では，自然学校ないし環境教育の指導者を養成するための人材育成事業を行っている。この指導者養成事業には，ホールアース自然学校が主催する事業と，他組織との連携事業がある。先述の自然学校講座は，自然や里山の文化体験，および他者との関係を通して「自然語（自然と対話する感性）」を身につけ，日本型の自然観や持続的な暮らしを考える講座であるため，ホールアース自然学校主催の指導者養成事業としての側面をもっている。またホールアース自然学校には，指導者を養成するための実習所が設置されている。実習生には，独自の教育課程に則った実習・講義・レポート作成が義務づけられ，6～9カ月の研修を経て，同校の正規職員・研究職員として採用される。2008年からは，実習所を研修所に改組し，自然学校のスキルを学び起業をめざす人々や体験学習希望者に対象を拡大している。加えて，主に地元の大学生を対象に無料で講習（子どもキャンプ，有畜複合農業，野外技術・アウトドア，国際協力，環境教育，エコツーリズム等）を提供する代わりに，施設整備やガイドのサポートをしてもらう，「学生リーダー養成事業」も行っている。

　他組織との連携による指導者育成事業の例には，JEEFとの連携がある。JEEFは各地の自然学校で即戦力となる指導者を養成するために，講義・実習・インターン等の教育課程を修了した者を「自然学校指導者」として認定する講座を開設している。受講生は，数日間の集合研修を経た後にホールアース自然学校で6カ月間の実習を行う。その後，40日間の基礎講座および専門課程講座を受け，修了試験を経て修了認定を受ける。この認定を受けると，JEEFが認定する自然学校指導者として登録を申請することができる。（JEEFホームページ　http：//www.jeef.or.jp/natureschool/index.html〔2008年8月31日アクセス〕）。その他にも，「日本エコツーリズム推進協議会」におけるエコツアーのガイドおよびプロデューサー養成事業の運営や，「静岡県環境衛生科学研究所」が主催する「環境道場師範養成講座」への講師の派遣，「独立行政法人国

際協力機構（JICA）」が主催する，開発途上国の環境教育関係の業務に携わる行政官・教員・NPO職員を対象とした集団研修等を実施している。

　こうしたホールアース自然学校の人材育成事業は，専門知識・経験を有するNPOが，環境教育を担う人材育成において重要な役割を果たすことを示している。また，他組織との連携による人材育成事業は，NPOや自治体，行政が人材育成の窓口となり，実際の育成活動を専門的なNPOが行うという，連携事業の1つのモデルを提供しているといえるであろう。

　③CSR支援

　2006年，ホールアース自然学校は，「企業が変われば，社会が変わる」をスローガンにCSR推進室を設置した。事業の内容には，大別して①保有資源の活用，②社員教育，③社会貢献活動，④価値創造活動がある。第一に，保有資源の活用では，工場敷地の自然や社有林等の活用方法を提案している。例えば富士通の沼津工場では，工場敷地の自然環境活用プランの提案，自然環境のポテンシャル調査・プログラム資源調査，訪問者向け環境学習プログラムの開発と実施，社員向け環境教育指導者研修等を開催している。また，2006年より実施されている「富士山『まなびの森』環境学習支援プロジェクト」では，「富士山まなびの森」の所有者である住友林業が資金・施設を提供し，ホールアース自然学校が企画・プログラムの実施を担当している（住友林業ホームページ　http://sfc.jp/information/manabi/05_01.html〔2008年8月31日アクセス〕）。

　第二に，ホールアース自然学校は，富士山や沖縄における研修や現地出張形式の研修プログラムを提供している。新入社員，中堅社員等の職階や目的別のアレンジも可能である。企業が環境経営を効果的に推進するには，環境に対する従業員の意識を改善し，企業文化にまで高める必要がある。各階層の従業員に対する体験型環境教育の実施は，そのための効果的な手法の1つであるといえるであろう。

　第三に，社会貢献活動の例として「労働金庫連合会（労金連）」との連携を挙げることができる。労金連では，創立50周年記念社会貢献事業として，豊かな森の再生・環境問題に取り組む人材の育成を柱とした「ろうきん森の学校」を全国3地区（福島地区，富士山地区，広島地区）に開校した。この事業は，

「人材育成」,「森林整備」,「森林体験活動」を柱として一般に公開されており,ホールアース自然学校は労金連から寄付金を受け,富士山地区の担当と他の2地区の統括,および情報発信を行っている（ろうきん森の学校全国事務局「森の学校だより」第1号）。

　最後に,ホールアース自然学校は,旅行業における価値創造の手段としてエコツアーの導入をサポートしている。例えば熱海のホテルニューアカオでは,観光客向けに自然体験プログラムの開発と実施を行い,毎年30～40%のプログラムを入れ替えることでリピーターを確保し,ホテルの集客力アップとイメージアップに貢献しているという。この例は,企業イメージの向上と価値創造の両立をめざすビジネスモデルの1例であるといえる。もとより,企業イメージの向上は,他の連携事例においても期待できる効果である。

　以上の事例からわかるように,ホールアース自然学校は多彩な自然体験型環境教育を実践し,その経験を基礎として人材育成や他組織との連携事業を行っている。特に他組織との様々な連携事業は,組織間連携による環境教育のモデルないしビジネスモデルを提供している。これらの活動の適切な継続と普及は,持続可能な社会の実現に寄与すると思われる。

## 4　環境教育における NPO の役割と組織間連携

　日本の環境教育は1970年代の国際的な議論の影響を受けて発展し,今日では持続可能な開発のための環境教育として捉えられている。かつての自然保護・公害教育では,加害者・被害者の関係が比較的明確であった問題の解決に向けて教育が行われたが,環境教育は,一般大衆が加害者となり被害者となり得る種々の問題の解決に向けて,人々の意識と行動を変革するために行われている。この問題の解決には,大量生産・大量消費・大量廃棄型の社会から,環境保全・経済開発・社会発展の調和を図る持続可能な社会を構築しなければならない。そのためには,人々の意識と態度・価値観,および行動を変革し,また社会変革を担う人材の育成が必要である。環境教育の目的は,こうした人材を育成することで持続可能な社会の実現に貢献することにある。

>> *Column* <<

**エコツーリズム：環境と地域，経済を調和させる観光のあり方とは**

　みなさんは，観光地でごみを散らかしたり，貴重な植物や文化的遺産を傷つけたことはありませんか？　観光地には，大勢の観光客が押し寄せますから，何気ない行動が重なり，自然や文化が損なわれることがあります。ごみを捨てないようにする，地域の自然や文化を大切にする。誰にでもできるあたり前のことのようですが，現実はそうでもないのです。

　地域の自然や文化の保全に配慮しながらふれあい，学び，楽しむこと。これを実践しようとする活動が，エコツーリズムです。それを実際に実践しながら旅行することをエコツアーといいます。2008年，エコツーリズム推進法が施行されました。エコツアーの関係者が話し合って地域の自然や文化を守りながら利用する方法をまとめた構想を作り，国から認められると，自然を損なう行為の禁止や，保護区画への立ち入りを制限することができます。

　エコツアーを行う事業者や参加者の多くは環境保全に配慮しています。しかし，個別には配慮していても，大勢の観光客を受け入れれば環境に負担がかかります。これを防ぐには，地域の自然や文化について調査・研究を行い，入ってもよい場所や時期，人数，指導方法等のルールを決め，継続的にモニタリングしなければなりません。ルール作りには，地域住民，地域の自然・文化の専門家，NPO，エコツアーを行う事業者，ツアー参加者等，多様な関係者の参加が必要です。関係者の目的はそれぞれ異なるため対立も生じますが，建設的な話し合いを続け，目的を両立できるような方策を模索すべきでしょう。

　持続可能な社会の実現には，こうした多様な関係者による建設的な話し合いを通じた活動を様々な局面で行う必要があります。その意味では，エコツーリズムは持続可能な社会を実現するための試金石でもあるといえるでしょう。

　環境教育において，専門的な知識・経験を有するNPOは重要な役割を果たしている。環境教育はあらゆる場で多様な主体によって推進されるべきであり，専門知識・経験を有し，非権力・非営利の立場で活動するNPOと連携することにより，環境教育を効果的に実施することが可能である。ホールアース自然学校は環境教育を実践するNPOであり，同校における他組織との連携事業は，持続可能な社会の実現に向けたいくつかのモデルを提供している。持続可能な社会の実現には，専門的な知識・経験を有するNPOの成長とともに，こうし

た多様な主体間の連携拡大が必要であろう。

推薦図書

川嶋宗継他編著（2002）『環境教育への招待』ミネルヴァ書房
　環境教育の歴史や目的・目標，内容・方法論等，環境教育に関して体系的かつ平易に解説している環境教育の入門書。特に，本章で深く説明することができなかった一般的な環境教育の内容について，同書を入口として学んでほしい。

谷本寛治（2002）『企業社会のリコンストラクション』千倉書房
　システムという観点から，NPOの役割や企業とNPOの連携等，これからの企業と社会のあり方を深く考察した専門書。

ポール・F. J. イーグルス他著／小林英俊監訳（2005）『自然保護とサステイナブル・ツーリズム』平凡社
　保護区域における計画や管理手法等，サステイナブル（エコ）ツーリズムの手法を体系的に解説している手引き書。

設　問

1．環境教育の目的と環境教育におけるNPOの役割について整理し，体験型環境教育の意義を考えてみよう。
2．NPOと企業が連携して環境保全・環境教育活動を行っている事例を調べ，連携の形やそれぞれの役割とメリット，そして問題点を考えてみよう。

（岡村龍輝）

# 終 章
# 持続可能な社会の実現に向けて

## 1 迫り来る地球温暖化の危機

　IPCC（国連の気候変動に関する政府間パネル）は2007年11月に「第四次評価報告書」を採択した。その中でこれまで科学者の間で論争のあった地球温暖化を疑う余地のない事実と断定し，その原因を人間活動に起因する温室効果ガスの増大によるものと言明した。そして二酸化炭素等の温室効果ガスの削減に世界が取り組まなければ，今世紀末までに平均気温は1.1～6.4℃上昇し，人類は深刻な事態に直面することになるとこれまでにない強い調子で警告したのである。

　われわれは今，重大な岐路に立たされている。かつて1971年にローマクラブは『成長の限界』の中で，人口の増加や汚染の拡大，資源の浪費がこのまま続けば世界は深刻な危機に直面することになると警告していたが，今，われわれが直面している世界は約40年前に『成長の限界』が予測した世界そのものである。そしてこれから人類が直面しようとしている世界は『成長の限界』ならぬ『生存の限界』という世界なのかも知れない。

　地球温暖化問題についていえば，すでに国際政治の最重要課題の1つに挙げられていることもあって，おそらくその重要性については多くの人々が認識していることであろう。しかしながら，その取り組みとなると話は別である。温室効果ガスの削減目標を定めた初の国際条約である「京都議定書」は，日本に2008～2012年の期間に二酸化炭素の排出量を1990年比6％削減することを求めているが，現状ではこの目標達成は厳しい状況にある。また周知のように世界最大の二酸化炭素排出国であるアメリカは条約を批准せず，「京都議定書」から離脱した。さらに中国やインドといった二酸化炭素排出大国は，発展途上

国という理由で削減義務を免除されている。地球温暖化防止の取り組み状況は，まさに笛吹けど踊らずの状況なのである。

## 2　地球温暖化問題のもつ2つの側面

地球温暖化問題の解決の難しさについては，すでにいろいろな所で語られており，読者も十分認識していることと思うが，ここでは2点ほど指摘しておこう。

第一は，二酸化炭素の排出量は経済活動の規模に比例しており，排出量の削減は経済活動の縮小を意味するという側面があるという点である。18世紀の産業革命以前は大気中の二酸化炭素の濃度は260〜280 ppmでほぼ一定していたのに対し，現在の濃度が350 ppmに増大したのは，工業化社会への移行に伴う経済活動の増大に起因している。現在の地球温暖化の主たる要因は，アメリカ，西ヨーロッパ諸国，日本といった，いわゆる先進工業国の経済活動によるところが大であるが，今後は前出の中国やインド，あるいはブラジル，ロシア等の要因も大きくなる。遅れて工業化に着手したこれらの国々では，現在，急速な経済発展の過程にあり，それに比例する形で二酸化炭素の排出量も増え続けているからである。つまり，二酸化炭素の排出量とは「豊かさへの渇望」という人間の欲望と同じベクトル上にあり，これを抑えるためには削減に見合う形での何らかの見返りがないと難しい。とりわけ経済発展の途上にある国々に削減を求める場合にはそうした配慮が求められる。

第二は，地球温暖化は人々の暮らしや健康に直接的な被害や不利益を実感させるものではないため，人々にとって緊急の課題として認識しづらいとう側面があるということである。(もっとも最近では，2005年にアメリカ南部を襲ったハリケーン「カトリーナ」の例に代表されるように，気温の上昇が大型ハリケーンや台風を発生させ，それが甚大な被害をもたらしているという認識が広まってはきているが)。例えば，100年後に気温が最大6.4℃上昇するとIPCCが警告しても，多くの人々にとってそれは自分とは直接関係のない遠い将来のことであり，自らの問題として受け止めることは難しい。様々な調査で「環境意識の高い」市

民，消費者は確実に増えているにもかかわらず，家庭からの二酸化炭素排出量が増大しているのはその現れである。要するに環境問題の重要性を頭ではわかっていても，日々の行動となるとついつい環境よりも快適さや便利さの方を求めてしまう。将来の世代という長い時間軸で考えて行動しなければならないところに地球温暖化問題の難しさがある。

## 3 地球規模で考え，身の回りの小さなことから行動する

さて，このように否定的な側面ばかりを強調すると，読者の気持ちを悲観的なものにしてしまうが，無論，本書の意図はそうした所にあるのではなく，むしろその逆である。つまり，地球環境の深刻さを理解し，尚且つ解決に向けての道のりの困難さを認識しつつも，人類はこの困難な問題の解決のために英知を結集し，様々な取り組みを行っていることを読者に伝えることが本書の意図である。

地球環境問題は Think Globally, Act Locally の視点をもつことが重要であることがしばしば指摘される。地球温暖化問題のような地球規模の問題は，国連や政府，あるいはグローバル企業に任せておけばよいとついつい思いがちであるが，人々が身の回りの小さなことから取り組みを始めない限り，温暖化問題は解決しない。

「地球規模で考え，身の回りの小さなことから行動する」本書ではこの視点を重視している。例えば，本書で取り上げられている環境経営に取り組む企業の事例を今一度見て欲しい。これまで環境経営に取り組む企業の事例といえば，自動車，電機等のグローバル企業のケースが定番であった。たしかにこうした企業は，環境に与える負荷が大きく，また技術力，研究開発能力，組織力，資金力等，環境問題解決のための「資源」をもち合わせているため，社会に与える影響力，あるいは社会からの期待が大きいことは確かである。

トヨタやホンダの生産する自動車がすべて二酸化炭素を排出しないクリーンな車になり，ソニーやパナソニックの家電製品がエネルギー消費の少ないタイプの製品で満ち溢れれば温暖化現象は劇的に改善されるであろう。われわれは

そうしたことを期待して，グローバル企業に対して真摯に環境経営に取り組むよう促している。それはそれで大事なことなのだが，その一方でローカルエリアで地道に，しかし高い水準の環境経営を実践している企業が数多く存在することも忘れてはならない。

　本書では地域に根ざした活動を展開している企業，さらにはNPOや自治体などの活動にもスポットを当てている。このような地道な活動が人々の意識を変え，行動を起こすきっかけとなり，やがてそれが大きな輪となってグローバル企業や政府を動かすことになると信じているからである。

　「持続可能な社会の実現に向けて」われわれは今，何をなすべきなのであろうか。本章を執筆するにあたり，いろいろと考えをめぐらせてみた。しかしこの問いに対する答えは難しい。

　たしかに巷で流布しているようなエコロジー志向の美辞麗句を並べるだけなら答えは簡単である。しかしながら，言葉だけ踊っても実行が伴わないのでは何の意味もない。少し前の話になるが，製紙メーカーが再生紙に混ぜる古紙の配合率を偽っていた問題が発覚し，大きな社会問題になった事件があった。マスコミで大きく取り上げられたので記憶している読者も多いことだろう。事件を起こした企業はいずれも環境に優しい再生紙を謳っている環境先進企業であった。こうした行為は無論，許されることではなく，厳しい処置が下されて当然であるが，背景を調べてみると企業批判だけでは済まされない問題が内包されていることがわかる。つまり，再生紙に混ぜる古紙の配合比率を高めると紙の質や色合いが低下し，売り上げが伸びないという状況があったのである。

　消費者は企業に「環境に優しい」ことを求める一方で，他方ではその製品やサービスに対して品質や値段，あるいは快適さや利便性も要求する。しかし，前者と後者は時として相容れない場合もあるのである。「エコノミーとエコロジーの調和」心地良い響きの言葉である。企業活動や人々の日常の生活において，これが実現できれば持続可能な社会は達成されたも同然であろう。しかし，言うは易し，行うは難しである。エコノミーの追求とエコロジーの追求は同じベクトル上にあることが理想であるが，現実はしばしばトレード・オフの関係に陥る。そしてそのときに人間の欲望はエコノミーの追求を優先させるのが常

である。企業も消費者も地球環境問題を意識しながらも同時に自らの利益を追求している点では同じである。エコノミーの追求とエコロジーの追求をトレード・オフの関係から同じベクトル上に乗せるためには，企業と消費者の双方が歩み寄らなければならない。

　ミシガン大学のC.K. プラハラドは企業と消費者の「共創」がこれからの新しいビジネス・モデルであると主張しているが，持続可能な社会の実現のためにはこうした視点をもつことが重要であろう。

　地球環境問題に関する書籍を読んだことのある読者は，「地球市民」「宇宙船地球号」あるいは「ガイア」といった言葉に一度は遭遇した経験をもち合わせていることだろう。いずれも生命体である地球に生存している人類は運命共同体であることを述べる際に引用される言葉である。21世紀に入り，世界はますます狭くなっている。狭くなったとは無論，地球の面積が縮小したということではなく，世界各国の交流が緊密の度を増しているという意味である。企業の活動は地球規模で行われる時代となり，インターネットの普及により誰でも世界中の情報を瞬時に入手できるようになった。ヒト，モノ，カネ，情報の流れがボーダーレス化している点では，われわれは知らないうちに「地球市民」になっているのかもしれない。

　しかし，一方で経済的利害が対立する場面では国益が激しくぶつかり合う。二酸化炭素の削減に関する数値目標を各国に割りあてる国際交渉の場などでは，まさにむき出しの国益が衝突し合い，しばしば交渉は決裂する。「アメリカ人も日本人も中国人もドイツ人も皆，宇宙船地球号の乗組員であり，運命共同体である。だから宇宙船地球号が難破しないように協力して地球環境を守っていこう」。この主張に表立って異議を唱える人はまずいない。総論では皆，地球環境を守ることに賛同する。しかしながら，それではそのためにどうするかという各論の段階に入ると状況は一変する。どこの国でも経済的損失や負担を最小限にしようと躍起になり，ときとして総論で賛同した美しい理念は置き去りにされてしまう。まさに歯がゆい状況であるが，それが人間社会の現実である以上，そうした現実を踏まえた上で対策を講じなければならない。

　歴史を振り返ってみても，人類は経済的利害や宗教，民族等の対立から抗争

を繰り返してきており（現在でも戦争や紛争が世界各地で起きている），共通の目標達成のために協力し合うことがいかに難しいことであるかがわかる。「地球市民」や「宇宙船地球号」の理念，理想は素晴らしい。そしてたとえ対立があるにしてもこうした理念，理想を掲げ続けることは絶対的に必要である。しかしながら，残念なことにこうした理念，理想だけでは人間社会は地球環境問題を解決することはできない。今，求められていることは，理念，理想を実現するために必要な具体的な制度設計を世界各国が共有することである。

## 4 「持続可能な社会の実現に向けて」今，なすべきこと

　さて，そろそろ本章の結論に入ろう。「持続可能な社会の実現に向けて」今，われわれがすべきことは何か。前述したようにこの命題に対する解を明確に示すことは難しい。筆者の答えも目新しさや独自性に富んだものではない。ある意味，言い古されたシンプルな解である。

　1つは，誰もが Think Globally, Act Locally の視点をもち，身の回りのできることから小さなことでも行動を起こすこと，いま1つは経済的インセンティブの導入である。前者についてはすでに述べたので，ここでは敢えて説明しないが，本書を読んだ読者には是非こうした視点で行動を起こして欲しい。そしてもう一度，そうした視点で本書の中で取り上げられた事例を読み返して欲しい。2つ目の経済的インセンティブの導入に関しても，すでに多くの場で議論されていることなので改めて説明する必要もないとは思うが，これまで本章で述べてきたように，地球環境問題は「総論賛成，各論反対」の傾向が顕著であるため，これを克服するためには経済的インセンティブの導入が有効である。代表的な方策としては，排出権取引や炭素税などがあるが，人間の一面に（全部ではないが）経営学でいう「経済人（ホモ・エコノミクス）」的素養があることが否定できない以上，こうした方策は必要である。

　われわれは日常生活の中で，ガソリン代が上がれば自動車の利用を手控え，電気代が上がればエアコンの使用を減らそうとするであろう。企業の場合も同様に，二酸化炭素の排出量に応じて税金がかけられれば，なんとかして排出量

を減らそうと努力することになる。それが結果として新しい技術やイノベーションを生み出すことにつながれば企業競争力は強化される。ただし，ここで問題になるのが「公平性」がどの程度担保されているかということである。例えば，EUが開設している排出権取引市場では「キャップ＆トレード方式」が採用されているが，国や事業所に対する排出枠の割りあてが公平性を欠くとして批判があることはよく知られている。炭素税についても日本の産業界が反対しているのは，企業の国際競争力を削ぐという理由からであり，その背景にあるのは中国やインド，韓国といった国々の企業と競争していく上で，これらの国々が炭素税を導入していない状況では不利になるという状況がある。国際的な制度設計を構築していく上で最も障害になるのがこの「公平性」の問題である。先進国間，先進国・途上国間で対立が表面化するのはこの「公平性」をめぐる解釈の違いである場合が多い。無論，人間が考える制度で完全な「公平性」の実現などあり得ないので，内実は交渉のプロセスで様々な駆け引きが行われるわけだが，大事なことは「納得」が得られるかどうかという点である。

　すなわち，完全な「公平性」の実現は不可能であるが，制度参加者の「納得」が得られれば制度は機能する。今，制度設計を考案する政策担当者に求められているのは，経済的インセンティブを導入した制度設計を機能させるため，制度に参加する企業や消費者に対して「公平性」を納得させるための調整能力ではなかろうか。「持続可能な社会の実現」のキーワードは「優れた調整能力」である気がしてならない。

（所　伸之）

# 索　引

## あ 行

RPS法（新エネルギー等電気利用法）　*108*
ISO 14001　*76, 77, 84-86, 93*
IKT　*96, 97*
IKTブランド　*97*
IPCC（気候変動に関する政府間パネル）　*1, 18, 114, 241*
IUCN　*44*
アドボカシー　*170*
アメリカ環境保護局（EPA）　*93*
アンゾフ，H.I.　*6*
イェーテボリ議定書　*65*
維管束植物　*44*
池内計司　*89*
池内タオル　*89*
一酸化炭素　*55, 56*
遺伝子組み換え（技術）　*94, 150*
遺伝子資源　*39, 47*
遺伝子多様性　*41*
今西錦司　*220*
今治タオル　*89, 102*
イラク戦争　*163*
イントラネット　*139*
VOC議定書　*65*
上山春平　*220*
ウェルチ，J.F.　*7*
宇宙船地球号　*245*
EIMY（エイミー）　*128*
AGBM（ベルリンマンデート・アドホック・グループ）　*173*
エコアクション21　*80, 81*
エコステージ　*81*
エコツーリズム（エコツアー含む）　*233, 234, 235, 238, 239*
エコテックス　*94, 97*
エコマーク　*13*
エコロジスト　*98*
越境大気汚染　*57, 58, 64*
NGO　*225*
NPO　*225, 236, 238, 239*
NPO法　*166, 177*
NPO法人　*177*
エンドサルファン　*94*
塩ビ　*160*
OEM（生産）　*92, 96, 100*
オーガニックコットン　*93-95, 102*
オーデン，S.　*58*
オスロ議定書　*65*
温室効果ガス　*1, 20, 150*
『温暖化と生物多様性』　*52*

## か 行

カーボン・オフセット　*115*
ガイア　*245*
海面上昇　*19*
海洋投棄　*158*
海洋保護区　*150*
科学技術　*42, 43*
科学の管理　*9, 11*
化学肥料　*136, 142, 144*
価格リーダーシップ　*10*
核軍拡競争　*154*
可視化　*167*
風で織るタオル　*99*
過疎化　*134, 138, 144, 145*

かたちの多様性 42
価値創造 236, 237
㈱いろどり 134, 135, 137, 140, 141, 143, 145
㈱星野リゾート 120
株式上場 100
貨幣 8
枯れ葉剤 93
環境ガバナンス 35
環境教育 225, 228, 232, 234-237
環境経営 13, 73, 74, 135, 143
環境効果性（eco-effectiveness）136
環境効率性（eco-efficiency）135
環境サステナビリティ 131
環境修復（機能）136-139, 141-145
環境投資 12
環境と開発に関する世界委員会 8
環境配慮型材料 11
環境配慮型製品 11, 13
環境配慮型利益 13
環境費用 12
環境付加価値 98
環境ブランド 13
環境ポイント 122
環境マネジメントシステム 74-76
間接排出 28
官民有境界査定区分 216
企業合同運動 9
企業秘密 102
気候行動ネットワーク（CAN）21, 174
気候フォーラム 172
気候変動に関する政府間パネル →IPCC
気候変動枠組条約（UNFCCC）24, 34, 152
気候変動枠組条約第3回締約国会議 →COP 3
希少金属 102
基礎的研究 49
機能の多様性 42
寄付 151
キャップ＆トレード型排出量取引制度 31

キャップ＆トレード方式 247
CAD（コンピュータ支援設計）90
キャピタル会社 100
CAN →気候行動ネットワーク
QR（クイック・レスポンス）99
共生の科学と技術 49
競争優位 7
京都会議 157
京都議定書 20, 25, 34, 112, 118, 173, 177, 180, 241
「京都議定書目標達成計画」（目標計画）27
郷土の森 221
京都メカニズム 24, 28, 175
近縁種 48
近代的農林業 136
グリーンコットン 92
グリーン電力 98
グリーン電力証書 98
黒い三角地帯 62
グローバリズム 169
経営戦略 6
経営多角化 6, 10
経営の国際化 10
経済人（ホモ・エコノミクス）246
携帯電話 102
経団連環境自主行動計画 29
系統 51
KRAV 94, 97
KES 81
原生林 162
高煙突化政策 63
高煙突化対策 60
公害教育 226, 227, 237
公害国会 226
光化学オキシダント 55, 56, 68
光化学スモッグ 56, 68
高水位堤防 208
高速増殖 161

索　引

郷田實　*208, 210*
高齢化　*134, 137, 144*
国際捕鯨委員会　*151*
国連環境開発会議　*38, 228*
国連機構変動枠組み条約　*2*
国連人間環境会議（ストックホルム会議）　*64, 227*
COP 3（気候変動枠組条約第3回締約国会議）　*24, 172*
COP 10　*40*
COP 15/CMP 5（コペンハーゲン会議）　*25*
COP 13/CMP 3　*184*
COP 6 再開会合　*178*
コペンハーゲン会議　*184*
混獲　*196, 201, 202, 205*

## さ　行

在庫　*142, 143*
再処理　*155*
再生可能エネルギー法　*107, 117*
再生可能な自然資源　*135, 141-144*
再利用（リユース）　*102*
佐々木高明　*214*
サステナビリティ（持続可能性）　*8, 135*
産業革命　*9*
酸性雨　*55-63, 68*
CSR（企業の社会的責任）　*156*
COD（化学的酸素要求量）　*91*
事業再構築　*7*
資源生産性　*135*
システム化　*75*
自然　*44, 53*
　──の回復力　*11*
　──の浄化能力　*11*
自然（再生可能）エネルギー　*25, 157*
自然エネルギー固定価格買取制度（FIT）　*26*
自然生態系農業　*211*
自然保護　*44, 53, 227, 237*

持続可能性　*8*
持続可能な開発　*223, 237*
　──のための教育　*229*
持続可能な経営　*145*
持続可能な農業　*144*
持続可能な発展　*38*
持続的開発　*8*
持続的利用　*38, 45*
屎尿の液肥化　*212*
『資本論』　*10*
市民共同発電所　*179*
市民参加　*33, 35, 189*
市民生物学者　*199*
社員教育　*236*
社会貢献活動　*236*
需給調整　*139*
受注生産（方式）　*139, 142, 143*
種の多様性　*41, 42*
種の保存法　*40*
循環負荷　*11*
シュンペーター, J.A.　*113*
省エネ法　*181*
省エネラベル　*183*
焼却炉　*163*
商品価値　*9*
情報共有　*140*
照葉樹林複合農業　*210*
『照葉樹林文化』　*220*
食品表示制度　*165*
植林　*142*
人為・人工　*44, 53*
侵食　*202, 204*
森林生態系保護地域　*218*
森林の機能類型　*217*
森林伐採　*136, 142*
スターン・レビュー（気候変動の経済学）　*23, 184*
ステークホルダー　*100*

251

政策提言　*175, 184*
生産者責任　*164*
生態系　*41*
　　――の多様性　*41*
『成長の限界』　*8*
製品のライフサイクル　*11*
生物材料　*47*
生物多様性　*38, 41, 136, 142, 150*
生物多様性国家戦略　*40*
生物多様性条約　*38*
生命系　*53*
世界遺産　*215*
絶滅　*49*
絶滅危惧種　*43*
瀬戸内法　*91*
ゼロエミッション　*126*
潜在遺伝子資源　*49*
戦略的意思決定　*6*
相互依存の関係性　*50*
相互監査　*87*
ソーシャルキャピタル（社会関係資本）　*35*
ソバ焼酎　*214*

### た 行

ダイオキシン　*55, 56, 159*
大気圏内核実験　*152*
大規模森林プロジェクト　*216*
第四権力　*169*
脱温暖化社会　*34, 37, 189*
脱化石燃料　*105*
炭素税（温暖化対策税）　*31, 32, 246*
地域ブランド力　*102*
チェーンソー　*209*
地球温暖化　*156*
地球温暖化対策条例　*184*
地球温暖化対策推進大綱　*27, 175*
地球環境問題　*223*
地球規模生物多様性情報機構（GBIF）　*43*

地球サミット　*178*
地球市民　*245*
知的財産　*13*
長距離越境大気汚染条約（ジュネーブ条約）　*64*
調査捕鯨　*165*
直接排出　*28*
つまもの　*135*
DNA　*45*
テイラー，F.W.　*9*
豊島　*160*
当事者責任　*167*
特殊協議資格　*149*
独占企業　*9*
都市生活型公害　*228*

### な 行

中尾佐助　*210*
二酸化硫黄　*55, 56, 58, 60-63, 66-68*
二酸化炭素換算　*27*
二酸化窒素　*55, 60, 62, 63, 66, 68*
虹の戦士号　*153*
21世紀環境立国戦略　*4*
2℃未満　*22*
日本ウミガメ会議　*198*
日本ウミガメ協議会　*197, 198*
日本自然エネルギー㈱　*98, 109*
日本名水百選　*213*
New York Home Textiles Show 2002　*96*
人間環境宣言　*64*
農協（JA）グループ　*140*
農業経営　*140, 142*
農業の多面的機能　*144*
農業バイオ技術　*136, 142*
農業ビジネス　*135, 138*
農林業（工業化された）　*136*
農薬　*136, 142-144*
ノボテックス社　*92*
ノルガード社長　*92*

索　引

ノンプロのナチュラリスト　44

### は　行

パートナーシップ　183, 186
排煙脱硫装置　60, 61, 63, 65, 66
バイオテクノロジー　48
買収・合併　7
排出権取引　112, 246
排出量取引制度　26, 32
排水処理技術　91
葉っぱビジネス　135, 138, 139, 141, 143-145
PDCAサイクル　75, 86
非核三原則　154
ビジネスモデル　103
非循環型社会　11
ヒトゲノム　43
非暴力直接行動　150
漂着死体　200, 201
フィア議定書　65
風力発電（事業）　98, 99
フェアトレード　96
フォード，H.　11
不可逆的な変化　21
不買運動　158
浮遊粒子状物質　55, 56, 60, 62
ブラックボックス　91, 102
ブランド　96, 97, 100, 102
プルサーマル　161
Friends of the Earth UK　187
BUND（ドイツ環境自然保護連盟）　186
平成の大合併事業　221
ベオグラード憲章　227
Best New Products Awards　96
ペットボトル　164
ヘルシンキ議定書　65
便宜置籍船　162
包括的核実験禁止条約（CTBT）　159
放射性廃棄物　156

放流会　204
ポーター，M.E.　7
ホールアース自然学校　231-237
補助機関会合（SB）　175
保有資源の活用　236
ボン合意　178

### ま　行

マルクス，K.　10
緑の回廊　216
京のアジェンダ21フォーラム　179, 183
民事再生法　100
民主社会　170
ＭＯＸ燃料　155
モノカルチャー　136, 142

### や　行

野生生物　49
山城　213
結い　211
有機農業　212
有畜複合農業　232
有用遺伝子資源　47
揚水発電所　215
ヨハネスブルグサミット　178

### ら・わ　行

乱獲　195
リードタイム　99
リエンジニアリング　7
リサイクル（事業）　12, 102
リゾート運営の達人　121
リゾート法　121
利用する生物種　47
類縁関係　51
レアメタル　102
レッドデータブック　44
レッドリスト　195, 204

253

ローカル・ビジネス　*136, 145*
ローマクラブ　8, *241*

『我等共有の未来』　8
ワンセグ受信機　*102*

執筆者紹介（所属，執筆分担，執筆順，＊は編者）

＊足立　辰雄（近畿大学経営学部教授，序章，第5章）

　田浦　健朗（気候ネットワーク事務局長，第1章，第10章）

　岩槻　邦男（兵庫県立人と自然の博物館・館長，東京大学名誉教授，第2章）

　芳澤　輝泰（近畿大学経営学部准教授，第3章）

　服部　静枝（京都精華大学人文学部准教授，第4章）

＊所　　伸之（日本大学商学部教授，第6章，終章）

　鶴田　佳史（法政大学大学院環境マネジメント研究科客員准教授，第7章）

　山田　雅俊（中央大学大学院商学研究科博士後期課程，第8章）

　星川　　淳（グリンピース・ジャパン事務局長，第9章）

　松沢　慶将（日本ウミガメ協議会主任研究員，第11章）

　上野　　登（綾の森を世界遺産にする会代表，宮崎大学名誉教授，第12章）

　岡村　龍輝（明海大学経済学部講師，第13章）

〈編著者紹介〉

足立　辰雄（あだち　たつお）
1952年　生まれ
　　　　立命館大学大学院経営学研究科博士後期課程単位取得中退
現　在　近畿大学経営学部教授
主　著　『現代経営戦略論』八千代出版，2002年
　　　　『環境経営を学ぶ』日科技連出版社，2006年

所　　伸之（ところ　のぶゆき）
1960年　生まれ
　　　　中央大学大学院商学研究科博士後期課程単位取得中退
現　在　日本大学商学部教授
主　著　『ドイツにおける労働の人間化の展開』白桃書房，1999年
　　　　『進化する環境経営』税務経理協会，2005年

現代社会を読む経営学⑭
サステナビリティと経営学
——共生社会を実現する環境経営——

2009年5月15日　初版第1刷発行　　　　　　　　　　検印廃止

定価はカバーに
表示しています

編著者　足立　辰雄
　　　　所　　伸之
発行者　杉田　啓三
印刷者　藤森　英夫

発行所　株式会社　ミネルヴァ書房
607-8494　京都市山科区日ノ岡堤谷町1
電話代表（075）581-5191番
振替口座　01020-0-8076番

©足立・所ほか，2009　　　亜細亜印刷・藤沢製本

ISBN978-4-623-05457-2
Printed in Japan

## 現代社会を読む経営学

### 全15巻
（Ａ５判・上製・各巻平均250頁）

① 「社会と企業」の経営学　　　　　　　國島弘行・重本直利・山崎敏夫 編著
② グローバリゼーションと経営学　　　　赤羽新太郎・夏目啓二・日髙克平 編著
③ 人間らしい「働き方」・「働かせ方」　　黒田兼一・守屋貴司・今村寛治 編著
④ 転換期の株式会社　　　　　　　　　　細川　孝・桜井　徹 編著
⑤ コーポレート・ガバナンスと経営学　　海道ノブチカ・風間信隆 編著
⑥ CSR と経営学　　　　　　　　　　　　小阪隆秀・百田義治 編著
⑦ ワーク・ライフ・バランスと経営学　　遠藤雄二・平澤克彦・清山　玲 編著
⑧ 日本のものづくりと経営学　　　　　　鈴木良始・那須野公人 編著
⑨ 世界競争と流通・マーケティング　　　齋藤雅通・佐久間英俊 編著
⑩ NPO と社会的企業の経営学　　　　　　馬頭忠治・藤原隆信 編著
⑪ 地域振興と中小企業　　　　　　　　　吉田敬一・井内尚樹 編著
⑫ 東アジアの企業経営　　　　　　　　　中川涼司・髙久保　豊 編著
⑬ アメリカの経営・日本の経営　　　　　伊藤健市・中川誠士・堀　龍二 編著
⑭ サステナビリティと経営学　　　　　　足立辰雄・所　伸之 編著
⑮ 市場経済の多様化と経営学　　　　　　溝端佐登史・小西　豊・出見世信之 編著

――― ミネルヴァ書房 ―――
http://www.minervashobo.co.jp/